"十四五"职业教育河南省规划教材

高等职业教育"互联网+"创新型系列教材

电气控制与 PLC（S7-200）

第 2 版

主　编　张君霞　戴明宏
副主编　王丽平
参　编　陈光伟　苏会林　宋宪华
主　审　宋卫华

机械工业出版社

本书主要介绍电气控制技术和可编程序控制器原理及其应用，并系统阐述继电-接触器控制系统和可编程序控制器控制系统分析与设计的一般方法。全书分3篇，第1篇为继电-接触器控制系统，主要包括常用低压电器、电气控制电路的基本环节、典型机械设备电气控制系统分析；第2篇为可编程序控制器，主要包括可编程序控制器的基础知识、S7-200 PLC的基本指令及应用、S7-200 PLC的功能指令及应用、S7-200 PLC的编程及应用、S7-200 PLC的通信与网络；第3篇为实验、实训。

本书可作为高职高专机电一体化技术、数控技术、电气自动化技术以及城市轨道交通类相关专业的教材，也可供电气工程人员参考。

为方便教学，本书有电子课件、思考题与习题答案，模拟试卷及答案等，凡选用本书作为授课教材的老师，均可通过电话（010-88379564）或QQ（2314073523）咨询，有任何技术问题也可通过以上方式联系。

图书在版编目(CIP)数据

电气控制与PLC：S7-200/张君霞，戴明宏主编. —2版. —北京：机械工业出版社，2020.9（2025.2重印）

高等职业教育"互联网+"创新型系列教材
ISBN 978-7-111-66613-4

Ⅰ.①电… Ⅱ.①张… ②戴… Ⅲ.①电气控制-高等职业教育-教材 ②PLC技术-高等职业教育-教材 Ⅳ.①TM571.2②TM571.6

中国版本图书馆CIP数据核字（2020）第181086号

机械工业出版社（北京市百万庄大街22号　邮政编码100037）
策划编辑：曲世海　责任编辑：曲世海
责任校对：张　征　封面设计：马精明
责任印制：郜　敏
北京富资园科技发展有限公司印刷
2025年2月第2版第12次印刷
184mm×260mm · 16印张 · 395千字
标准书号：ISBN 978-7-111-66613-4
定价：49.90元

电话服务　　　　　　　　网络服务
客服电话：010-88361066　机 工 官 网：www.cmpbook.com
　　　　　010-88379833　机 工 官 博：weibo.com/cmp1952
　　　　　010-68326294　金 书 网：www.golden-book.com
封底无防伪标均为盗版　　机工教育服务网：www.cmpedu.com

前　　言

伴随科技的进步，制造业领域中越来越多的新技术应运而生。党的二十大报告强调：推动制造业高端化、智能化、绿色化发展。高端、先进制造业的发展离不开工业控制新技术，可编程序控制器（PLC）的出现使电气控制技术进入了一个崭新的阶段。了解和学习这些控制技术对高等职业工程类专业的学生来讲，已是必不可少的。

本书编写的总目标是深入浅出地讲解电气控制及 PLC 的原理和应用。在内容安排上，简明扼要，难易适中，力求突出针对性、实用性和先进性，既注重必需的理论知识的学习和掌握，又有实验、实训环节。在结构上，采用层层深入的方法，循序渐进：首先介绍常用低压电器、电气控制电路的基本环节和典型机械设备电气控制系统分析，然后介绍可编程序控制器，最后安排了实验、实训。为了突出职业教育特点，便于讲练结合，本书提供了重要知识点教学视频，在重点章节后面配有技能训练、实验和综合实训，突出实用性。

在使用本书教学过程中，可根据学时安排，有选择地进行内容讲解：少学时教学可将第 3、8 章简单介绍，第 7、9、10 章有选择地重点讲解和训练；将理论讲授和实验、实训内容合理搭配，教学效果会更好。

本书由张君霞和戴明宏任主编，并参与编写和负责全书的统稿。张君霞编写第 3 章、第 4 章和第 9 章，并制作第 2 篇的教学视频；戴明宏编写第 2 章；王丽平编写第 1 章并制作第 1 篇的教学视频；陈光伟编写第 5 章和第 6 章；苏会林编写第 7 章、第 8 章和 10.3 节；宋宪华编写 10.1 节和 10.2 节。宋卫华担任主审。

在编写本书的过程中，编者参阅了许多同行专家的论著文献、相关厂家的资料和设计手册，在此一并表示衷心感谢。

由于编者水平所限，书中难免有疏漏和不妥之处，敬请读者批评指正。

编　者

目 录

前言
绪论 ·· 1

第1篇 继电-接触器控制系统

第1章 常用低压电器 ······················ 4
1.1 低压电器的基本知识 ················ 4
  1.1.1 低压电器的分类 ··············· 4
  1.1.2 低压电器的作用 ··············· 5
  1.1.3 低压电器的基本结构特点 ······ 6
1.2 开关电器 ··························· 6
  1.2.1 刀开关 ························ 6
  1.2.2 转换开关 ······················ 8
  1.2.3 低压断路器 ···················· 9
1.3 熔断器 ······························ 10
  1.3.1 熔断器的结构和类型 ·········· 10
  1.3.2 熔断器的保护特性和主要技术
     参数 ·························· 12
  1.3.3 熔断器的技术数据 ············ 13
  1.3.4 熔断器的使用及维护 ·········· 13
1.4 主令电器 ··························· 14
  1.4.1 控制按钮 ······················ 14
  1.4.2 行程开关与接近开关 ·········· 15
  1.4.3 万能转换开关 ················· 16
  1.4.4 凸轮控制器 ··················· 17
  1.4.5 主令控制器 ··················· 18
1.5 接触器 ······························ 18
  1.5.1 交流接触器的结构及工作原理 ······ 18
  1.5.2 交流接触器的型号与主要技术
     参数 ·························· 19
  1.5.3 直流接触器 ··················· 20
1.6 继电器 ······························ 20
  1.6.1 电流、电压继电器 ············· 21
  1.6.2 中间继电器 ··················· 22
  1.6.3 时间继电器 ··················· 23
  1.6.4 热继电器 ······················ 25
  1.6.5 速度继电器 ··················· 28
1.7 技能训练：常用低压电器的选择 ······ 29
  1.7.1 刀开关的选择 ················· 29
  1.7.2 主令电器的选择 ··············· 29
  1.7.3 熔断器的选择 ················· 29
  1.7.4 接触器的选择 ················· 30
  1.7.5 继电器的选择 ················· 31
思考题与习题 ···························· 31

第2章 电气控制电路的基本环节 ········ 32
2.1 电气控制系统图识图及制图标准 ······ 32
  2.1.1 常用电气控制系统的图示符号 ······ 32
  2.1.2 电气原理图 ··················· 36
  2.1.3 电气元器件布置图 ············ 37
  2.1.4 电气安装接线图 ··············· 38
  2.1.5 阅读和分析电气控制电路图的
     方法 ·························· 39
2.2 三相异步电动机起动控制电路 ········ 41
  2.2.1 笼型异步电动机直接起动控制 ······ 41
  2.2.2 笼型异步电动机减压起动控制 ······ 42
  2.2.3 绕线转子异步电动机的起动
     控制 ·························· 46
2.3 三相异步电动机正反转控制电路 ······ 49
  2.3.1 按钮控制的电动机正反转控制
     电路 ·························· 49
  2.3.2 行程开关控制的电动机正反转
     控制电路 ······················ 50
2.4 三相异步电动机制动控制电路 ········ 51
  2.4.1 能耗制动控制电路 ············ 51
  2.4.2 反接制动控制电路 ············ 52
2.5 三相笼型异步电动机调速控制电路 ··· 54
  2.5.1 电动机磁极对数的产生与变化 ······ 54
  2.5.2 双速电动机控制电路 ·········· 55
  2.5.3 变频调速控制电路 ············ 56
2.6 异步电动机的其他基本控制电路 ······ 58
  2.6.1 点动与长动控制 ··············· 59

2.6.2 多地点与多条件控制 …………… 59
2.6.3 顺序控制 …………………………… 60
2.6.4 联锁控制 …………………………… 61
2.6.5 自动循环控制 ……………………… 62
2.7 电气控制电路设计基础 ………………… 65
　2.7.1 电气设计的基本内容和一般
　　　　原则 ………………………………… 65
　2.7.2 电气控制电路的设计方法和
　　　　步骤 ………………………………… 67
　2.7.3 电动机的选择 ……………………… 70
　2.7.4 电气控制电路设计举例 …………… 72
2.8 技能训练：三相异步电动机正反转
　　控制电路装调 ………………………… 74
　2.8.1 任务目的 …………………………… 74
　2.8.2 任务内容 …………………………… 74
　2.8.3 训练准备 …………………………… 74
　2.8.4 训练步骤 …………………………… 75
思考题与习题 ……………………………… 76

第3章 典型机械设备电气控制
　　　系统分析 ……………………………… 78
3.1 车床电气控制电路 ……………………… 78
　3.1.1 主要结构与运动形式 ……………… 78
　3.1.2 电力拖动与控制要求 ……………… 79
　3.1.3 电气控制电路分析 ………………… 79
3.2 铣床电气控制电路 ……………………… 82
　3.2.1 主要结构与运动形式 ……………… 82
　3.2.2 电力拖动与控制要求 ……………… 82
　3.2.3 电气控制电路分析 ………………… 83
3.3 桥式起重机电气控制电路 ……………… 86
　3.3.1 概述 ………………………………… 86
　3.3.2 桥式起重机的结构简介 …………… 87
　3.3.3 桥式起重机的主要技术参数 ……… 87
　3.3.4 提升机构对电力拖动的主要
　　　　要求 ………………………………… 88
　3.3.5 10t桥式起重机典型电路分析 …… 89
思考题与习题 ……………………………… 92

第2篇 可编程序控制器

第4章 可编程序控制器的基础知识 …… 94
4.1 PLC 概述 ………………………………… 94
　4.1.1 PLC 的产生 ………………………… 94
　4.1.2 PLC 的定义 ………………………… 94
　4.1.3 PLC 的特点 ………………………… 95
　4.1.4 PLC 的应用领域 …………………… 96
　4.1.5 PLC 的分类 ………………………… 97
4.2 PLC 的组成及工作原理 ………………… 98
　4.2.1 PLC 的基本结构 …………………… 98
　4.2.2 PLC 的工作原理 …………………… 101
4.3 PLC 的技术性能和编程语言 …………… 103
　4.3.1 PLC 的技术性能 …………………… 103
　4.3.2 PLC 的编程语言 …………………… 104
4.4 S7-200 PLC 概述 ……………………… 106
　4.4.1 S7-200 PLC 的技术性能 ………… 106
　4.4.2 S7-200 PLC 的硬件系统 ………… 108
　4.4.3 I/O 点的地址分配与接线 ………… 110
4.5 S7-200 PLC 的内部元件 ……………… 112
　4.5.1 S7-200 PLC 的编程软元件 ……… 112
　4.5.2 S7-200 PLC 的寻址方式 ………… 114
4.6 技能训练：电动机的起/停 PLC
　　控制 ……………………………………… 116

　4.6.1 继电-接触器控制电路的改造 …… 116
　4.6.2 PLC 系统改造 ……………………… 117
思考题与习题 ……………………………… 118

第5章 S7-200 PLC 的基本指令及
　　　应用 …………………………………… 119
5.1 S7-200 PLC 指令及其结构 …………… 119
　5.1.1 S7-200 PLC 指令 ………………… 119
　5.1.2 S7-200 PLC 的程序结构 ………… 120
5.2 基本逻辑指令 …………………………… 121
5.3 定时器与计数器指令 …………………… 123
　5.3.1 定时器指令 ………………………… 123
　5.3.2 计数器指令 ………………………… 125
　5.3.3 长时定时器与长计数器 …………… 127
5.4 比较指令 ………………………………… 128
　5.4.1 比较指令的功能 …………………… 128
　5.4.2 比较指令的用法 …………………… 128
5.5 程序控制类指令 ………………………… 129
　5.5.1 跳转指令 …………………………… 129
　5.5.2 循环指令 …………………………… 130
　5.5.3 结束指令 …………………………… 131
　5.5.4 停止指令 …………………………… 132
　5.5.5 看门狗指令 ………………………… 132

5.5.6 子程序指令 …………………… 133
5.5.7 顺序控制指令 …………………… 134
5.6 STEP 7－Micro/WIN 编程软件介绍 …… 139
　5.6.1 STEP 7－Micro/WIN 窗口介绍 … 139
　5.6.2 通信连接 ………………………… 139
　5.6.3 程序编制及下载运行 …………… 142
5.7 技能训练：十字路口交通灯控制 …… 144
　5.7.1 十字路口交通灯控制要求 ……… 144
　5.7.2 系统的硬件设计 ………………… 144
　5.7.3 系统的软件设计 ………………… 145
　5.7.4 系统调试运行 …………………… 145
思考题与习题 ……………………………… 146

第6章　S7－200 PLC 的功能指令及应用 …………………………………… 148

6.1 传送指令 …………………………… 148
6.2 算术和逻辑运算指令 ……………… 149
　6.2.1 算术运算指令 …………………… 149
　6.2.2 逻辑运算指令 …………………… 152
6.3 移位指令 …………………………… 153
　6.3.1 右移位和左移位指令 …………… 153
　6.3.2 循环移位指令 …………………… 154
　6.3.3 移位寄存器指令 ………………… 155
6.4 表功能指令 ………………………… 156
　6.4.1 填表指令 ………………………… 156
　6.4.2 先进先出指令（FIFO）、后进先出指令（LIFO） ………… 156
　6.4.3 查表指令 ………………………… 157
6.5 特殊功能指令 ……………………… 158
　6.5.1 中断指令 ………………………… 158
　6.5.2 高速计数器指令 ………………… 161
6.6 技能训练：广告牌彩灯的 PLC 控制 …………………………………… 165
　6.6.1 广告牌彩灯的 PLC 控制要求 …… 165
　6.6.2 系统的硬件设计 ………………… 165
　6.6.3 系统的软件设计 ………………… 166
　6.6.4 调试运行 ………………………… 167
思考题与习题 ……………………………… 167

第7章　S7－200 PLC 的编程及应用 …… 168

7.1 梯形图编程的基本规则 …………… 168

7.2 PLC 典型控制程序 ………………… 169
　7.2.1 自锁、互锁控制 ………………… 169
　7.2.2 时间控制 ………………………… 170
　7.2.3 顺序控制 ………………………… 171
　7.2.4 多地点控制 ……………………… 171
7.3 PLC 应用设计举例 ………………… 172
　7.3.1 送料小车控制 …………………… 172
　7.3.2 PLC 在恒压供水中的应用 ……… 174
思考题与习题 ……………………………… 184

第8章　S7－200 PLC 的通信与网络 …… 186

8.1 数据通信简介 ……………………… 186
　8.1.1 数据的传输与通信方式 ………… 186
　8.1.2 传输介质 ………………………… 187
　8.1.3 串行通信接口标准 ……………… 188
　8.1.4 工业局域网 ……………………… 188
8.2 S7－200 PLC 的通信部件 ………… 192
　8.2.1 通信端口 ………………………… 192
　8.2.2 PPI 多主站电缆 ………………… 193
　8.2.3 CP 通信卡 ……………………… 194
　8.2.4 网络连接器 ……………………… 194
　8.2.5 PROFIBUS 网络电缆 …………… 195
　8.2.6 网络中继器 ……………………… 195
　8.2.7 EM277 PROFIBUS-DP 模块 …… 196
8.3 S7－200 PLC 网络 ………………… 196
　8.3.1 S7－200 的网络通信协议 ……… 196
　8.3.2 利用 PPI 协议进行网络通信 …… 197
　8.3.3 利用 MPI 协议进行网络通信 …… 198
　8.3.4 利用 PROFIBUS 协议进行网络通信 ……………………………… 199
8.4 S7－200 PLC 通信指令 …………… 201
　8.4.1 网络读（NETR）和网络写指令（NETW） …………………… 201
　8.4.2 发送指令与接收指令 …………… 205
　8.4.3 获取与设置通信口地址指令 …… 209
8.5 利用 ModBus 协议进行网络通信 …… 209
　8.5.1 Modbus 从站协议 ……………… 209
　8.5.2 Modbus 从站协议指令 ………… 211
思考题与习题 ……………………………… 212

第3篇　实验、实训

第9章　PLC 实验 ………………………… 214

9.1 基本指令实验 ……………………… 214

  9.1.1 实验目的 …………………… 214
  9.1.2 实验设备 …………………… 214
  9.1.3 实验内容及步骤 …………… 214
  9.1.4 注意事项 …………………… 216
  9.1.5 思考与讨论 ………………… 217
 9.2 定时器及计数器指令实验 ………… 217
  9.2.1 实验目的 …………………… 217
  9.2.2 实验设备 …………………… 217
  9.2.3 实验内容及步骤 …………… 217
  9.2.4 注意事项 …………………… 219
  9.2.5 思考与讨论 ………………… 219
 9.3 移位寄存器指令实验 ……………… 219
  9.3.1 实验目的 …………………… 219
  9.3.2 实验设备 …………………… 219
  9.3.3 实验内容及步骤 …………… 219
  9.3.4 注意事项 …………………… 220
  9.3.5 思考与讨论 ………………… 220
 9.4 常用功能指令实验 ………………… 221
  9.4.1 实验目的 …………………… 221
  9.4.2 实验设备 …………………… 221
  9.4.3 实验内容及步骤 …………… 221
  9.4.4 注意事项 …………………… 222
  9.4.5 思考与讨论 ………………… 223
 9.5 典型电动机控制 …………………… 223
  9.5.1 实验目的 …………………… 223
  9.5.2 实验设备 …………………… 223
  9.5.3 实验内容及步骤 …………… 223
  9.5.4 注意事项 …………………… 224
  9.5.5 思考与讨论 ………………… 224
 9.6 抢答器控制 ………………………… 224
  9.6.1 实验目的 …………………… 224
  9.6.2 实验设备 …………………… 224
  9.6.3 实验内容及步骤 …………… 225
  9.6.4 注意事项 …………………… 225
  9.6.5 思考与讨论 ………………… 225
 9.7 天塔之光控制 ……………………… 226
  9.7.1 实验目的 …………………… 226
  9.7.2 实验设备 …………………… 226

  9.7.3 实验内容及步骤 …………… 226
  9.7.4 注意事项 …………………… 226
  9.7.5 思考与讨论 ………………… 226
 9.8 多种液体混合装置控制 …………… 227
  9.8.1 实验目的 …………………… 227
  9.8.2 实验设备 …………………… 227
  9.8.3 实验内容及步骤 …………… 227
  9.8.4 注意事项 …………………… 228
  9.8.5 思考与讨论 ………………… 228

第10章 实训 ………………………………… 229
 10.1 三相异步电动机减压起动控制电路
    装调 ………………………………… 229
  10.1.1 三相异步电动机减压起动控制
     电路低压电器及其选择 …… 229
  10.1.2 电气控制系统图的绘制与控制
     电路的制作步骤 …………… 231
  10.1.3 三相异步电动机Y-△减压起动
     控制电路装调 ……………… 235
  10.1.4 电气控制电路故障排查 …… 238
 10.2 中级维修电工技能鉴定实操项目 … 241
  10.2.1 任务目的 …………………… 241
  10.2.2 任务内容 …………………… 241
  10.2.3 设备、仪表、材料和电气元
     器件 ………………………… 242
  10.2.4 故障检修分析 ……………… 242
  10.2.5 注意事项 …………………… 243
 10.3 三层电梯的PLC控制系统 ………… 243
  10.3.1 实训目的 …………………… 243
  10.3.2 实训设备 …………………… 243
  10.3.3 面板图 ……………………… 243
  10.3.4 控制要求 …………………… 243
  10.3.5 功能指令的使用及程序
     流程图 ……………………… 243
  10.3.6 I/O分配及接线 …………… 244
  10.3.7 操作步骤 …………………… 245
  10.3.8 实训总结 …………………… 245

参考文献 ……………………………………… 246

绪 论

电气控制技术以生产机械的驱动装置——电动机为控制对象、以微电子装置为核心、以电力电子装置为执行机构，按规定的规律调节电动机的运行方式，使之满足生产工艺要求，并可提高效率，降低能耗，提高产品质量，降低劳动强度。

1. 电气控制技术的发展概况

19 世纪末，直流发电机、交流发电机和直流电动机、异步电动机相继问世，揭开了电气控制技术的序幕。20 世纪初，电动机逐步取代蒸汽机用来驱动生产机械，拖动方式由集中拖动发展为单独拖动，为了简化机械传动系统，出现了一台机器的几个运动部件由几台电动机分别拖动，这种方式称为多电动机拖动。在这种情况下，机器的电气控制系统不但可对各台电动机的起动、制动、反转、停车等进行控制，还可以对各台电动机之间的协调、联锁、顺序切换、显示工作状态进行控制。对生产过程比较复杂的系统，还要求对影响产品质量的各种工艺参数，如温度、压力、流量、速度、时间等能够自动测量和自动调节，这样就构成了功能相当完善的电气自动化系统。到 20 世纪 30 年代，电气控制技术的发展，推动了电器产品的进步，继电器、接触器、按钮、开关等元器件形成了功能齐全的多种系列，基本电气控制已形成规范，并可以实现远距离控制。这种主要用于控制交流电动机的系统通常称为继电-接触器控制系统。

继电-接触器控制具有使用的单一性，即一台控制装置只能针对某一种固定程序的设备。随着产品机型的更新换代，生产线承担的加工对象也随之改变，这就需要改变控制程序，使生产线的机械设备按新的工艺过程运行，而继电-接触器控制系统是采用固定接线的，很难适应这个要求。大型自动生产线的控制系统使用的继电器数量很多，这种有触头的电器工作频率较低，在频繁动作情况下寿命较短，容易造成系统故障，使生产线的运行可靠性降低。为了解决这个问题，20 世纪 60 年代初期利用电子技术研制出矩阵式顺序控制器和晶体管逻辑控制系统来代替继电-接触器控制系统，对复杂的自动控制系统则采用电子计算机控制。

1968 年，美国通用汽车（GM）公司为适应汽车型号不断更新，提出把计算机的完备功能以及灵活性、通用性好等优点和继电-接触器控制系统的简单易懂、操作方便、价格便宜等优点结合起来，做成一种能适应工业环境的通用控制装置，同时依据现场电气操作维护人员和工程技术人员的技能和习惯，把编程方法和程序输入方式加以简化，使得不熟悉计算机的人员也能很快掌握它的使用技术。

根据这一设想，美国数字设备公司（DEC）于 1969 年率先研制出第一台可编程序控制器（简称 PLC），在通用汽车公司的自动装配线上试用获得成功。从此以后，许多国家的著名厂商竞相研制，各自形成系列，而且品种更新很快，功能不断增强，从最初的逻辑控制为主发展到能进行模拟量控制，再到具有数据运算、数据处理和通信联网等多种功能。PLC 另一个突出优点是可靠性很高，平均无故障运行时间可达 10 万 h 以上，可以大大减少设备维修费用和停产造成的经济损失。当前 PLC 已经成为电气自动控制系统中应用最为广泛的核心装置。

20 世纪 70 年代出现了计算机群控系统，综合运用计算机辅助设计（CAD）、计算机辅助制造（CAM）、智能机器人等多项高新技术，形成了从产品设计、制造到智能化生产的完整体系，将自动制造技术、电气控制技术推进到更高的水平。

2. 本课程的性质与任务

本课程是一门实用性很强的专业课。电气控制技术在生产过程、科学研究和其他各个领域的应用十分广泛。该课程的主要内容是以电动机或其他执行电器为控制对象，介绍和讲解继电-接触器控制系统和可编程序控制器控制系统的工作原理、设计方法和实际应用。由于可编程序控制器的飞速发展和其强大的功能，它已成为实现工业自动化的主要手段之一。所以本课程重点是可编程序控制器，但这并不意味着继电-接触器控制系统就不重要了。这是因为：首先，继电-接触器控制在小型电气系统中还普遍使用，而且它是组成电气控制系统的基础；其次，尽管可编程序控制器取代了继电器，但它所取代的主要是逻辑控制部分，而电气控制系统中的信号采集和驱动输出部分仍然要由电气元器件及控制电路来完成。所以对继电-接触器控制系统的学习是非常必要的。该课程的目标是让学生掌握一门非常实用的工业控制技术，以及培养和提高学生的实际应用和动手能力。

电气控制技术是机电类专业学生所必须掌握的基础实际应用课程之一，具体要求如下：

1）熟悉常用控制电器的工作原理和用途，达到正确使用和选用的目的，并了解一些新型元器件的用途。

2）熟练掌握电气控制电路的基本环节，并具备阅读和分析电气控制电路的能力，从而能设计简单的电气控制电路，较好地掌握电气控制电路的简单设计法。

3）了解电气控制电路分析的步骤，熟悉典型生产设备的电气控制系统的工作原理。

4）了解电气控制电路设计的基础，能够根据要求设计出一般的电气控制电路。

5）掌握 PLC 的基本原理及编程方法，能够根据工艺过程和控制要求进行系统设计和编制应用程序。

6）具有设计和改进一般机械设备电气控制电路的基本能力。

7）具有调试、维护 PLC 控制系统的基本能力。

第1篇

继电-接触器控制系统

第1章

常用低压电器

电器分为高压电器和低压电器。低压电器一般是指在交流 50Hz、额定电压 1200V，直流额定电压 1500V 及以下的电路中起通断、保护、控制或调节作用的电器产品。由于在大多数用电行业中一般都使用低压设备，采用低压供电，而低压供电的输送、分配和保护以及设备的运行和控制是靠低压电器来实现的，因此低压电器的技术含量水平直接影响低压供电系统和控制系统的质量。本部分内容主要介绍用于电力拖动及控制系统领域中的常用低压电器及基本控制电路。

1.1 低压电器的基本知识

低压电器是构成电气控制系统最常用的器件，了解它的分类、作用和用途，对设计、分析和维护电气控制系统都是十分必要的。

1.1.1 低压电器的分类

低压电器的用途广泛，功能多样，种类繁多，结构各异，工作原理也各有不同。低压电器有多种分类方法：按动作原理可分为手动电器（依靠外力直接操作进行切换的电器，如刀开关、按钮等）和自动电器（依靠指令或物理量变化而自动动作的电器，如交流接触器、继电器）；按工作原理可分为电磁式电器和非电量控制电器；按执行机理可分为触头电器和无触头电器。

通常按用途可分为以下几类：

(1) 配电电器 配电电器主要用于供配电系统中，进行电能输送和分配。这类电器有刀开关、低压断路器、隔离开关、转换开关等。对这类电器的主要技术要求是分断能力强，限流效果好，动稳定及热稳定性能好。

(2) 控制电器 控制电器主要用于各种控制电路和控制系统。这类电器有接触器、继电器、转换开关、电磁阀等。这类电器的主要技术要求是有一定的通断能力，操作频率高，电气寿命和机械寿命要长。

(3) 主令电器 主令电器主要用于发送控制指令。这类电器有按钮、主令开关、行程开关和万能转换开关等。对这类电器的主要技术要求是操作频率要高，抗冲击，电气寿命和机械寿命要长。

(4) 保护电器 保护电器主要用于对电路和电气设备进行安全保护。这类低压电器有熔断器、热继电器、安全继电器、电压继电器、电流继电器和避雷器等。对这类电器的主要技术要求是有一定的通断能力，反应要灵敏，动作可靠性要高。

(5) 执行电器 执行电器主要用于执行某种动作和传动功能。这类低压电器有电磁铁、电磁离合器等。随着电子技术和计算机技术的进步,近几年又出现了利用集成电路和电子元器件构成的电子式电器、利用单片机构成的智能化电器以及可直接与现场总线连接的具有通信功能的电器。

1.1.2 低压电器的作用

低压电器是构成控制系统的最基本元件,它的性能将直接影响控制系统能否正常工作。低压电器能够依据操作信号或外界现场信号的要求,自动或手动地改变系统的状态、参数,实现对电路或被控对象的控制、保护、测量、指示、调节。它的工作原理是将一些电量信号或非电量信号转变为非通即断的开关信号或随信号变化的模拟量信号,实现对被控对象的控制。

低压电器的主要作用如下:

1) 控制作用:如电梯的上下移动、快慢速自动切换与自动停层等。

2) 保护作用:能根据设备的特点,对设备、环境以及人身安全实行自动保护,如电动机的过热保护、电网的短路保护和漏电保护等。

3) 测量作用:利用仪表及与之相适应的电器,对设备、电网电量参数或其他非电量参数进行测量,如电流、电压、功率、转速、温度和压力等。

4) 调节作用:低压电器可对一些电量和非电量进行调整,以满足用户的要求,如电动机速度的调节、柴油机油门的调整、房间温度和湿度的调节、光照度的自动调节等。

5) 指示作用:利用电器的控制、保护等功能,显示检测出的设备运行状况与电器电路工作情况。

6) 转换作用:在用电设备之间转换或对低压电器、控制电路分时投入运行,以实现功能转换,如被控装置操作的手动与自动的转换、供电系统的市电与自备电源的切换等。

当然,低压电器的作用远不止这些,随着科学技术的发展,新功能、新设备会不断出现。

常用低压电器的主要种类及用途见表1-1。

表1-1 常用低压电器的主要种类及用途

序号	类别	主要品种	主要用途
1	断路器	框架式断路器	主要用于电路的过载、短路、欠电压、漏电保护,也可用于不频繁地接通和断开电路
		塑料外壳式断路器	
		快速直流断路器	
		限流式断路器	
		漏电保护式断路器	
2	接触器	交流接触器	主要用于远距离频繁控制负载,切断带电负荷电路
		直流接触器	
3	继电器	电磁式继电器	主要于控制电路中,将被控量转换成控制电路所需电量或开关信号
		时间继电器	
		温度继电器	
		热继电器	
		速度继电器	
		干簧继电器	

(续)

序号	类别	主要品种	主要用途
4	熔断器	瓷插式熔断器	主要用于电路短路保护,也用于电路的严重过载保护
		螺旋式熔断器	
		有填料封闭管式熔断器	
		无填料封闭管式熔断器	
		快速熔断器	
		自复式熔断器	
5	主令电器	控制按钮	主要用于发布控制命令,改变控制系统的工作状态
		位置开关	
		万能转换开关	
		主令控制器	
6	刀开关	开启式负荷开关	主要用于不频繁地接通和分断电路
		封闭式负荷开关	
		熔断器式刀开关	
7	转换开关	组合开关	主要用于电源切换,也可用于负荷通断或电路切换
		换向开关	
8	控制器	凸轮控制器	主要用于控制电路的切换
		平面控制器	
9	起动器	电磁起动器	主要用于电动机的起动
		星/三角起动器	
		自耦减压起动器	
10	电磁铁	制动电磁铁	主要用于起重、牵引、制动等场合
		起重电磁铁	
		牵引电磁铁	

1.1.3 低压电器的基本结构特点

低压电器一般都有两个基本部分:一是感测部分,它感测外界的信号并做出有规律的反应。在自控电器中感测部分大多由电磁机构组成;在手控电器中,感测部分通常为操作手柄等。另一个是执行部分,如触头,根据指令进行电路的接通或切断。

1.2 开关电器

开关电器常用来不频繁地接通或分断控制电路或直接控制小容量电动机,这类电器也可以用来隔离电源或自动切断电源而起到保护作用。这类电器包括刀开关、转换开关、低压断路器等。

1.2.1 刀开关

刀开关俗称闸刀开关(其外形见图1-1a),可分为不带熔断器式(其符号见图1-1b)和带熔断器式(其符号见图1-1c)两大类。它们用于隔离电源和无负载情况下的电路转换,其中后者还具有短路保护功能。常用的有以下两种：

1. 开启式负荷开关

开启式负荷开关俗称瓷底胶盖闸刀开关，常用的有 HK1、HK2 系列。它由刀开关和熔断器组合而成。瓷底板上装有进线座、静触头、熔丝、出线座和带瓷质手柄的闸刀。其结构图如图 1-1d 所示。

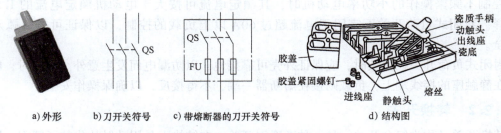

a) 外形　　b) 刀开关符号　　c) 带熔断器的刀开关符号　　d) 结构图

图 1-1　HK 系列开启式负荷开关

这种系列的开启式负荷开关因其内部设有熔丝，故可对电路进行短路保护，常用作照明电路的电源开关或 5.5kW 以下三相异步电动机不频繁起动和停止的控制开关。

在选用时，开启式负荷开关的额定电压应大于或等于负载额定电压，对于一般的电路，如照明电路，其额定电流应大于或等于最大工作电流；而对于电动机电路，其额定电流应大于或等于电动机额定电流的 3 倍。

开启式负荷开关在安装时应注意：

1）闸刀在合闸状态时，手柄应朝上，不准倒装或平装，以防误操作。

2）电源进线应接在静触头一边的进线端（进线座在上方），而用电设备应接在动触头一边的出线端（出线座在下方），即"上进下出"，不准颠倒，以方便更换熔丝及确保用电安全。

2. 封闭式负荷开关

封闭式负荷开关俗称铁壳开关，图 1-2 所示为常用的 HH 系列封闭式负荷开关的结构与外形。

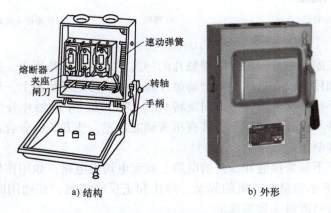

a) 结构　　　　　　　b) 外形

图 1-2　HH 系列封闭式负荷开关的结构与外形

封闭式负荷开关由闸刀、熔断器、灭弧装置、手柄、操作机构和外壳构成。三把闸刀固定在一根绝缘转轴上，由手柄操纵；操作机构设有机械联锁，当盖子打开时，手柄不能合闸，手柄合闸时，盖子不能打开，保证了操作安全。在手柄转轴与底座间还装有速动弹簧，使刀开关的接通与断开速度与手柄动作速度无关，抑制了电弧过大。

封闭式负荷开关用来控制照明电路时，其额定电流可按电路的额定电流来选择，而用来控制不频繁操作的小功率电动机时，其额定电流可按大于电动机额定电流的1.5倍来选择。封闭式负荷开关不宜用于电流超过60A以上负载的控制，以保证可靠灭弧及用电安全。

封闭式负荷开关在安装时，应保证外壳可靠接地，以防漏电而发生意外。接线时，电源线接在静触座的接线端上，负载则接在熔断器一端，不得接反，以确保操作安全。

1.2.2 转换开关

转换开关又称为组合开关，是一种变形刀开关，在结构上是用动触片代替了闸刀，以左右旋转代替了刀开关的上下分合动作，有单极、双极和多极之分。常用的型号有HZ等系列。图1-3a、b所示的是HZ-10/3型转换开关的外形与结构，其图形符号和文字符号如图1-3c所示。

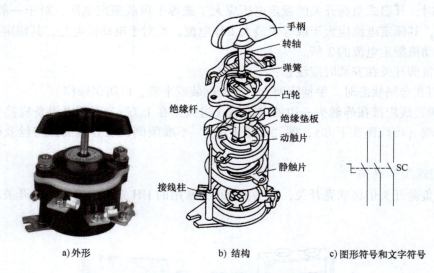

a) 外形　　　　　　b) 结构　　　　c) 图形符号和文字符号

图1-3　HZ-10/3型转换开关

转换开关共有三副静触片，每一副静触片的一边固定在绝缘垫板上，另一边伸出盒外并附有接线柱供电源和用电设备接线。三个动触片装在另外的绝缘垫板上，绝缘垫板套在附有手柄的绝缘杆上。手柄每次能沿任一方向旋转90°，并带动三个动触片分别与对应的三副静触片保持接通或断开。在开关转轴上也装有扭簧储能装置，使开关的分合速度也与手柄动作速度无关，有效地抑制了电弧过大。

转换开关多用于不频繁接通和断开的电路，或无电切换电路，如用作机床照明电路的控制开关，或5kW以下小容量电动机的起动、停止和正反转控制。在选用时，可根据电压等级、额定电流大小和所需触头数来选定。

1.2.3 低压断路器

低压断路器俗称空气开关、自动开关,按其结构和性能可分为框架式、塑料外壳式和漏电保护式三类。它是一种既能作开关用,又具有电路自动保护功能的低压电器,用于电动机或其他用电设备作不频繁通断操作的电路转换。当电路发生过载、短路、欠电压等非正常情况时,能自动切断与它串联的电路,有效地保护故障电路中的用电设备。漏电保护断路器除具备一般断路器的功能外,还可以在电路出现漏电(如人触电)时自动切断电路进行保护。由于低压断路器具有操作安全、动作电流可调整、分断能力较强等优点,因而在各种电气控制系统中得到了广泛的应用。

1. 低压断路器的结构和工作原理

低压断路器主要由触头系统、灭弧装置、操作机构、保护装置(各种脱扣器)及外壳等几部分组成。图1-4所示为常用的塑壳式DZ5-20型低压断路器的外形与结构图。该结构图为立体布置,操作机构居中,有红色分闸按钮和绿色合闸按钮伸出壳外;主触头系统在后部,其辅助触头为一对动合触头和一对动断触头。

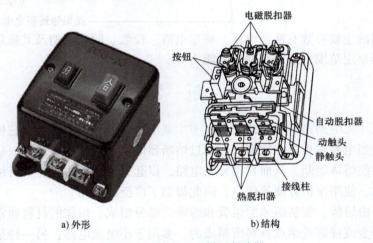

图1-4 DZ5-20型低压断路器

图1-5所示为低压断路器的工作原理及符号。其中,图1-5a中的2是低压断路器的三对主触头,与被保护的三相主电路相串联,当手动闭合电路后,其主触头由锁链3钩住搭钩4,克服弹簧1的拉力,保持闭合状态。搭钩4可绕轴5转动。当被保护的主电路正常工作时,电磁脱扣器6中线圈所产生的电磁吸合力不足以将衔铁8吸合;而当被保护的主电路发生短路或产生较大电流时,电磁脱扣器6中线圈所产生电磁吸合力随之增大,直至

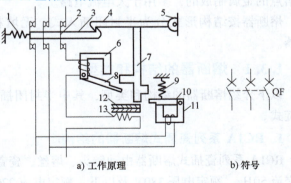

图1-5 低压断路器
1—弹簧 2—主触头 3—锁链 4—搭钩 5—轴
6—电磁脱扣器 7—杠杆 8、10—衔铁 9—弹簧
11—欠电压脱扣器 12—双金属片 13—热元件

将衔铁 8 吸合,并推动杠杆 7,把搭钩 4 顶离。在弹簧 1 的作用下主触头断开,切断主电路,起到保护作用。又当电路电压严重下降或消失时,欠电压脱扣器 11 中的吸力减少或失去吸力,衔铁 10 被弹簧 9 拉开,推动杠杆 7,将搭钩 4 顶开,断开了主触头。当电路发生过载时,过载电流流过热元件 13,使双金属片 12 向上弯曲,将杠杆 7 推动,断开主触头,从而起到保护作用。

2. 低压断路器的类型及其主要参数

低压断路器的主要型号有 DW10、DW15、DZ5、DZ10、DZ20 等系列。低压断路器的型号含义如下:

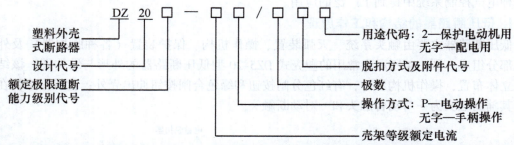

低压断路器的主要参数有额定电压、额定电流、极数、脱扣类型及其额定电流、整定范围、电磁脱扣器整定范围、主触头的分断能力等。

1.3 熔 断 器

熔断器是低压配电网络和电力拖动系统中主要用作短路保护的电器。它使用时串联在被保护的电路中,当电路发生短路故障时,通过熔断器的电流达到或超过某一规定值时,以其自身产生的热量使熔体熔断,从而自动分断电路,以起到保护作用。它具有结构简单、价格便宜、动作可靠、使用维护方便等优点,因此得到了广泛的应用。

熔断器主要由熔体、安装熔体的熔管和熔座三部分组成。熔体的材料通常有两种:一种是由铅、铅锡合金或锌等低熔点材料所制成的,多用于小电流电路;另一种是由银、铜等较高熔点的金属制成的,多用于大电流电路。

熔断器按结构形式分为半封闭插入式、无填料封闭管式、有填料封闭管式和快速熔断器。

1.3.1 熔断器的结构和类型

以下介绍熔断器的结构和类型,其中半封闭插入式包括 RC1A 系列瓷插式和 RL1 系列螺旋式。

1. RC1A 系列瓷插式熔断器的结构

RC1A 系列瓷插式熔断器由动触头、熔丝、瓷盖、静触头和瓷座 5 部分组成。它主要用于交流 50Hz、额定电压 380V 及以下、额定电流 220A 及以下的低压电路的末端或分支电路中,作为电气设备的短路保护及一定程度的过载保护。其外形及结构如图 1-6 所示。

2. RL1 系列螺旋式熔断器的结构

RL1 系列螺旋式熔断器主要由瓷帽、金属螺管、指示器、熔断管、瓷套、下接线端、上

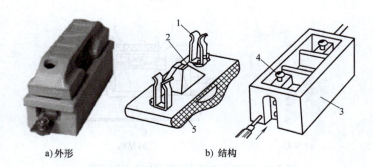

图 1-6 RC1A 系列瓷插式熔断器外形及结构

1—动触头 2—熔丝 3—瓷座
4—静触头 5—瓷盖

接线端及瓷座等几部分组成,它属于有填料封闭管式熔断器。其外形及结构如图 1-7 所示。

图 1-7 螺旋式熔断器的外形和结构

1—上接线端 2—瓷座 3—下接线端 4—瓷套 5—熔断管 6—瓷帽

3. 其他熔断器

其他常见的熔断器还有 RM10 系列无填料封闭管式熔断器、RT0 系列有填料封闭管式熔断器和快速熔断器。RM10 系列无填料封闭管式熔断器主要由夹座、底座、熔断器、硬质绝缘管、黄铜套管、黄铜帽、插刀、熔体和夹座组成,其结构如图 1-8 所示;RT0 系列有填料封闭管式熔断器主要由熔断指示器、石英砂填料、指示器熔丝、插刀、底座、夹座和熔管组成,其结构如图 1-9 所示。它适用于交流 50Hz、额定电压 380V 或直流 440V 及以下电压等级的动力网络和成套配电设备中,可作为导线、电缆及较大容量电气设备的短路和连续过载保护。

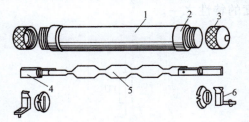

图 1-8 RM10 系列无填料封闭管式熔断器

1—硬质绝缘管 2—黄铜套管 3—黄铜帽
4—插刀 5—熔体 6—夹座

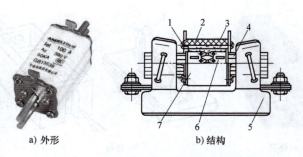

图 1-9 RT0 系列有填料封闭管式熔断器

1—熔断指示器　2—石英砂填料　3—指示器熔丝　4—插刀　5—底座　6—夹座　7—熔管

快速熔断器又称为半导体保护熔断器，主要用于半导体功率器件的过电流保护。它的结构简单，使用方便，动作灵敏可靠。常用的快速熔断器有 RS0、RS3、RLS2 等系列。

4. 熔断器型号的含义、电气图形和文字符号

（1）熔断器型号的含义　熔断器型号的含义如下：

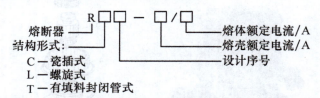

（2）电气图形和文字符号　熔断器的电气图形和文字符号如图 1-10 所示。

1.3.2 熔断器的保护特性和主要技术参数

1. 熔断器的保护特性

熔断器的保护特性是指流过熔体的电流与熔体熔断时间的关系曲线，也称安秒特性。图 1-11 所示是一条熔断器的保护特性曲线。图中 I_{min} 为最小熔化电流或临界电流，当流过的熔体电流等于 I_{min} 时，熔体能够达到稳定温度并熔断。I_N 为熔体额定电流，熔体在 I_N 下不会熔断，所以可以得到 $I_{min} > I_N$。而 I_{min} 与 I_N 之比称为最小熔化系数 β，其值对应不同的形式会有不同的值，一般在 1.6 左右，因此说它是表征熔断器保护灵敏度的特性之一。

图 1-10　熔断器的电气图形和文字符号　　　　图 1-11　熔断器的保护特性曲线

2. 熔断器的主要技术参数

在选配熔断器时，通常需要考虑以下主要技术参数：

1)额定电压:是指熔断器(熔壳)长期工作时以及分断后能够承受的电压值,其值一般大于或等于电气设备的额定电压。

2)额定电流:指熔断器(熔壳)长期通过的、不超过允许温升的最大工作电流值。

3)熔体的额定电流:指长期通过熔体而不熔断的最大电流值。

4)熔体的熔断电流:指通过熔体并使其熔化的最小电流值。

5)极限分断能力:指熔断器在故障条件下,能够可靠地分断电路的最大短路电流值。

1.3.3 熔断器的技术数据

常用熔断器的技术数据见表1-2。

表1-2 常用熔断器的技术数据

型号	熔管额定电压/V	熔管额定电流/A	熔体额定电流等级/A	短路分断能力	
				/kA	λ
RC1A-5	~380 ~220	5	2、5	0.25	≥0.4
RC1A-10		10	2、4、6、10	0.5	
RC1A-15		15	6、10、15	0.5	
RC1A-30		30	20、25、30	1.5	
RC1A-60		60	40、50、60	3	
RC1A-100		100	80、100	3	
RC1A-200		200	120、150、200	3	
RL1-15	~500 ~380 ~220	15	2、4、6、10、15	2	≥0.3
RL1-60		60	20、25、30、35、40、50、60	3.5	
RL1-100		100	60、80、100	20	
RL1-200		200	100、125、150、200	50	
RL2-25		25	2、4、6、15、20	1	
RL2-60		60	25、35、50、60	2	
RL2-100		100	80、100	3.5	

1.3.4 熔断器的使用及维护

1)应正确选用熔体及熔断器。有分支电路时,分支电路的熔体额定电流应比前一级小2~3级;对不同性质的负载,如照明电路、电动机电路的主电路和控制电路等,应尽量分别保护,装设单独的熔断器。

2)安装螺旋式熔断器时,必须注意将电源线接到瓷座的下接线端,以保证其安全。

3)瓷插式熔断器在安装熔丝时,熔丝应顺着螺钉旋紧方向绕过去,同时应注意不要划伤熔丝,也不要把熔丝绷紧以免减小熔丝截面尺寸或插断熔丝。

4)更换熔体时应切断电源,并应换上相同额定电流的熔体,不能随意加大熔体。

5)电动机起动瞬间熔体即熔断,其故障的原因一般是熔体安装时受损伤或熔体规格太小以及负载侧短路或接地。

6）熔丝未熔断但电路不通，其故障的原因一般是熔体两端或接线端接触不良。

1.4 主令电器

主令电器是用来发布命令、改变控制系统工作状态的电器，它可以直接作用于控制电路，也可以通过电磁式电器的转换对电路实现控制，其主要类型有控制按钮、行程开关、接近开关、万能转换开关、凸轮控制器和主令控制器等。

1.4.1 控制按钮

控制按钮是一种典型的主令电器，其作用通常是用来短时间地接通或断开小电流的控制电路，从而控制电动机或其他电器设备的运行。

1. 控制按钮的结构与符号

典型控制按钮如图1-12所示。它既有常开触头，也有常闭触头。常态时在复位弹簧的作用下，由桥式动触头将静触头1、2闭合，静触头3、4断开；当按下按钮时，桥式动触头将1、2分断，3、4闭合。1、2被称为常闭触头或动断触头，3、4被称为常开触头或动合触头。

控制按钮的图形符号和文字符号如图1-13所示。

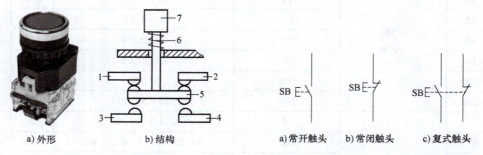

图1-12 典型控制按钮　　　　　图1-13 控制按钮的图形符号和文字符号

1、2—常闭触头　3、4—常开触头
5—桥式触头　6—复位弹簧　7—按钮帽

2. 控制按钮的型号及含义

常用的按钮型号有LA2、LA18、LA19、LA20及LA25等系列。引进的有瑞士EAO系列、德国LAZ系列等。其中LA2系列有一对常开和一对常闭触头，具有结构简单、动作可靠、坚固耐用的优点。LA18系列按钮采用积木式结构，触头数量可按需要进行拼装。LA19系列为按钮与信号灯的组合，按钮兼作信号灯灯罩，用透明塑料制成。

LA25系列按钮的型号含义如下：

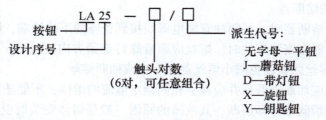

为标明按钮的作用，避免误操作，通常将按钮帽做成红、绿、黑、黄、蓝、白、灰等

色。国家标准对按钮颜色做了如下规定：

1) "停止"和"急停"按钮必须是红色。当按下红色按钮时，必须使设备断电，停止工作。

2) "起动"按钮的颜色是绿色。

3) "起动"与"停止"交替动作的按钮必须是黑色、白色或灰色，不得用红色和绿色。

4) "点动"按钮必须是黑色。

5) "复位"按钮（如保护继电器的复位按钮）必须是蓝色。当复位按钮还有停止的作用时，则必须是红色。

1.4.2 行程开关与接近开关

行程开关是位置开关（又称限位开关）的一种，是一种常用的小电流主令电器。利用生产机械运动部件的碰撞使其触头动作来实现接通或分断控制电路，达到一定的控制目的。通常，这类开关被用来限制机械运动的位置或行程，使运动机械按一定位置或行程自动停止、反向运动、变速运动或自动往返运动等。

行程开关主要由三部分组成：操作机构、触头系统和外壳。行程开关种类很多，按其结构可分为直动式、滚轮式和微动式三种。直动式行程开关的动作原理与按钮相同。但它的缺点是触头分合速度取决于生产机械的移动速度，当移动速度低于 0.4m/min 时，触头分断太慢，易受电弧烧损。为此，应采用有弹簧机构瞬时动作的滚轮式行程开关。滚轮式行程开关和微动式行程开关的结构与工作原理这里不再介绍。图 1-14 所示为直动式行程开关的外形与结构。

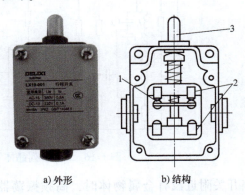

图 1-14 直动式行程开关的外形与结构
1—动触头 2—静触头 3—推杆

LXK3 系列行程开关型号含义如下：

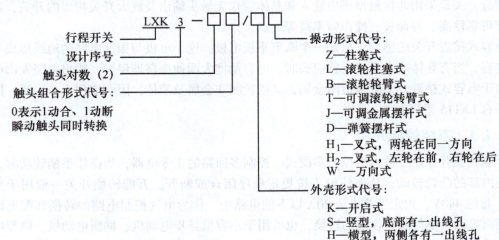

行程开关的图形符号和文字符号如图 1-15 所示。

接近开关近年来获得了广泛的应用，它是靠移动物体与接近开关的感应头接近时，使其输出一个电信号来控制电路的通断，故又称为无触头开关。在继电-接触器控制系统中应用时，接近开关输出电路要驱动一个中间继电器，由其触头对继电-接触器电路进行控制。

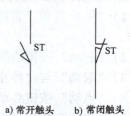

图 1-15 行程开关的图形符号和文字符号

接近开关分为电感式和电容式两种，电感式的感应头是一个具有铁氧体磁心的电感线圈，故只能检测金属物体的接近。常用的型号有 LJ1、LJ2 等系列。图 1-16 所示为 LJ2 系列晶体管接近开关电路原理图，由图可知，电路由晶体管 VT_1、振荡线圈 L 及电容 C_1、C_2、C_3 组成电容三点式高频振荡器，其输出经由 VT_2 级放大，经 VD_3、VD_4 整流成直流信号，加到晶体管 VT_5 的基极，晶体管 VT_6、VT_7 构成施密特电路，VT_8 为接近开关的输出电路。

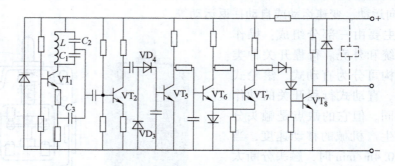

图 1-16 LJ2 系列晶体管接近开关电路原理图

当开关附近没有金属物体时，高频振荡器谐振，其输出经由 VT_2 放大并整流成直流，使 VT_5 导通，施密特电路 VT_6 截止，VT_7 饱和导通，输出级 VT_8 截止，接近开关无输出。

当金属物体接近振荡线圈 L 时，振荡减弱，直到停止，这时 VT_5 截止，施密特电路翻转，VT_7 截止，VT_8 饱和导通，也有输出，其输出端可带继电器或其他负载。

接近开关是采用非接触型感应输入和晶体管作无触头输出及放大开关构成的开关，其电路具有可靠性高、寿命长、操作频率高等优点。

电容式接近开关的感应头只是一个圆形平板电极，这个电极与振荡电路的地线形成一个分布电容，当有导体或介质接近感应头时，电容量增大而使振荡器停振，输出电路发出电信号。由于电容式接近开关既能检测金属，又能检测非金属及液体，因而应用十分广泛，国内的产品有 LX115 系列和 TC 系列。

1.4.3 万能转换开关

万能转换开关是一种多档位、多段式、控制多回路的主令电器，当操作手柄转动时，带动开关内部的凸轮转动，从而使触头按规定顺序闭合或断开。万能转换开关一般用于交流 500V、直流 440V、约定发热电流 20A 以下的电路中，作为电气控制电路的转换和配电设备的远距离控制、电气测量仪表的转换，也可用于小容量异步电动机、伺服电动机、微型电动机的直接控制。

常用的万能转换开关有 LW5、LW6 系列。

图 1-17 为 LW6 系列万能转换开关单层结构示意图，它主要由触头座、操作定位机构、凸轮、手柄等部分组成，其操作位置有 0～12 个，触头底座有 1～10 层，每层底座均可装三对触头。每层凸轮均可做成不同形状，当操作手柄带动凸轮转到不同位置时，可使各对触头按设置的规律接通和分断，因而这种开关可以组成数百种电路方案，以适应各种复杂要求，故被称为"万能"转换开关。

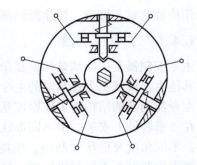

图 1-17 万能转换开关单层结构示意图

1.4.4 凸轮控制器

凸轮控制器是一种大型的手动控制电器，也是多档位、多触头，利用手动操作，转动凸轮去接通和分断允许通过大电流的触头转换开关，主要用于起重设备，直接控制中、小型绕线转子异步电动机的起动、制动、调速和换向。

凸轮控制器主要由触头、绝缘方轴、凸轮、复位弹簧及触头弹簧等组成，其外形与结构如图 1-18 所示。当手柄转动时，在绝缘方轴上的凸轮随之转动，从而使触头组按顺序接通、分断电路，改变绕线转子异步电动机定子电路的接法和转子电路的电阻值，直接控制电动机的起动、调速、换向及制动。凸轮控制器与万能转换开关虽然都是用凸轮来控制触头的动作，但两者的用途则完全不同。

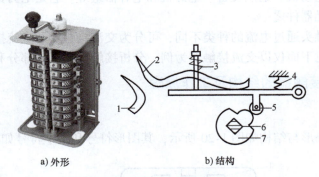

a) 外形　　　　　　　　b) 结构

图 1-18 凸轮控制器的外形与结构

1—静触头　2—动触头　3—触头弹簧　4—复位弹簧
5—滚子　6—绝缘方轴　7—凸轮

国内生产的凸轮控制器有 KT10、KT14 及 KT15 系列，其额定电流有 25A、60A 及 32A、63A 等规格。

凸轮控制器的图形符号及触头通断表示方法如图 1-19 所示。它与转换开关、万能转换开关的表示方法相同，操作位置分为零位、向左、向右档位。具体的型号不同，其触头数目的多少也不同。图中数字 1～4 表示触头号，2、1、0、1、2 表示档位（即操作位置）。图中虚线表示操作位置，在不同操作位置时，各对触头的通断状态表示于触头的下方或右侧与虚线相交位置，在触头右、下方涂黑圆点，表示在对

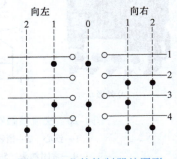

图 1-19 凸轮控制器的图形符号及触头通断表示方法

应操作位置时触头接通，没涂黑的圆点表示触头在该操作位置不接通。

1.4.5 主令控制器

主令控制器是用以频繁切换复杂的多回路控制电路的主令电器，主要用作起重机、轧钢机及其他生产机械磁力控制盘的主令控制。

主令控制器的结构与工作原理基本上与凸轮控制器相同，也是利用凸轮来控制触头的断合。在方形转轴上安装一串不同形状的凸轮块，就可获得按一定顺序动作的触头。即使在同一层，不同角度及形状的凸块，也能获得当手柄在不同位置时，同一触头接通或断开的效果。再由这些触头去控制接触器，就可获得按一定要求动作的电路了。由于控制电路的容量都不大，所以主令控制器的触头也是按小电流设计的。

目前生产和使用的主令控制器主要有 LK14、LK15、LK16 型。其主要技术性能为：额定电压为交流 50Hz、380V 以下及直流 220V 以下；额定操作频率为 1200 次/h。

主令控制器的图形符号与凸轮控制器相同。

1.5 接触器

当电动机功率稍大或起动频繁时，使用手动开关控制既不安全又不方便，更无法实现远距离操作和自动控制，此时就需要用自动电器来替代普通的手动开关。

接触器是一种用来频繁地接通或分断交、直流主电路及大容量控制电路的自动切换电器，主要用于控制电动机、电热设备、电焊机和电容器组等。它是电力拖动自动控制系统中使用最广泛的电气元器件之一。

接触器按其主触头通过电流的种类不同，可分为交流接触器和直流接触器。由于它们的结构大致相同，因此下面仅以交流接触器为例，分析接触器的组成部分和作用。

1.5.1 交流接触器的结构及工作原理

1. 结构

交流接触器的外形与结构如图 1-20 所示，其图形符号和文字符号如图 1-21 所示。

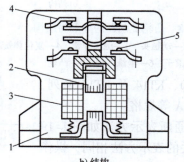
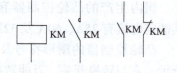

a) 外形　　　　　　　b) 结构　　　　　　a) 线圈　b) 主触头　c) 辅助触头

图 1-20　交流接触器的外形与结构　　　　图 1-21　交流接触器的图形符号
　　1—铁心　2—衔铁　3—线圈　　　　　　　　　　和文字符号
　　4—常闭触头　5—常开触头

交流接触器主要由以下四个部分组成：

（1）电磁机构　电磁机构由线圈、衔铁和铁心等组成。它能产生电磁吸力，驱使触头动作。在铁心头部平面上都装有短路环，如图1-22所示。安装短路环的目的是消除交流电磁铁在吸合时可能产生的衔铁振动和噪声。当交变电流过零时，电磁铁的吸力为零，衔铁被释放，当交变电流过了零值后，衔铁又被吸合，这样一放一吸，使衔铁发生振动。当装上短路环后，在其中产生感应电流，能阻止交变电流过零时磁场的消失，使衔铁与铁心之间始终保持一定的吸力，因此消除了振动现象。

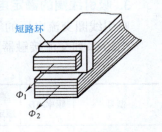

图1-22　短路环

（2）触头系统　包括主触头和辅助触头。主触头用于接通和分断主电路，通常为三对常开触头。辅助触头用于控制电路，起电气联锁作用，故又称联锁触头，一般有常开、常闭触头各两对。在线圈未通电时（即平常状态下），处于相互断开状态的触头叫常开触头，又叫动合触头；处于相互接触状态的触头叫常闭触头，又叫动断触头。接触器中的常开和常闭触头是联动的，当线圈通电时，所有的常闭触头先行分断，然后所有的常开触头跟着闭合；当线圈断电时，在反力弹簧的作用下，所有触头都恢复原来的平常状态。

（3）灭弧罩　额定电流在20A以上的交流接触器，通常都设有陶瓷灭弧罩。它的作用是能迅速切断触头在分断时所产生的电弧，以避免发生触头烧毛或熔焊。

（4）其他部分　包括反力弹簧、触头压力簧片、缓冲弹簧、短路环、底座和接线柱等。反力弹簧的作用是当线圈断电时使衔铁和触头复位。触头压力簧片的作用是增大触头闭合时的压力，从而增大触头接触面积，避免因接触电阻增大而产生触头烧毛现象。缓冲弹簧可以吸收衔铁被吸合时产生的冲击力，起保护底座的作用。

2. 工作原理

交流接触器的工作原理：当线圈通电后，线圈中电流产生的磁场使铁心产生电磁吸力将衔铁吸合。衔铁带动动触头动作，使常闭触头断开，常开触头闭合。当线圈断电时，电磁吸力消失，衔铁在反力弹簧的作用下释放，各触头随之复位。

1.5.2　交流接触器的型号与主要技术参数

交流接触器的型号含义如下：

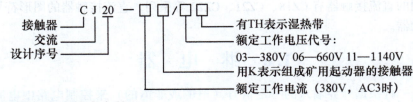

交流接触器的主要技术参数：

1. 额定电压

接触器铭牌上的额定电压是指主触头的额定电压。交流电压的等级有127V、220V、380V和500V。

2. 额定电流

接触器铭牌上的额定电流是指主触头的额定电流。交流电流的等级有5A、10A、20A、

40A、60A、100A、150A、250A、400A 和 600A。

3. 吸引线圈的额定电压

吸引线圈交流电压的等级有 36V、110V、127V、220V 和 380V。

CJ20 系列交流接触器的技术参数见表 1-3。

表 1-3　CJ20 系列交流接触器的技术参数

型号	频率/Hz	辅助触头额定电流/A	吸引线圈额定电压/V	主触头额定电流/A	额定电压/V	可控制电动机最大功率/kW
CJ20-10	50	5	~36、~127、~220、~380	10	380/220	4/2.2
CJ20-16				16	380/220	7.5/4.5
CJ20-25				25	380/220	11/5.5
CJ20-40				40	380/220	22/11
CJ20-63				63	380/220	30/18
CJ20-100				100	380/220	50/28
CJ20-160				160	380/220	85/48
CJ20-250				250	380/220	132/80
CJ20-400				400	380/220	220/115

1.5.3　直流接触器

直流接触器主要用于额定电压 440V 及以下、额定电流 1600A 及以下的直流电力电路中，作为远距离接通和分断电路，控制直流电动机的频繁起动、停止和反向。

直流电磁机构通以直流电，铁心中无磁滞和涡流损耗，因而铁心不发热。而吸引线圈的匝数多，电阻大、铜耗大，线圈本身发热，因此吸引线圈做成长而薄的圆筒状，且不设线圈骨架，使线圈与铁心直接接触，以便散热。

触头系统也有主触头与辅助触头。主触头一般做成单极或双极，单极直流接触器用于一般的直流回路中，双极直流接触器用于分断后电路完全隔断的电路以及控制电动机的正、反转电路中。由于通断电流大，通电次数多，因此采用滚滑接触的指形触头。辅助触头由于通断电流小，常采用点接触的桥式触头。直流接触器一般采用磁吹灭弧装置。

国内常用的直流接触器有 CZ18、CZ21、CZ22 等系列。直流接触器的图形符号和文字符号同交流接触器。

1.6　继　电　器

继电器是一种根据外界输入的一定信号（电的或非电的）来控制电路中电流通断的自动切换电器。它具有输入电路（又称感应元件）和输出电路（又称执行元件）。当感应元件中的输入量（如电流、电压、温度、压力等）变化到某一定值时继电器动作，执行元件便接通或断开控制电路。其触头通常接在控制电路中。

电磁式继电器的结构和工作原理与接触器相似，结构上也是由电磁机构和触头系统组成。但是，继电器控制的是小功率信号系统，流过触头的电流很弱，所以不需要灭弧装置，另外，继电器可以对各种输入量做出反应，而接触器只有在一定的电压信号下才能动作。

继电器种类繁多，常用的有电流继电器、电压继电器、中间继电器、时间继电器、热继电器以及温度、压力、计数、频率继电器等。

电子元器件的发展应用推动了各种电子式小型继电器的出现，这类继电器比传统的继电器灵敏度更高，寿命更长，动作更快，体积更小，一般都采用密封式或封闭式结构，用插座与外电路连接，便于迅速替换，能与电子电路配合使用。下面对几种经常使用的继电器做简单介绍。

1.6.1 电流、电压继电器

根据输入电流大小而动作的继电器称为电流继电器。电流继电器的线圈串接在被测量的电路中，以反映电流的变化，其触头接在控制电路中，用于控制接触器线圈或信号指示灯的通/断。为了不影响被测电路的正常工作，电流继电器线圈阻抗应比被测电路的等效阻抗小得多，因此电流继电器的线圈匝数少、导线粗。电流继电器按用途还可分为过电流继电器和欠电流继电器。过电流继电器的任务是当电路发生短路及过电流时立即将电路切断，继电器线圈电流小于整定电流时继电器不动作，只有超过整定电流时才动作。过电流继电器的动作电流整定范围：交流过电流继电器为 (110% ~ 350%) I_N；直流过电流继电器为 (70% ~ 300%) I_N。欠电流继电器的任务是当电路中电流过低时立即将电路切断，继电器线圈通过的电流大于或等于整定电流时，继电器吸合，只有电流低于整定电流时，继电器才释放。欠电流继电器动作电流整定范围：吸合电流为 (30% ~ 50%) I_N，释放电流为 (10% ~ 20%) I_N，欠电流继电器一般是自动复位的。

与此类似，电压继电器是根据输入电压大小而动作的继电器，其结构与电流继电器相似，不同的是电压继电器的线圈与被测电路并联，以反映电压的变化，因此它的吸引线圈匝数多、导线细、电阻大。电压继电器按用途也可分为过电压继电器和欠电压继电器。过电压继电器动作电压整定范围为 (105% ~ 120%) U_N；欠电压继电器吸合电压调整范围为 (30% ~ 50%) U_N，释放电压调整范围为 (7% ~ 20%) U_N。

下面以 JL18 系列电流继电器为例，介绍其型号含义，并在表 1-4 中列出了其主要技术参数。

表 1-4 JL18 系列电流继电器技术参数

型号	线圈额定值		结构特征
	工作电压/V	工作电流/A	
JL18 - 1.0	AC 380 DC 220	1.0	触头工作电压：AC 380V DC 220V 发热电流：10A 可自动及手动复位
JL18 - 1.6		1.6	
JL18 - 2.5		2.5	
JL18 - 4.0		4.0	
JL18 - 6.3		6.3	
JL18 - 10		10	
JL18 - 16		16	
JL18 - 25		25	
JL18 - 40		40	
JL18 - 63		63	
JL18 - 100		100	
JL18 - 160		160	
JL18 - 250		250	
JL18 - 400		400	
JL18 - 630		630	

1) 电流继电器的型号含义如下：

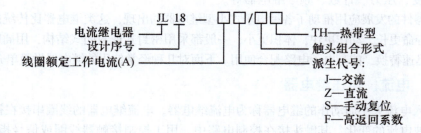

2) 整定电流调节范围：交流吸合电流为（110%~350%）I_N；直流吸合电流为（70%~300%）I_N。电流、电压继电器的图形符号和文字符号如图1-23所示。

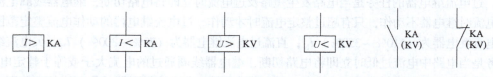

a) 过电流继电器线圈　b) 欠电流继电器线圈　c) 过电压继电器线圈　d) 欠电压继电器线圈　e) 常开触头　f) 常闭触头

图1-23　电流、电压继电器的图形符号和文字符号

1.6.2　中间继电器

中间继电器的作用是将一个输入信号变成多个输出信号或将信号放大（即增大触头容量），其实质为电压继电器，但它的触头数量较多（可达8对），触头容量较大（5~10A），动作灵敏。

中间继电器按电压分为两类：一类是用于交直流电路中的JZ系列；另一类是只用于直流操作的各种继电保护电路中的DZ系列。

常用的中间继电器有JZ7系列，以JZ7-62为例，JZ为中间继电器的代号，7为设计序号，6表示有6对常开触头，2表示有两对常闭触头。表1-5为JZ7系列中间继电器的主要技术数据。

表1-5　JZ7系列中间继电器的主要技术数据

型号	触头额定电压/V	触头额定电流/A	触头对数 常开	触头对数 常闭	吸引线圈电压/V	额定操作频率/(次/h)
JZ7-44			4	4		
JZ7-62	500	5	6	2	12、36、127、220、380（交流50Hz时）	1200
JZ7-80			8	0		

新型中间继电器触头闭合过程中动、静触头间有一段滑擦、滚压过程，可以有效地清除触头表面的各种生成膜及尘埃，减小了接触电阻，提高了接触可靠性，有的还装了防尘罩或采用密封结构，也是为了提高可靠性。有些中间继电器安装在插座上，插座有多种形式可供选择，有些中间继电器可直接安装在导轨上，安装和拆卸均很方便。常用的有JZ18、MA、K、HH5、RT11等系列。

中间继电器的图形符号和文字符号如图 1-24 所示。

1.6.3 时间继电器

感应元件在感应外界信号后，经过一段时间才能使执行元件动作的继电器，称为时间继电器，即当吸引线圈通电或断电以后，其触头经过一定延时才动作，以控制电路的接通或分断。时间继电器的种类很多，主要有直流电磁式、空气阻尼式、电动机式、电子式等几大类；延时方式有通电延时和断电延时两种。

图 1-24 中间继电器的图形符号和文字符号

1. 直流电磁式时间继电器

该类继电器用阻尼的方法来延缓磁通变化的速度，以达到延时的目的。其结构简单，运行可靠，寿命长，允许通电次数多，但仅适用于直流电路，延时时间较短。一般通电延时仅为 0.1~0.5s，而断电延时可达 0.2~10s。因此，直流电磁式时间继电器主要用于断电延时。

2. 空气阻尼式时间继电器

该类继电器由电磁机构、工作触头及气室三部分组成，它的延时是靠空气的阻尼作用来实现的。常见的型号有 JS7-A 系列，按其控制原理有通电延时和断电延时两种类型。

图 1-25 所示为 JS7-A 系列空气阻尼式时间继电器的工作原理图。

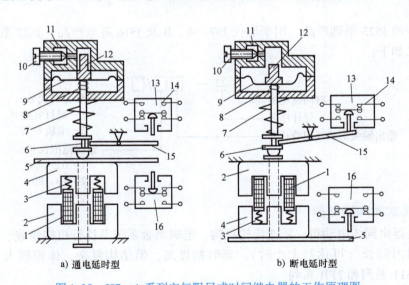

图 1-25 JS7-A 系列空气阻尼式时间继电器的工作原理图
1—线圈 2—静铁心 3、7、8—弹簧 4—衔铁 5—推板 6—顶杆 9—橡皮膜 10—螺钉
11—进气孔 12—活塞 13、16—微动开关 14—延时触头 15—杠杆

当通电延时型时间继电器电磁铁线圈 1 通电后，将衔铁 4 吸下，于是顶杆 6 与衔铁间出现一个空隙，当与顶杆相连的活塞 12 在弹簧 7 作用下由上向下移动时，在橡皮膜 9 上面形成空气稀薄的空间（气室），空气由进气孔 11 逐渐进入气室，活塞因受到空气的阻力，不

能迅速下降，在降到一定位置时，杠杆15使延时触头14动作（常开触头闭合，常闭触头断开）。线圈断电时，弹簧使衔铁和活塞等复位，空气经橡皮膜与顶杆之间推开的气隙迅速排出，触头瞬时复位。

断电延时型时间继电器与通电延时型时间继电器的原理和结构相同，只是将其电磁机构翻转180°后再安装。

空气阻尼式时间继电器延时时间有0.4～180s和0.4～60s两种规格，具有延时范围较宽、结构简单、工作可靠、价格低廉、寿命长等优点，是机床交流控制电路中常用的时间继电器。它的缺点是延时精度较低。

表1-6列出了JS7－A型空气阻尼式时间继电器的技术数据，其中JS7－2A型和JS7－4A型既带有延时动作触头，又带有瞬时动作触头。

表1-6　JS7－A型空气阻尼式时间继电器的技术数据

型号	触头额定容量		延时触头对数				瞬时动作触头数量		线圈电压/V	延时范围/s
	电压/V	电流/A	线圈通电延时		线圈断电延时					
			常开	常闭	常开	常闭	常开	常闭		
JS7－1A	380	5	1	1					～36、127、220、380	0.4～60 及 0.4～180
JS7－2A			1	1			1	1		
JS7－3A					1	1				
JS7－4A					1	1	1	1		

国内生产的JS23系列产品，用于取代JS7－A、B及JS16等老产品。JS23系列时间继电器的型号含义如下：

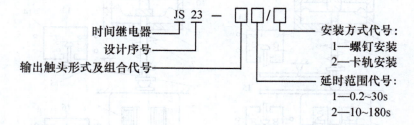

3. 电动机式时间继电器

该类继电器由同步电动机、减速齿轮机构、电磁离合系统及执行机构组成，电动机式时间继电器延时时间长（可达数十小时），延时精度高，但结构复杂，体积较大，常用的有JS10系列、JS11系列和7PR系列。

4. 电子式时间继电器

该类继电器的早期产品多是阻容式，近期开发的产品多为数字式，又称计数式，它是由脉冲发生器、计数器、数字显示器、放大器及执行机构组成的，具有延时时间长、调节方便、精度高的优点，有的还带有数字显示，应用很广，可取代空气阻尼式、电动机式等时间继电器。该类时间继电器只有通电延时型，延时触头均为两常开、两常闭，无瞬时动作触头。国内生产的产品有JSS1系列，其型号含义如下：

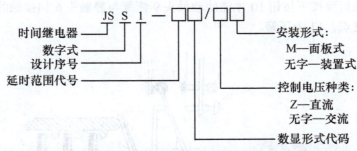

JSS1 系列电子式时间继电器型号中数显形式代码的含义见表 1-7。

表 1-7　JSS1 系列数显形式代码含义

代码	无	A	B	C	D	E	F
含义	不带数显	2位数显递增	2位数显递减	3位数显递增	3位数显递减	4位数显递增	4位数显递减

时间继电器的图形符号和文字符号如图 1-26 所示。

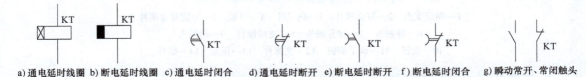

a) 通电延时线圈　b) 断电延时线圈　c) 通电延时闭合的常开触头　d) 通电延时断开的常闭触头　e) 断电延时断开的常开触头　f) 断电延时闭合的常闭触头　g) 瞬动常开、常闭触头

图 1-26　时间继电器的图形符号和文字符号

1.6.4　热继电器

电动机在实际运行中常遇到过载情况，若电动机过载不大，时间较短，只要电动机绕组不超过允许温升，这种过载是允许的。但是长时间过载，绕组超过允许温升时，将会加剧绕组绝缘的老化，缩短电动机的使用年限，严重时会将电动机烧毁。因此，应采用热继电器做电动机的过载保护。

1. 热继电器的结构及工作原理

热继电器是利用电流通过元件所产生的热效应原理而反时限动作的继电器，专门用来对连续运行的电动机进行过载保护，以防止电动机过热而烧毁。它主要由加热元件、双金属片和触头组成。双金属片是它的测量元件，由两种具有不同线膨胀系数的金属通过机械辗压而制成，线膨胀系数大的称为主动层，小的称为被动层。加热双金属片的方式有四种：直接加热、热元件间接加热、复合式加热和电流互感器加热。

图 1-27 所示是热继电器的外形与结构原理图。热元件 3 串接在电动机定子绕组中，电动机绕组电流即为流过热元件的电流。当电动机正常运行时，热元件产生的热量虽能使双金属片 2 弯曲，但还不足以使继电器动作；当电动机过载时，热元件产生的热量增大，使双金属片弯曲位移增大，经过一定时间后，双金属片弯曲到推动导板 4，并通过补偿双金属片 5 与推杆 14 将触头 9 和 6 分开。触头 9 和 6 为热继电器串于接触器线圈回路的常闭触头，断开后使接触器失电，接触器的常开触头断开电动机的电源以保护电动机。调节旋钮 11 是一个偏心轮，它与支撑件 12 构成一个杠杆，转动偏心轮，改变它的半径，即可改变补偿双金属片 5 与导板 4 接触的距离，因而达到调节整定动作电流的目的。此外，靠调节复位螺钉 8 来改变常开触头 7 的位置，使热继电器能工作在手动复位和自动复位两种工作状态。手动复

位时，在故障排除后要按下按钮 10 才能使动触头 9 恢复与静触头 6 相接触的位置。此外，1 为双金属片固定支点，13 为压簧。

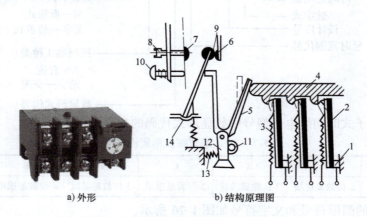

图 1-27 热继电器的外形与结构原理图

1—固定支点　2—双金属片　3—热元件　4—导板　5—补偿双金属片
6—静触头　7—常开触头　8—复位螺钉　9—动触头
10—按钮　11—调节旋钮　12—支撑件　13—压簧　14—推杆

2. 带断相保护的热继电器

三相电动机的一根接线松开或一相熔丝熔断，是造成三相异步电动机烧坏的主要原因之一。如果热继电器所保护的电动机是星形联结，那么当电路发生一相断电时，另外两相电流增大很多，由于线电流等于相电流，流过电动机绕组的电流和流过热继电器的电流增加比例相同，因此普通的两相或三相热继电器可以对此做出保护。如果电动机是三角形联结，则发生断相时，由于电动机的相电流与线电流不等，流过电动机绕组的电流和流过热继电器的电流增加比例不相同，而热元件又串接在电动机的电源进线中，按电动机的额定电流即线电流来整定，整定值较大，因而当故障线电流达到额定电流时，在电动机绕组内部，电流较大的那一相绕组的故障电流将超过额定相电流，便有过热烧毁的危险。所以三角形联结必须采用带断相保护的热继电器。带有断相保护的热继电器是在普通热继电器的基础上增加一个差动机构，对三个电流进行比较。带断相保护的热继电器结构如图 1-28 所示。

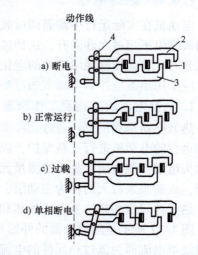

图 1-28 带断相保护的热继电器结构图

1—双金属片剖面　2—上导板
3—下导板　4—杠杆

当一相（设 A 相）断路时，A 相（右侧）热元件温度由原正常热状态下降，双金属片由弯曲状态伸直，推动导板右移；同时由于 B、C 相电流较大，推动导板向左移，使杠杆扭转，继电器动作，起到断相保护作用。

热继电器采用热元件，其反时限动作特性能比较准确地模拟电动机的发热过程与电动机温升，确保了电动机的安全。值得一提的是，由于热继电器具有热惯性，不能瞬时动作，故不能用作短路保护。

3. 热继电器的主要参数及常用型号

热继电器主要参数有：热继电器额定电流、相数、整定电流及调节范围、热元件额定电流等。

热继电器的额定电流是指热继电器中，可以安装的热元件的最大整定电流值。

热元件的额定电流是指热元件的最大整定电流值。

热继电器的整定电流是指能够长期通过热元件而不致引起热继电器动作的最大电流值。通常热继电器的整定电流是按电动机的额定电流整定的。对于某一热元件的热继电器，可手动调节整定电流旋钮，通过偏心轮机构，调整双金属片与导板的距离，能在一定范围内调节其电流的整定值，使热继电器更好地保护电动机。

JR16、JR20 系列是目前广泛应用的热继电器，其型号含义如下：

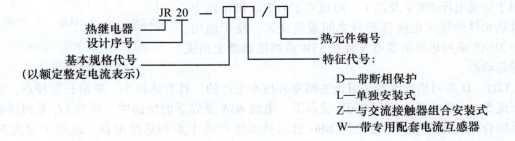

表 1-8 列出了 JR16 系列热继电器的主要规格参数。

表 1-8 JR16 系列热继电器的主要规格参数

型号	额定电流/A	热元件规格	
		额定电流/A	电流调节范围/A
JR16-20/3 JR16-20/3D	20	0.35	0.25~0.35
		0.5	0.32~0.5
		0.72	0.45~0.72
		1.1	0.68~1.1
		1.6	1.0~1.6
		2.4	1.5~2.4
		3.5	2.2~3.5
		5.0	3.2~5.0
		7.2	4.5~7.2
		11.0	6.8~11
		16.0	10.0~16
		22	14~22
JR16-60/3 JR16-60/3D	60	22	14~22
		32	20~32
		45	28~45
		63	45~63

(续)

型号	额定电流/A	热元件规格	
		额定电流/A	电流调节范围/A
JR16—150/3 JR16—150/3D	150	63 85 120 160	40~63 53~85 75~120 100~160

热继电器的图形符号和文字符号如图1-29所示。

目前，新型热继电器也在不断推广使用。3UA5、3UA6系列热继电器是引进德国西门子公司技术生产的，适用于交流电压660V及以下、电流0.1~630A的电路中，而且热元件的整定电流各型号之间重复交叉，便于选用。其中3UA5系列热继电器可安装在3TB系列接触器上组成电磁起动器。

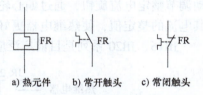

图1-29 热继电器的图形符号和文字符号

LR1-D系列热继电器是引进法国专有技术生产的，具有体积小、寿命长等特点，适用于交流50Hz或60Hz、电压660V及以下、电流80A及以下的电路中，可与LC系列接触器插接组合在一起使用。引进德国BBC公司技术生产的T系列热继电器，适用于交流50~60Hz、电压660V以下、电流500A及以下的电力电路中。

4. 热继电器的正确使用及维护

1）热继电器的额定电流等级不多，但其热元件编号很多，每一种编号都有一定的电流整定范围。在使用时应使热元件的电流整定范围中间值与保护电动机的额定电流值相等，再根据电动机运行情况通过调节旋钮去调节整定值。

2）对于重要设备，一旦热继电器动作后，必须待故障排除后方可重新起动电动机，应采用手动复位方式；若电气控制柜距操作地点较远，且从工艺上又易于看清过载情况，则可采用自动复位方式。

3）热继电器和被保护电动机的周围介质温度尽量相同，否则会破坏已调整好的配合情况。

4）热继电器必须按照产品说明书中规定的方式安装。当与其他电器装在一起时，应将热继电器置于其他电器下方，以免其动作特性受其他电器发热的影响。

5）使用中应定期去除尘埃和污垢并定期通电校验其动作特性。

1.6.5 速度继电器

速度继电器又称为反接制动继电器，它的主要作用是与接触器配合，实现对电动机的制动。也就是说，在三相交流异步电动机反接制动转速过零时，自动切除反相序电源。图1-30所示为其结构原理图。

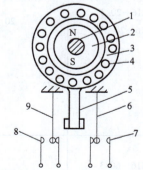

图1-30 速度继电器的结构原理图
1—转轴 2—转子 3—定子 4—绕组
5—摆锤 6、9—簧片 7、8—静触头

速度继电器主要由转子、圆环（笼型空心绕组）和触头三部分组成。

转子由一块永久磁铁制成，与电动机同轴相连，用以接收转动信号。当转子（磁铁）旋转时，笼型绕组切割转子磁场产生感应电动势，形成环内电流。转子转速越高，这一电流就越大。此电流与磁铁磁场相作用，产生电磁转矩，圆环在此力矩的作用下带动摆锤，克服簧片的作用力而顺着转子转动的方向摆动，并拨动触头改变其通断状态（在摆锤左右各设一组切换触头，分别在速度继电器正转和反转时发生作用）。当调节簧片弹性力时，可使速度继电器在不同转速时切换触头，改变通/断状态。

速度继电器的动作速度一般不低于 120r/min，复位转速约在 100r/min 以下，该数值可以调整。工作时，允许的转速高达 1000~3600r/min。由速度继电器的正转和反转切换触头的动作，来反映电动机转向和速度的变化。常用的型号有 JY1 和 JFZ0。

速度继电器的图形符号和文字符号如图 1-31 所示。

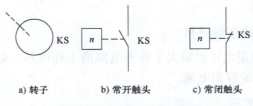

a) 转子　　　b) 常开触头　　　c) 常闭触头

图 1-31　速度继电器的图形符号和文字符号

1.7　技能训练：常用低压电器的选择

低压电器的类型通常按使用条件和场合来选择，然后按所需的功率、电路额定电压选择电器的额定电压和额定电流，针对不同类型，具体选择方法有所不同。

1.7.1　刀开关的选择

刀开关一般根据电流种类、电压等级、电动机容量（电路电流）及控制的极数进行选择。

在用于照明电路时，刀开关的额定电压应大于或等于电路的最大工作电压，其额定电流应大于或等于电路的最大工作电流。

在用于电动机直接起动时，刀开关的额定电压应大于或等于电路的最大工作电压，其额定电流应大于或等于电动机额定电流的 3 倍。

1.7.2　主令电器的选择

主令电器的额定电压可参考控制电路的工作电压。由于控制电路的工作电流一般都小于 5A，所以它们的额定电流一般都选定为 5A。

1.7.3　熔断器的选择

熔断器的选择包括熔断器类型选择、熔体额定电流的选择和熔断器（熔壳）的规格选择。

1. 熔断器类型的选择

熔断器的类型应根据负载的保护特性、短路电流的大小及安装条件进行选择。

2. 熔体额定电流的选择

熔断器用来进行短路保护时，其熔体根据保护对象来选择。

1) 对于照明回路、信号指示回路以及电阻炉等回路，取熔体的额定电流大于或等于实际负载电流。

2) 对于电动机的短路保护，熔体额定电流与它的台数多少有关。

对于单台电动机
$$I_{NF} = (1.5 \sim 2.5) I_{NM} \tag{1-1}$$

式中，I_{NF} 是熔体额定电流（A）；I_{NM} 是电动机额定电流（A）。

当电动机轻载起动或起动时间较短时，式中的系数取 1.5；当电动机重载起动或起动次数较多且时间较长时，式中的系数取 2.5。

对于多台电动机
$$I_{NF} = (1.5 \sim 2.5) I_{N_{mmax}} + \sum I_{NM} \tag{1-2}$$

式中，$I_{N_{mmax}}$ 是容量最大的一台电动机的额定电流（A）；$\sum I_{NM}$ 是其余各台电动机的额定电流之和（A）。

3. 熔断器（熔壳）的规格选择

熔断器（熔壳）的额定电压必须大于等于电路的工作电压，熔断器（熔壳）的额定电流必须大于等于所装熔体的额定电流。

1.7.4 接触器的选择

接触器分为交流接触器和直流接触器两大类，控制交流负载时应选用交流接触器，控制直流负载时应选用直流接触器。

1. 使用类别的选择

接触器的使用类别应与负载性质相一致。交流接触器按使用类别被划分为 AC1～AC4 四类，其对应的控制对象分别为：

AC1——无感或微感负荷，如白炽灯、电阻炉等。

AC2——绕线转子异步电动机的起动和停止。

AC3——笼型异步电动机的运转和运行中分断。

AC4——笼型异步电动机的起动、反接制动、反向和点动。

2. 额定电压与额定电流的选择

在一般情况下，接触器的选用主要考虑的是接触器主触头的额定电压与额定电流。

主触头的额定电压应大于等于主电路的工作电压。

主触头的额定电流应大于等于主电路的工作电流（负载电流）。

接触器如使用在频繁起动、制动和正反转的场合时，一般其额定电流降一个等级来选用。

3. 控制线圈电压种类与额定电压的选择

接触器控制线圈的电压种类（交流或直流电压）与电压等级应根据控制电路要求选用。

4. 辅助触头的种类及数量的选择

接触器辅助触头的种类及数量应满足控制需要，当辅助触头的对数不能满足要求时，可用增设中间继电器的方法来解决。

1.7.5　继电器的选择

1. 电磁式通用继电器

选用时首先考虑的是交流类型还是直流类型,然后根据控制电路需要,决定采用电压继电器还是电流继电器。作为保护用的继电器应该考虑过电压(或电流)、欠电压(或电流)继电器的动作值和释放值、中间继电器触头的类型和数量以及电磁线圈的额定电压或额定电流。

2. 时间继电器

时间继电器应根据下列原则进行选择:

1)根据系统的延时方式、延时范围、延时精度、触头形式以及工作环境等因素选用适当的类型。

2)根据控制电路的功能特点选用相应的延时方式。

3)根据控制电压选择吸引线圈的电压等级。

3. 热继电器

热继电器结构形式的选择主要取决于电动机绕组接法以及是否要求断相保护。热继电器热元件的整定电流可按下式选取:

$$I_{NFR} = (0.95 \sim 1.05)I_{NM} \tag{1-3}$$

式中,I_{NFR} 是热元件整定电流(A);I_{NM} 是电动机额定电流(A)。

在恶劣的工作环境下,起动频繁的电动机则按下式选取:

$$I_{NFR} = (1.15 \sim 1.5)I_{NM} \tag{1-4}$$

对于过载能力差的电动机,热元件的整定电流为电动机额定电流的 60%~80%,对于重复短时工作制的电动机,其过载保护不宜选用热继电器,而应选用电流继电器。

4. 速度继电器

根据生产机械设备的实际安装情况以及电动机额定工作转速,选择合适的速度继电器型号。

思考题与习题

1-1　常用的刀开关有几种?分别用在什么场合?

1-2　刀开关的选用方法及安装注意事项有哪些?

1-3　常用熔断器的种类有哪些?

1-4　两台电动机不同时起动,一台电动机额定电流为 14.8A,另一台电动机额定电流为 6.47A,试选择用作短路保护熔断器的额定电流及熔体的额定电流。

1-5　常用主令电器有哪些?在电路中各起什么作用?

1-6　写出下列电器的作用、图形符号和文字符号:

熔断器;转换开关;按钮;低压断路器;交流接触器;热继电器;时间继电器。

1-7　简述交流接触器在电路中的作用、结构和工作原理。

1-8　中间继电器与交流接触器有什么差异?在什么条件下中间继电器也可以用来起动电动机?

1-9　JS7 型时间继电器的原理是什么?如何调整延时时间?画出图形符号并解释各触头的动作特点。

1-10　在电动机的控制电路中,熔断器和热继电器能否相互代替?为什么?

1-11　电动机的起动电流大,起动时热继电器应不应该动作?为什么?

1-12　熔断器如何选择?

第 2 章

电气控制电路的基本环节

2.1 电气控制系统图识图及制图标准

电气控制电路是由许多电气元器件按具体要求而组成的一个系统。为了表达生产机械电气控制系统的原理、结构等设计意图，同时也为了方便电气元器件的安装、调整、使用和维修，必须将电气控制系统中各电气元器件的连接用一定的图形表示出来，这种图就是电气控制系统图。为了便于设计、分析、安装和使用控制电路，电气控制系统图必须采用统一规定的符号、文字和标准的画法。

电气控制系统图包括电气原理图、电气安装接线图、电气元器件布置图、互连图和框图等。各种图的图纸尺寸一般选用 297mm×210mm、297mm×420mm、420mm×594mm、594mm×841mm 四种幅面，特殊需要可按《机械制图》国家标准选用其他尺寸。本书将主要介绍电气原理图、电气元器件布置图和电气安装接线图。

2.1.1 常用电气控制系统的图示符号

我国早已加入 WTO（世界贸易组织），电气工程技术要与国际接轨，要与 WTO 中的各国交流电气工程技术，必须具备通用的电气工程语言，因此，国家标准局参照国际电工委员会（IEC）颁布的有关文件，制定了我国电气设备的有关国家标准，如 GB/T 4728.1~13—2008、2018《电气简图用图形符号》等。

1. 图形符号

图形符号通常用于图样或其他文件，以表示一个设备或概念，包括符号要素、一般符号和限定符号。

（1）符号要素 是一种具有确定意义的简单图形，必须同其他图形组合才能构成一个设备或概念的完整符号，如接触器常开主触头的符号就由接触器触头功能符号和常开触头符号组合而成。

（2）一般符号 用以表示一类产品或此类产品特征的一种简单的符号，如电动机的一般符号为"Ⓜ"，"＊"号用 M 代替可以表示电动机，用 G 代替可以表示发电机。

（3）限定符号 用于提供附加信息的一种加在其他符号上的符号。限定符号一般不能单独使用，但它可以使图形符号更具多样性。例如，在电阻器一般符号的基础上分别加上不同的限定符号，就可以得到可变电阻器、压敏电阻器、热敏电阻器等。

2. 文字符号

文字符号适用于电气技术领域中技术文件的编制，用以标明电气设备、装置和元器件的名称及电路的功能、状态和特征。文字符号分为基本文字符号和辅助文字符号。此外，必要时还可以加补充文字符号。

(1) 基本文字符号　基本文字符号有单字母符号和双字母符号两种。单字母符号是按拉丁字母顺序将各种电气设备、装置和元器件划分为23个大类，每一类用一个专用单字母符号表示，如"C"表示电容器类，"R"表示电阻器类。

双字母符号是由一个表示种类的单字母符号与另一字母组成，组合形式是单字母符号在前，另一个字母在后，如"F"表示保护器件类，"FU"则表示熔断器。

(2) 辅助文字符号　辅助文字符号是用以表示电气设备、装置和元器件以及电路的功能、状态和特征的，如"L"表示限制，"RD"表示红色等。辅助文字符号也可以放在表示种类的单字母符号后边组成双字母符号，如"SP"表示压力传感器，"YB"表示电磁制动器等。为简化文字符号，当辅助文字符号由两个以上字母组成时，允许只采用其第一位字母进行组合，如"MS"表示同步电动机。辅助文字符号还可以单独使用，如"ON"表示接通，"M"表示中间线等。

(3) 补充文字符号的原则　当基本文字符号和辅助文字符号不能满足使用要求时，可按国家标准中文字符号组成原则予以补充。

1) 在不违背国家标准文字符号编制原则的条件下，可采用国际标准中规定的电气技术文字符号。

2) 在优先采用基本文字符号和辅助文字符号的前提下，可补充国家标准中未列出的双字母符号和辅助文字符号。

3) 使用文字符号时，应按有关电气名词术语国家标准或专业技术标准中规定的英文术语缩写而成。基本文字符号不得超过两个字母，辅助文字符号一般不能超过三个字母。例如，表示"起动"，采用"START"的前两位字母"ST"作为辅助文字符号；而表示"停止（STOP）"的辅助文字符号必须再加一个字母，为"STP"。因拉丁字母"I"和"O"容易同阿拉伯数字"1"和"0"混淆，所以不允许单独作为文字符号使用。

常用的电气图形、文字符号见表2-1所列。

表2-1　常用电气图形、文字符号表

名称	图形符号	文字符号	名称	图形符号	文字符号
一般三相电源开关		QS	位置开关 复合触头		ST
低压断路器		QF	熔断器		FU
位置开关 常开触头		ST	按钮 常开		SB
位置开关 常闭触头			按钮 常闭		

33

(续)

名称		图形符号	文字符号	名称		图形符号	文字符号
按钮	复式		SB	时间继电器	常闭延时断开触头		KT
接触器	线圈		KM		常闭延时闭合触头		
	主触头				常开延时断开触头		
	常开辅助触头			热继电器	热元件		FR
	常闭辅助触头				常闭触头		
速度继电器	常开触头		KS	继电器	中间继电器线圈		KA
	常闭触头				过电压继电器线圈	U>	KV
	制动电磁铁		YB		欠电压继电器线圈	U<	
时间继电器	通电延时线圈		KT		过电流继电器线圈	I>	KA
	断电延时线圈				欠电流继电器线圈	I<	
	常开延时闭合触头				常开触头		相应继电器符号
					常闭触头		

（续）

名称	图形符号	文字符号	名称	图形符号	文字符号
转换开关	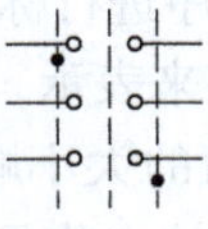	SA	直流发电机		G
电位器	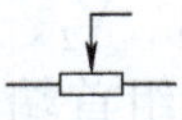	RP	三相笼型异步电动机		M
桥式整流装置	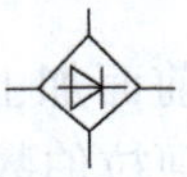	UR			
照明灯		EL	三相绕线转子异步电动机	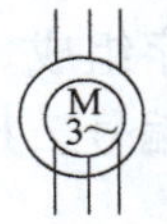	
信号灯		HL			
电阻器		R	三相自耦变压器	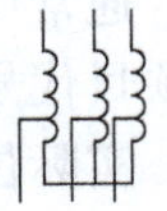	T
接插器		XS			
电磁铁		YA	半导体二极管		VD
电磁吸盘		YH	单相变压器	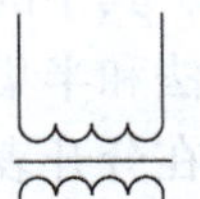	T
			整流变压器		
直流串励电动机		M	照明变压器		
直流并励电动机			控制电路电源用变压器		TC
直流他励电动机			PNP 型晶体管		VT
直流复励电动机			NPN 型晶体管	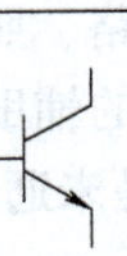	

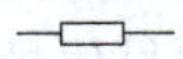

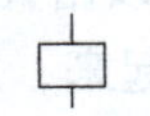

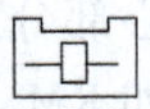

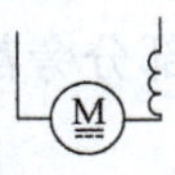

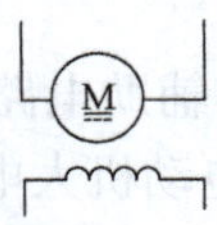

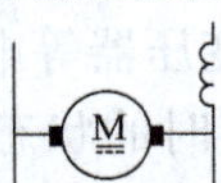

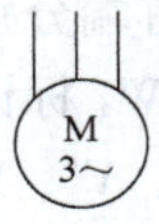

35

3. 接线端子标记

三相交流电源引入线采用 L_1、L_2、L_3 标记，中性线为 N。

电源开关之后的三相交流电源主电路分别按 U、V、W 顺序进行标记，接地端为 PE。

电动机分支电路各接点标记采用三相文字代号后面加数字来表示，数字中的十位数表示电动机代号，个位数表示该支路接点的代号，从上到下按数值的大小顺序标记，如 U_{11} 表示 M_1 电动机的第一相的第一个接点代号，U_{12} 为第一相的第二个接点代号，以此类推。

电动机绕组首端分别用 U_1、V_1、W_1 标记，尾端分别用 U_2、V_2、W_2 标记，双绕组的中点则用 U_3、V_3、W_3 标记。也可以用 U、V、W 标记电动机绕组首端，用 U′、V′、W′ 标记绕组尾端，用 U″、V″、W″ 标记双绕组的中点。

分级三相交流电源主电路采用三相文字代号 U、V、W 的前面加上阿拉伯数字 1、2、3 等来标记，如 1U、1V、1W、2U、2V、2W 等。控制电路采用阿拉伯数字编号，一般由三位或三位以下的数字组成。标注方法按"等电位"原则进行，在垂直绘制的电路中，标号顺序一般由上而下编号，凡是线圈、绕组、触头或电阻、电容等元件所间隔的线段，都应标以不同的电路标号。

4. 项目代号

在电路图上，通常用一个图形符号表示的基本件、部件、组件、功能单元、设备、系统等，称为项目。项目代号是用以识别图、图表、表格中和设备中的项目种类，并提供项目的层次关系、种类、实际位置等信息的一种特定的代码。通过项目代号可以将图、图表、表格、技术文件中的项目与实际设备中的该项目一一对应和联系起来。

一个完整的项目代号由 4 个相关信息的代号段（高层代号、位置代号、种类代号、端子代号）组成。一个项目代号可以只由一个代号段组成，也可以由几个代号段组成。通常，种类代号可单独表示一个项目，而其余大多应与种类代号组合起来，才能较完整地表示一个项目。

种类代号是用于识别项目种类的代号，是项目代号中的核心部分。种类代号一般由字母代码和数字组成，其中的字母代码必须是规定的文字符号，例如 KM_2 表示第二个接触器。

在集中表示法和半集中表示法的图中，项目代号只在图形符号旁标注一次，并用机械连接线连接起来。在分开表示法的图中，项目代号应在项目每一部分旁都要标注出来。

2.1.2 电气原理图

用图形符号和项目代号表示电路各个元器件连接关系和电气工作原理的图称为电气原理图。由于电气原理图结构简单、层次分明，适于分析、研究电路工作原理等特点，因而广泛应用于设计和生产实际中，图 2-1 所示即为 CW6132 型普通车床电气原理图。

在绘制电气原理图时，一般应遵循以下原则：

1）电气原理图应采用规定的标准图形符号，按主电路与辅助电路分开，并依据各电气元器件的动作顺序等原则而绘制。其中主电路就是从电源到电动机大电流通过的路径。辅助电路包括控制电路、照明电路、信号电路及保护电路等，由继电器和接触器的线圈、继电器的触头、接触器的辅助触头、按钮、照明灯、信号灯、控制变压器等电气元器件组成。

2）电器应是未通电时的状态；二进制逻辑元件应是置零时的状态；机械开关应是循环开始前的状态。

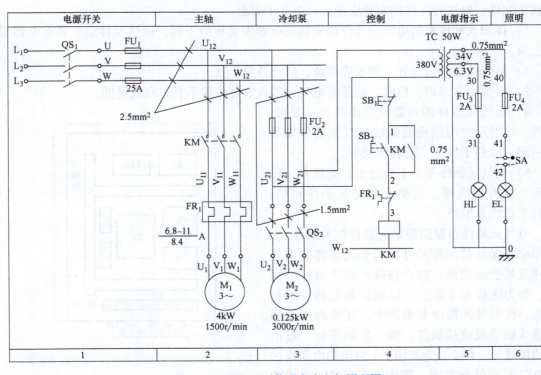

图 2-1　CW6132 型普通车床电气原理图

3）控制系统内的全部电动机、电器和其他器械的带电部件，都应在原理图中表示出来。

4）在电气原理图上方将图分成若干图区，并标明该区电路的用途；在继电器、接触器线圈下方列有触头表，以说明线圈和触头的从属关系。

5）在电气原理图中应标出各个电源电路的电压值、极性、频率及相数，某些元器件的特性（如电阻、电容、变压器的参数值等），不常用电器（如位置传感器、手动触头等）的操作方式、状态和功能。

6）动力电路的电源电路绘成水平线，受电部分的主电路和控制保护支路，分别垂直绘制在动力电路下面的左侧和右侧。

7）在电气原理图中，各个电气元器件在控制电路中的位置，不按实际位置画出，应根据便于阅读的原则安排，但为了表示是同一元器件，元器件的不同部件要用同一文字符号来表示。

8）电气元器件应按功能布置，并尽可能按工作顺序排列，其布局顺序应该是从上到下，从左到右。

9）在电气原理图中，有直接联系的交叉导线连接点，要用黑圆点表示；无直接联系的交叉导线连接点，不画黑圆点。

2.1.3　电气元器件布置图

电气元器件布置图所绘内容为原理图中各电气元器件的实际安装位置，可按实际情况分别绘制，如电气控制箱中的电器板、控制面板等。电气元器件布置图是控制设备生产及维护的技术文件，电气元器件的布置应注意以下几个方面。

1）体积大和较重的电气元器件应安装在电器安装板的下面，而热元件应安装在电器板的上面。

2）强电、弱电应分开。弱电应屏蔽，防止外界干扰。

3）需要经常维护、检修、调整的电气元器件安装位置不宜过高或过低。

4）电气元器件的布置应考虑整齐、美观、对称。外形尺寸与结构类似的电气元器件安装在一起，以利于加工、安装和配线。

5）电气元器件布置不宜过密，要留有一定间距，如有走线槽，应加大各排元器件间距，以利于布线和维护。

电气元器件布置图根据元器件的外形绘制，并标出各元器件间距尺寸。每个元器件的安装尺寸及其公差范围，应严格按产品手册标准标注，作为底板加工依据，以保证各元器件顺利安装。在电气元器件布置图中，还要选用适当的接线端子板或接插件，按一定顺序标上进出线的接线号。图2-2为与图2-1对应的电器箱内的电气元器件布置图。图中$FU_1 \sim FU_4$为熔断器，KM为接触器，FR_1为热继电器，TC为照明变压器，XT为接线端子板。

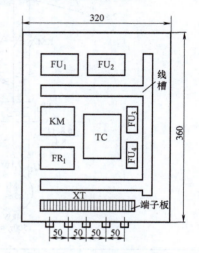

图2-2　CW6132型普通车床电气元器件布置图

2.1.4　电气安装接线图

电气安装接线图是电气原理图的具体实现形式，它是用规定的图形符号按各电气元器件相对位置而绘制的实际接线图，因而可以直接用于安装配线。由于电气安装接线图在具体的施工、维修中能够起到电气原理图无法起到的作用，所以它在生产现场得到了普遍应用。电气安装接线图是根据元器件位置布置最合理、连接导线最经济等原则来安排的。一般来说，绘制电气安装接线图应按照下列原则进行：

1）电气安装接线图中的各电气元器件的图形符号、文字符号及接线端子的编号应与电气原理图一致，并按电气原理图连接。

2）各电气元器件均按其在安装底板中的实际安装位置绘出，元器件所占图面按实际尺寸以统一比例绘制。

3）一个元器件的所有部件绘在一起，并且用点画线框起来，即采用集中表示法。有时将多个电气元器件用点画线框起来，表示它们是安装在同一安装底板上的。

4）安装底板内外的电气元器件之间的连线通过接线端子板进行连接，安装底板上有几个接至外电路的引线，端子板上就应绘出几个线的接点。

5）绘制电气安装接线图时，走向相同的相邻导线可以绘成一股线。

图2-3是某生产机械电气安装接线图。

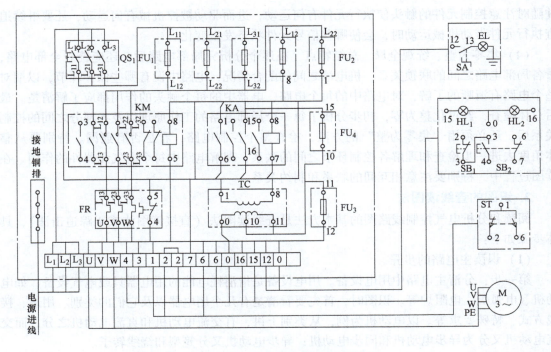

图 2-3　某生产机械电气安装接线图

2.1.5　阅读和分析电气控制电路图的方法

1. 识图的基本方法

电气控制电路图识图的基本方法是"先机后电、先主后辅、化整为零、集零为整、统观全局、总结特点"。

（1）先机后电　首先了解生产机械的基本结构、运行情况、工艺要求、操作方法，以期对生产机械的结构及其运行有个总体的了解，进而明确对电力拖动的要求，为分析电路做好前期准备。

（2）先主后辅　先阅读主电路，看设备由几台电动机拖动，了解各台电动机的作用，结合加工工艺分析电动机的起动方法，有无正、反转控制，采用何种制动方式，采用哪些电动机保护措施，然后再分析辅助电路。从主电路入手，根据每台电动机、电磁阀等执行电器的控制要求去分析它们的控制内容（包括起动、方向控制、调速和制动等）。

（3）化整为零　在分析控制电路时，根据主电路中各电动机、电磁阀等执行电器的控制要求，逐一找出控制电路中的控制环节，将电动机控制电路，按功能不同划分为若干个局部控制电路来进行分析。其步骤为：①从执行电器（电动机、电磁阀等）着手，看主电路上有哪些控制电器的触头，根据其组合规律看控制方式；②根据主电路的控制电器主触头文字符号，在控制电路中找到有关的控制环节及环节间的相互联系，将各台电动机的控制电路划分成若干个局部电路，每一台电动机的控制电路，又按起动环节、制动环节、调速环节、反向运行环节来分析电路；③设想按动了某操作按钮（应记住各信号元件、控制元件或执行元件的原始状态），查看电路，观察电气元器件的触头是如何控制其他电气元器件动作的，再查看这些被带动的控制元件的触头又是如何控制执行元件或其他电气元器件动作的，并随时注意控制元件的触头使执行元件有何运动,进而驱动被控机械有何运动,还要继续追查执行元件带动机械运动时,会使哪些信号元件状态发生变化。

(4)集零为整、统观全局、总结特点 在逐个分析完局部电路后,还应统观全部电路,看各局部电路之间的联锁关系,机电液之间的配合情况,电路中设有哪些保护环节,以期对整个电路有清晰的了解,对电路中的每个电路、电器中的每个触头的作用都应了解清楚。最后总体检查,经过化整为零,初步分析了每一个局部电路的工作原理以及各部分之间的控制关系后,还必须用"集零为整"的方法,检查整个控制电路,看是否有遗漏。特别要从整体角度去进一步检查和理解各控制环节之间的联系,理解电路中每个电气元器件的作用。在读图过程中,特别要注意相互间的联系和制约关系。

2. 识图的查线读图法

阅读和分析电气控制线路图的基本方法是查线读图法(直接读图法或跟踪追击法),具体步骤如下:

(1)识读主电路的步骤

第一步:分清主电路中用电设备。用电设备是指消耗电能的用电器具或电气设备,如电动机、电弧炉、电阻炉等。识图时,首先要看清楚有几个用电器以及它们的类别、用途、接线方式、特殊要求等。以电动机为例,从类别上讲,有交流电动机和直流电动机之分;而交流电动机又分为异步电动机和同步电动机;异步电动机又分笼型和绕线转子。

第二步:要弄清楚用电设备是用什么电气元器件控制的。控制电气设备的方法很多,有的直接用开关控制,有的用各种起动器控制,有的用接触器或继电器控制。

第三步:了解主电路中其他元器件的作用。通常主电路中除了用电器和控制用的电器(如接触器、继电器)外,还常接有电源开关、熔断器以及保护电器。

第四步:看电源。查看主电路电源是三相380V还是单相220V;主电路电源是由母线汇流排供电或配电屏供电的(一般为交流电),还是从发电机供电的(一般为直流电)。

(2)识读辅助电路的步骤 由于有各种不同类型的生产机械设备,它们对电力拖动也提出了各不相同的要求,表现在电路图上有各种不相同的辅助电路。辅助电路包含控制电路、信号电路和照明电路。

分析控制电路可根据主电路中各电动机和执行电器的控制要求,逐一找出控制电路中的控制环节,将控制电路"化整为零",按功能不同划分成若干个局部控制电路来进行分析。如果控制电路较复杂,则可先排除照明、显示等与控制关系不密切的电路,以便集中精力进行分析。具体步骤如下:

第一步:看电源。看清电源的种类,是交流的还是直流的,弄清电源是从什么地方接来及其电压等级。电源一般是从主电路的两条相线上接来,其电压为380V;也有从主电路的一条相线和零线上接来,电压为220V;此外,也可以从专用隔离电源变压器接来,常用电压有127V、36V等。当辅助电路为直流时,其电压一般为24V、12V、6V等。

第二步:看辅助电路是如何控制主电路的。对复杂的辅助电路,在电路图中,整个辅助电路构成一条大回路。在这个大回路中又分成几条独立的小回路,每条小回路控制一个用电器或一个动作。当某条小回路形成闭合回路且有电流流过时,在回路中的电气元器件(接触器或继电器)则动作,把用电设备(如电动机)接入电源或从电源切除。

第三步:研究电气元器件之间的联系。电路中一切电气元器件都不是孤立的,而是互相联系、互相制约的。在电路中有用电气元器件 A 控制电气元器件 B，甚至又用电气元器件 B 去控制电气元器件 C。这种互相制约的关系有时表现在同一个回路，有时表现在不同的几个回路中，这就是控制电路中的电气联锁。

第四步：研究其他电气设备和电气元器件，如整流设备、照明灯等。要了解它们的电路走向和作用。

上面所介绍的读图方法和步骤，只是一般的通用方法，需通过对具体电路的分析逐步掌握，不断总结，才能提高识图能力。

2.2 三相异步电动机起动控制电路

三相异步电动机的结构简单，价格便宜，坚固耐用，运行可靠，维修方便。与同容量的直流电动机比较，异步电动机具有体积小、重量轻、转动惯量小的特点，因此在各类企业中异步电动机得到了广泛的应用。三相异步电动机的控制电路大多采用接触器、继电器、刀开关、按钮等有触头电器组合而成。由于三相异步电动机的结构不同，分为笼型异步电动机和绕线转子异步电动机。二者的构造不同，起动方法也不同，它们的起动控制电路差别更大。下面，对它们的起动控制电路分别加以介绍。

2.2.1 笼型异步电动机直接起动控制

所谓直接起动，就是利用刀开关或接触器将电动机定子绕组直接接到额定电压的电源上，故又称全压起动。直接起动的优点是起动设备与操作都比较简单，其缺点是起动电流大。对于较小容量笼型异步电动机，因电动机起动电流相对较小，且惯性小、起动快，一般来说，对电网、对电动机本身都不会造成影响，因此可以直接起动，但必须根据电源的容量来限制直接起动电动机的容量。

在工程实践中，直接起动可按以下经验公式核定：

$$\frac{I_Q}{I_N} \leq \frac{3}{4} + \frac{P_H}{4P_N} \tag{2-1}$$

式中，I_Q 是电动机的起动电流（A）；I_N 是电动机的额定电流（A）；P_N 是电动机的额定功率（kW）；P_H 是电源的总容量（kV·A）。

1. 采用刀开关直接起动控制

用开启式负荷开关、转换开关或封闭式负荷开关控制电动机的起动和停止，是最简单的手动控制方法。

图 2-4 是采用刀开关直接起动电动机的控制电路，其中，M 为被控三相异步电动机；QS 是刀开关；FU 是熔断器。刀开关是电动机的控制电器，熔断器是电动机的保护电器。其原理是：合上刀开关 QS，电动机将通电并旋转；断开 QS，电动机将断电并停转。冷却泵、小型台钻、砂轮机的电动机一般采用这种起动控制方式。

2. 采用接触器直接起动控制

图 2-5 所示为接触器控制电动机直接起动电路。

从图可见，主电路由刀开关 QS、熔断器 FU_1、接触器 KM 的主触头、热继电器 FR 的热元件和电动机 M 组成。控制电路由熔断器 FU_2、热继电器 FR 的常闭触头、停止按钮 SB_1、起动按钮 SB_2、接触器 KM 的线圈及其辅助常开触头组成。

41

在主电路中，串接热继电器 FR 的三相热元件；在控制电路中，串接热继电器 FR 的常闭触头。一旦过载，FR 动作，其常闭触头断开，切断控制电路，电动机失电停转。

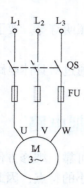

图 2-4 刀开关直接起动电动机的控制电路

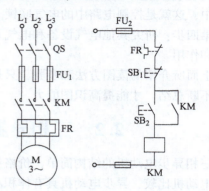

图 2-5 接触器控制电动机直接起动电路

在起动按钮两端并联有接触器 KM 的辅助常开触头 KM，使该电路具有自锁功能。

电路的工作过程如下：

合上 QS→按下 SB$_2$→KM 线圈得电─┬→KM 自锁触头闭合
　　　　　　　　　　　　　　　　└→KM 主触头闭合→电动机 M 起动运转

电路具有以下保护功能：

1）短路保护：由熔断器实现主电路、控制电路的短路保护。短路时，熔断器的熔体熔断，切断电路。熔断器可作为电路的短路保护，但达不到过载保护的目的。

2）过载保护：由热继电器 FR 实现。由于热继电器的热惯性比较大，即使热元件流过几倍电动机额定电流，热继电器也不会立即动作。因此，在电动机起动时间不太长的情况下，热继电器是经得起电动机起动电流冲击而不动作的。只有在电动机长时间过载情况下，串联在主电路中的热继电器 FR 的热元件（双金属片）因受热产生变形，能使串联在控制电路中的热继电器 FR 的常闭触头断开，断开控制电路，使接触器 KM 线圈失电，其主触头释放，切断主电路使电动机断电停转，实现对电动机的过载保护。

3）欠电压和失电压保护：依靠接触器本身的电磁机构来实现。当电源电压由于某种原因而严重下降（欠电压）或消失（失电压）时，接触器的衔铁自行释放，电动机失电停止运转。控制电路具有欠电压和失电压保护，具有两个优点：①防止电源电压严重下降时，电动机欠电压运行；②防止电源电压恢复时，电动机突然自行起动运转造成设备和人身事故。

2.2.2 笼型异步电动机减压起动控制

笼型异步电动机直接起动控制电路简单、经济、操作方便。但对于容量较大的电动机来说，由于起动电流大，使电网电压波动很大时，必须采用减压起动的方法，限制起动电流。

减压起动是指起动时降低加在电动机定子绕组上的电压，待电动机转速接近额定转速后再将电压恢复到额定电压下运行。由于定子绕组电流与定子绕组电压成正比，因此减压起动可以减小起动电流，从而减小电路电压降，也就减小了对电网的影响。但由于电动机的电磁转矩与电动机定子电压的二次方成正比，将使电动机的起动转矩相应减小，因此减压起动仅适用于空载或轻载下起动。

常用的减压起动方法有定子电路串电阻（或电抗）减压起动、星形-三角形（Y-△）减压起动、自耦变压器减压起动等。对减压起动控制的要求：不能长时间减压运行；不能出现全压起动；在正常运行时应尽量减少工作电器的数量。

1. 定子电路串电阻（或电抗）减压起动

电动机起动时，在三相定子电路上串接电阻 R，使定子绕组上的电压降低，起动后再将电阻 R 短路，电动机即可在额定电压下运行。

图 2-6 是时间继电器控制的定子电路串电阻减压起动控制电路。该电路是根据起动过程中时间的变化，利用时间继电器延时动作来控制各电气元器件的先后顺序动作，时间继电器的延时时间按起动过程所需时间整定。其工作原理如下：当合上刀开关 QS，按下起动按钮 SB_2 时，KM_1 立即通电吸合，使电动机在串接定子电阻 R 的情况下起动，与此同时，时间继电器 KT 通电开始计时，当达到时间继电器的整定值时，其延时闭合的常开触头闭合，使 KM_2 通电吸合，KM_2 的主触头闭合，将起动电阻 R 短接，电动机在额定电压下进入稳定正常运转。

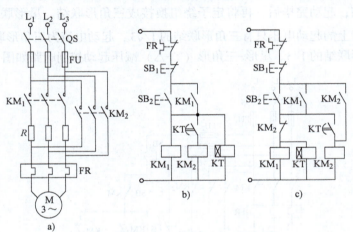

图 2-6 时间继电器控制的定子电路串电阻减压起动控制电路

分析图 2-6b 可知，在起动结束后，接触器 KM_1 和 KM_2、时间继电器 KT 线圈均处于长时间通电状态。其实只要电动机全压运行一开始，KM_1 和 KT 线圈的通电就是多余的了。因为这不仅使能耗增加，同时也会缩短接触器、继电器的使用寿命。其解决方法为：在接触器 KM_1 和时间继电器 KT 的线圈电路中串入 KM_2 的常闭触头，KM_2 要有自锁，如图 2-6c 所示。这样当 KM_2 线圈通电时，其常闭触头断开使 KM_1、KT 线圈断电。

电路的工作过程如下：

合上 QS→按下 SB_2→KM_1 线圈得电─┬→KM_1 自锁触头闭合
　　　　　　　　　　　　　　　　　├→KM_1 主触头闭合→电动机 M 串电阻减压起动
　　　　　　　　　　　　　　　　　└→KT 线圈得电─延时→KM_2 线圈得电─┐

┌→KM_2 自锁触头闭合
├→KM_2 主触头闭合（R 被短接）→电动机全压运行
└→KM_2 常闭触头断开→KM_1、KT 线圈断电释放

定子所串电阻一般采用 ZX1、ZX2 系列的铸铁电阻。铸铁电阻功率大，允许通过的电流

较大，应注意三相所串电阻应相等。每相串接的减压电阻可用下述经验公式进行估算：

$$R = 190 \frac{I_Q - I'_Q}{I_Q I'_Q} \tag{2-2}$$

式中，I_Q 是未串接电阻前的起动电流（A），可取 $I_Q = (4 \sim 7)I_N$；I'_Q 是串接电阻后的起动电流（A），可取 $I'_Q = (2 \sim 3)I_N$；I_N 是电动机的额定电流（A）。

电阻功率可用公式 $P = I_N^2 R$ 计算。由于起动电阻 R 仅在起动过程中接入，并且起动时间又很短，所以实际选用的电阻功率可减少到计算值的 1/3~1/4。若电动机定子回路只串接两相起动电阻，则电阻值按式（2-2）计算值的 1.5 倍计算。

定子串电阻减压起动的方法不受定子绕组接线形式的限制，起动过程平滑，设备简单，但能量损耗大，故此种方法适用于起动要求平稳、电动机轻载或空载及起动不频繁的场合。

2. 星形-三角形（Y-△）减压起动

三相笼型异步电动机的星形-三角形减压起动是指，当电动机起动时，将定子绕组接成星形联结；起动完毕后，再将定子绕组换接成三角形联结。星形联结时，加在每相定子绕组上的起动电压只有三角形联结的 $1/\sqrt{3}$，起动电流为三角形联结的 1/3，起动转矩也只有三角形联结的 1/3。星形-三角形（Y-△）减压起动控制电路如图 2-7 所示。

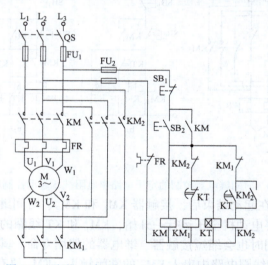

图 2-7　星形-三角形（Y-△）减压起动控制电路

电路的工作过程如下：

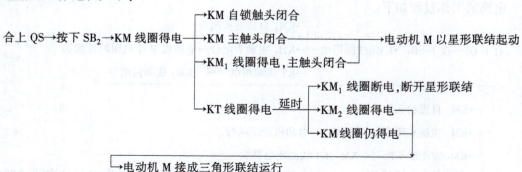

星形-三角形（Y-△）减压起动方式，设备简单经济，起动过程中没有电能损耗，但起动转矩较小，只能空载或轻载起动，只适用于正常运转时为三角形联结的电动机。我国设计的 Y 系列电动机，4kW 及以上的电动机的额定电压都用三角形联结接 380V，就是为了适用星形-三角形（Y-△）减压起动而设计的。

3. 自耦变压器减压起动

这种减压起动方式是利用自耦变压器来降低加在电动机定子绕组上的起动电压的。起动时，变压器的绕组接成星形联结，其一次侧接电网，二次侧接电动机定子绕组。改变自耦变压器抽头的位置可以获得不同的起动电压，在实际应用中，自耦变压器一般有 65%、85% 等抽头。起动完毕，将自耦变压器切除，电动机直接接电源，进入全压运行。其控制电路如图 2-8 所示。

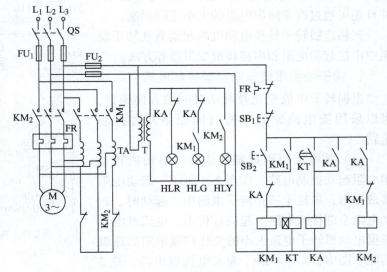

电路的工作过程如下：

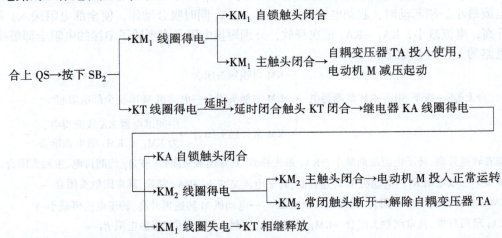

图 2-8 自耦变压器减压起动控制电路

在本电路中，设有信号指示灯，由电源变压器 T 提供工作电压。电路通电后，红灯 HLR 亮；起动后，由于 KM_1 常开辅助触头的闭合，绿灯 HLG 亮；运转后，由于 KA 吸合，KA 的常闭触头断开，HLR、HLG 均熄灭，黄色指示灯 HLY 亮。按下停止按钮 SB_1，电动机 M 停机，由于 KA 恢复常闭状态，HLR 亮。

自耦变压器减压起动适用于电动机容量较大、正常工作时接成星形或三角形的电动机。通常自耦变压器可用调节抽头电压比的方法改变起动电流和起动转矩的大小，以适应不同的需要。它比串接电阻减压起动效果要好，但自耦变压器设备较大，成本较高，而且不允许频繁起动。

45

2.2.3 绕线转子异步电动机的起动控制

在实际生产中,对起动转矩要求较大或能平滑调速的场合,常常采用三相绕线转子异步电动机。三相绕线转子异步电动机可以通过集电环在转子绕组中串接外加电阻,来减小起动电流,提高转子电路的功率因数,增加起动转矩,并且还可通过改变所串电阻的大小进行调速。

三相绕线转子异步电动机的起动有在转子绕组中串接起动电阻和串接频敏变阻器等方法。

1. 转子绕组串接电阻起动控制电路

根据转子电流变化及起动时间两方面因素,可以采用按电流原则和按时间原则两种控制电路。

(1) 按电流原则控制绕线转子电动机转子串电阻起动控制电路 如图 2-9 所示,起动电阻接成星形,串接于三相转子电路中。起动时,起动电阻全部接入电路。起动过程中,电流继电器根据电动机转子电流大小的变化控制电阻的逐级切除。图中,$KA_1 \sim KA_3$ 为欠电流继电器,这 3 个继电器的吸合电流值相同,但释放电流不一样。KA_1 的释放电流最大,KA_2 次之,KA_3 的

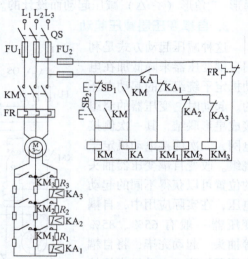

图 2-9 按电流原则控制绕线转子电动机转子串电阻起动控制电路

释放电流最小。刚起动时,起动电流较大,$KA_1 \sim KA_3$ 同时吸合动作,使全部电阻接入。随着转速升高,电流减小,$KA_1 \sim KA_3$ 依次释放,分别短接电阻,直到转子串接的电阻全部短接。

电路的工作过程如下:

合上 QS→按下 SB_2→KM 线圈得电 → KM 自锁触头闭合
　　　　　　　　　　　　　　　　→ KM 主触头闭合→电动机 M 串接全部电阻起动
　　　　　　　　　　　　　　　　→ KM 常开触头闭合→中间继电器 KA 线圈得电,为 $KM_1 \sim KM_3$ 通电做准备

随着转速升高,转子电流逐渐减小→KA_1 最先释放,其常闭触头闭合→KM_1 线圈得电,主触头闭合,短接第一级电阻 R_1→电动机 M 转速升高,转子电流又减小→KA_2 释放,其常闭触头闭合→KM_2 线圈得电,主触头闭合,短接第二级电阻 R_2→电动机 M 转速再升高,转子电流再减小→KA_3 最后释放,其常闭触头闭合→KM_3 线圈得电,主触头闭合,短接最后电阻 R_3→电动机 M 起动过程结束

按下 SB_1→KM、KA、$KM_1 \sim KM_3$ 线圈均断电释放→电动机 M 断电停止运转

电路中中间继电器 KA 的作用,是保证起动刚开始时接入全部起动电阻,以免电动机直接起动。由于电动机刚开始起动时,起动电流由零增大到最大值需一定的时间。如果电路中没有 KA,则可能出现 $KA_1 \sim KA_3$ 还没有动作,而 $KM_1 \sim KM_3$ 的吸合将把转子电阻全部短接,则电动机相当于直接起动。加入中间继电器 KA 以后,只有 KM 线圈通电动作以后,KA 线圈才通电,KA 的常开触头闭合。在这之前,起动电流已达到电流继电器吸合值并已动作,其常闭触头已将 $KM_1 \sim KM_3$ 电路断开,确保转子电路的电阻串接在电路中,这样电动

机就不会出现直接起动的现象了。

（2）按时间原则控制绕线转子电动机转子串电阻起动控制电路　图2-10所示电路是利用三个时间继电器$KT_1 \sim KT_3$和三个接触器$KM_1 \sim KM_3$的相互配合来依次自动切除转子绕组中的三级电阻的。

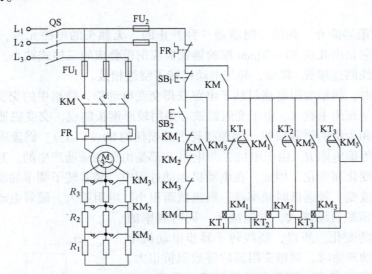

图2-10　按时间原则控制绕线转子电动机转子串电阻起动控制电路

与起动按钮SB_2串接的接触器$KM_1 \sim KM_3$常闭辅助触头的作用是保证电动机在转子绕组中接入全部外加电阻的条件下才能起动。如果接触器$KM_1 \sim KM_3$中任何一个触头因熔焊或机械故障而没有释放时，起动电阻就没有被全部接入转子绕组中，从而使起动电流超过规定的值。把$KM_1 \sim KM_3$的常闭触头与起动按钮SB_2串接在一起，就可避免这种现象的发生，因三个接触器中只要有一个触头没有恢复闭合，电动机就不可能接通电源直接起动。

电路的工作过程如下：

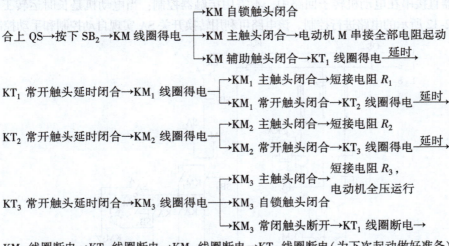

2. 转子绕组串接频敏变阻器起动控制电路

绕线转子异步电动机转子串电阻的起动方法，由于在起动过程中逐渐切除转子电阻，在切除的瞬间电流及转矩会突然增大，产生一定的机械冲击力。如果想减小电流的冲击，必须增加电阻的级数，这将使控制电路复杂，工作不可靠，而且起动电阻体积较大。

频敏变阻器的阻抗能够随着电动机转速的上升、转子电流频率的下降而自动减小，所以它是绕线转子异步电动机较为理想的一种起动装置，常用于较大容量的绕线转子异步电动机的起动控制。

(1) 频敏变阻器简介　频敏变阻器是一种静止的、无触头的电磁元件，其阻抗值随频率变化而变化。它是由几块 30~50mm 厚的铸铁板或钢板叠成的三柱式铁心，在铁心上分别装有线圈，三个线圈连接成丫联结，并与电动机转子绕组相接。

电动机起动时，频敏变阻器通过转子电路获得交变电动势，绕组中的交变电流在铁心中产生交变磁通，呈现出电抗 X。由于变阻器铁心是用较厚钢板制成，交变磁通在铁心中产生很大的涡流损耗和少量的磁滞损耗（涡流损耗占总损耗的 80% 以上）。涡流损耗在变阻器电路中相当于一个等值电阻 R。由于电抗 X 与电阻 R 都是由交变磁通产生的，其大小又都随着转子电流频率的变化而变化。因此，在电动机起动过程中，随着转子频率的改变，涡流趋肤效应的强弱也在改变。转速低时频率高，涡流截面积小，电阻就大。随着电动机转速升高频率降低，涡流截面积自动增大，电阻减小，同时频率的变化又引起电抗的变化。所以，绕线转子异步电动机串接频敏变阻器起动开始时，频敏变阻器的等效阻抗很大，限制了电动机的起动电流，随着电动机转速的升高，转子电流频率降低，等效阻抗自动减小，从而达到了自动改变电动机转子阻抗的目的，实现了平滑无级起动。

图 2-11 所示为频敏变阻器等效电路及其与电动机的连接。

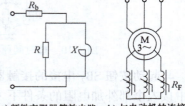

a) 频敏变阻器等效电路　b) 与电动机的连接

图 2-11　频敏变阻器等效电路及其与电动机的连接

(2) 控制电路分析　按电动机的不同工作方式，频敏变阻器有两种使用方式。当电动机是重复短时工作制时，只需将频敏变阻器直接串在电动机转子回路中，不需用接触器控制；当电动机是长时运转工作制时，可采用图 2-12 所示的电路进行控制。该电路可利用转换开关 SA 实现自动控制和手动控制。

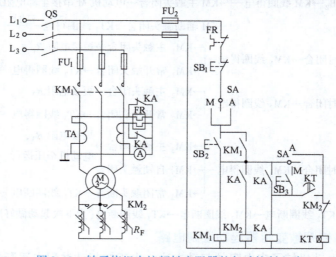

图 2-12　转子绕组串接频敏变阻器的起动控制电路

自动控制电路的工作过程如下：

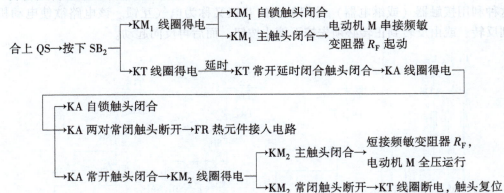

1) 自动控制。将转换开关 SA 扳到自动位置（即 A 位置），时间继电器 KT 将起作用。
2) 手动控制。将转换开关 SA 扳到手动位置（即 M 位置），时间继电器 KT 不起作用。利用按钮 SB_3 手动控制，使中间继电器 KA 和接触器 KM_2 动作，从而控制电动机的起动和正常运转过程，其工作过程读者可自行分析。

此电路适用于电动机的起动电流大、起动时间长的场合。主电路中电流互感器 TA 的作用是将主电路中的大电流变换成小电流进行测量。为避免因起动时间较长而使热继电器 FR 误动作，在起动过程中，用 KA 的常闭触头将 FR 的加热元件短接，待起动结束，电动机正常运行时才将 FR 的加热元件接入电路，从而起到过载保护的作用。

2.3 三相异步电动机正反转控制电路

在生产实际中，常常要求生产机械实现正反两个方向的运动，如工作台的前进、后退，起重机吊钩的上升、下降等，这就要求电动机能够实现正反转。由电动机原理可知，改变电动机三相电源的相序，就能改变电动机的转向。

2.3.1 按钮控制的电动机正反转控制电路

图 2-13 所示为两个按钮分别控制两个接触器来改变电动机相序，实现电动机正反转的控制电路。KM_1 为正向接触器，KM_2 为反向接触器。

图 2-13a 所示电路的工作过程如下：

（1）正转

合上 QS→按下正转按钮 SB_2→KM1 线圈得电 ─┬→KM_1 自锁触头闭合
　　　　　　　　　　　　　　　　　　　　　　└→KM_1 主触头闭合→电动机 M 正转

（2）反转

合上 QS→按下反转按钮 SB_3→KM_2 线圈得电 ─┬→KM_2 自锁触头闭合
　　　　　　　　　　　　　　　　　　　　　　└→KM_2 主触头闭合→电动机 M 反转

（3）停止

按下 SB_1→KM_1（KM_2）线圈断电，主触头释放→电动机 M 断电停止

不难看出，如果同时按下 SB_2 和 SB_3，KM_1 和 KM_2 线圈就会同时通电，其主触头闭合造成电源两相短路，因此，这种电路不能采用。图 2-13b 是在图 2-13a 基础上扩展而成，将

KM₁、KM₂ 常闭辅助触头串接在对方线圈电路中，形成相互制约的控制，称为互锁或联锁控制。这种利用接触器（或继电器）常闭触头的互锁又称为电气互锁。该电路欲使电动机由正转到反转，或由反转到正转必须先按下停止按钮，而后再反向起动。

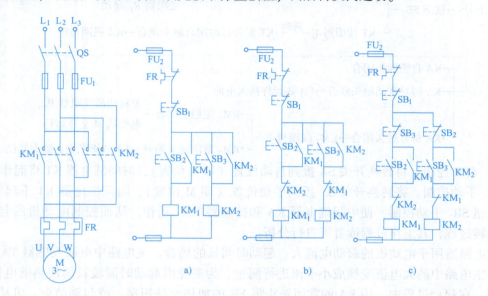

图 2-13　按钮控制的电动机正反转控制电路

图 2-13b 所示的电路只能实现"正-停-反"或者"反-停-正"控制，这对需要频繁改变电动机运转方向的机械设备来说，是很不方便的。对于要求频繁实现正反转的电动机，可用图 2-13c 所示电路控制，它是在图 2-13b 电路基础上将正转起动按钮 SB₂ 与反转起动按钮 SB₃ 的常闭触头串接在对方线圈电路中，利用按钮的常开、常闭触头的机械连接，在电路中形成互相制约的接法，称为机械互锁。这种具有电气、机械双重互锁的控制电路是常用的、可靠的电动机正反转控制电路，它既可实现"正-停-反-停"控制，又可实现"正-反-停"控制。

2.3.2　行程开关控制的电动机正反转控制电路

机械设备中如龙门刨工作台、高炉的加料设备等均需自动往返运行，而自动往返的可逆运行通常是利用行程开关来检测往返运动的相对位置，进而控制电动机的正反转来实现生产机械的往返运动。

图 2-14 为机床工作台往返运动的示意图。行程开关 ST₁、ST₂ 分别固定安装在床身上，反映加工终点与原位。撞块 A、B 固定在工作台上，随着运动部件的移动分别压下行程开关 ST₁、ST₂，进而实现往返运动。

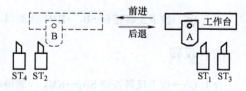

图 2-14　机床工作台往返运动示意图

图 2-15 为往返自动循环的控制电路。图中 ST₁、ST₂ 为工作台后退与前进限位开关；ST₃、ST₄ 为正反向极限保护用行程开关，用于防止 ST₁、ST₂ 失灵时造成工作台从床身上冲出去的事故。这种利用行程开关，根据机械运动位置变化所进行的控制，称为行程控制。

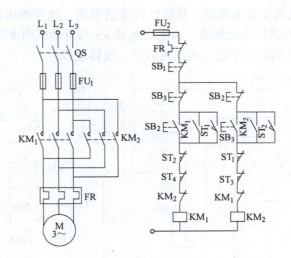

图 2-15　往返自动循环的控制电路

电路的工作过程如下：

合上 QS→按下 SB$_2$→KM$_1$ 线圈得电─┬→KM$_1$ 自锁触头闭合
　　　　　　　　　　　　　　　　　　　└→KM$_1$ 主触头闭合→电动机 M 正转,拖动工作台前进→

工作台前进到预定位置,压下 ST$_2$─┬→ST$_2$ 常闭触头断开→KM$_1$ 线圈断电─┬→电动机 M 断电,
　　　　　　　　　　　　　　　　　│　　　　　　　　　　　　　　　　　　　└→工作台停止前进
　　　　　　　　　　　　　　　　　└→ST$_2$ 常开触头闭合→KM$_2$ 线圈得电─┬→KM$_2$ 自锁触头闭合
　　　　　　　　　　　　　　　　　　　　　　　　　　　　　　　　　　　　　└→KM$_2$ 主触头闭合→

电动机 M 改变电源相序而反转,工作台后退→工作台退到设定位置,压下 ST$_1$──┐
　　　　　　　　　　　　　　　　　　　　　　　　　　　　　　　　　　　　　│
　　┌───┘
　　├→ST$_1$ 常闭触头断开→KM$_2$ 线圈断电→电动机 M 停止后退
　　└→ST$_1$ 常开触头闭合→KM$_1$ 线圈得电→电动机 M 又正转,工作台又前进──

如此往返循环,直至按下停止按钮 SB$_1$→KM$_1$（或 KM$_2$）线圈断电→电动机 M 停止运转

2.4　三相异步电动机制动控制电路

三相异步电动机切断电源后，由于惯性，总要经过一段时间才能完全停止。有些生产机械要求迅速停车，有些生产机械要求准确停车，所以常常需要采用一些使电动机在切断电源后就迅速停车的措施，这种措施称为电动机的制动。制动方式有电气、机械结合的方法和电气的方法。前者如电磁机械制动，后者有能耗制动和反接制动等，本节主要介绍能耗制动和反接制动。

2.4.1　能耗制动控制电路

能耗制动是在电动机脱离三相交流电源后，给定子绕组加一直流电源，产生静止磁场，从而产生一个与电动机原转矩方向相反的电磁转矩以实现制动。

图 2-16 所示为按速度原则控制的可逆运行能耗制动控制电路，用速度继电器取代了时

间继电器。当电动机脱离交流电源后，其惯性转速仍很高，速度继电器的常开触头仍闭合，使 KM_3 得电通入直流电进行能耗制动。速度继电器 KS 与电动机用虚线相连表示同轴。两对常开触头 KS_1 和 KS_2 分别对应于被控电动机的正、反转运行。

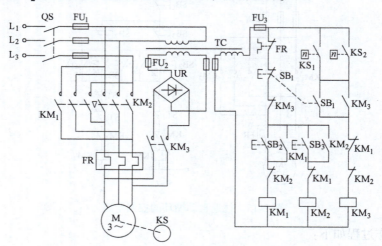

图 2-16 按速度原则控制的可逆运行能耗制动控制电路

电路的工作过程如下：

（1）起动

合上 QS→按下 SB_2（正）或 SB_3（反）→KM_1（正）或 KM_2（反）通电并自锁→电动机 M 正（反）向运行，此时速度继电器相应触头 KS_1 或 KS_2 闭合，为停车时接通 KM_3，实现能耗制动做准备

（2）制动停车

按下 SB_1→KM_1（正）或 KM_2（反）线圈断电→主触头断开→电动机 M 断电，惯性运转，KS_1 或 KS_2 常开触头继续闭合→KM_1（正）或 KM_2（反）互锁触头闭合→KM_3 线圈得电并自锁→

直流电通入电动机 M 定子绕组，进行能耗制动

当电动机 M 转速 $n \approx 0$ 时，KS_1 或 KS_2 常开触头复位→KM_3 线圈断电释放→切断电动机 M 直流电源，制动结束

能耗制动的优点是制动准确、平稳，且能量损耗小，但需附加直流电源装置，设备费用较高，制动转矩相对较小，特别是到低速阶段，制动转矩更小。因此，能耗制动一般只适用于制动要求平稳准确的场合，如磨床、立式铣床等设备的控制电路中。

2.4.2 反接制动控制电路

反接制动是将运动中的电动机电源反接（即将任意两根相线接法交换）以改变电动机定子绕组中的电源相序，从而使定子绕组的旋转磁场反向，转子受到与原旋转方向相反的制动转矩而迅速停止转动。

反接制动过程中，当制动到转子转速接近零值时，如不及时切断电源，则电动机将会反向旋转。为此，必须在反接制动中，采取一定的措施，保证当电动机的转速被制动到接近零值时迅速切断电源，防止反向旋转。在一般的反接制动控制电路中常利用速度继电器进行自动控制。

反接制动控制电路如图 2-17 所示。它的主电路和正反转控制的主电路基本相同，只是增加了 3 个限流电阻 R。图中，KM_1 为正转运行接触器，KM_2 为反接制动接触器。

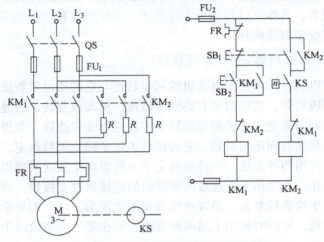

图 2-17 单向运行反接制动控制电路

电路的工作过程如下：

（1）起动

合上 QS→按下 SB_2→KM_1 线圈得电─┬→KM_1 自锁触头闭合
　　　　　　　　　　　　　　　　　├→KM_1 主触头闭合→电动机 M 起动运行→KS 常开触头闭合
　　　　　　　　　　　　　　　　　└→KM_1 辅助常闭触头断开→KM_2 线圈不能得电

（2）制动停车

按下 SB_1─┬→KM_1 线圈断电─┬→KM_1 主触头断开→电动机 M 断电，惯性运转
　　　　　　│　　　　　　　　　└→KM_1 辅助常闭触头闭合，为 KM_2 线圈得电做准备
　　　　　　└→经 KM_1 常闭触头，KS 常开触头→KM_2 线圈得电→KM_2 主触头闭合→接入反接电源

反接电源──电阻──→电动机制动──转速下降──→KS 常开触头复位→KM_2 线圈断电→切除反接电源

由于反接制动时，旋转磁场与转子的相对速度很高，感应电动势很大，所以转子电流比直接起动的电流还大。反接制动电流一般为电动机额定电流的 10 倍左右，故在主电路中串接电阻 R 以限制反接制动电流。

反接制动的优点是制动转矩大、制动快，缺点是制动准确性差、制动过程中冲击强烈、易损坏传动零件。此外，在反接制动时，电动机既吸取机械能又吸取电能，并将这两部分能量消耗于电动机绕组和制动电阻上，因此，能量消耗大，所以反接制动一般只适用于系统惯量较大、制动要求迅速且不频繁的场合。

53

2.5 三相笼型异步电动机调速控制电路

根据异步电动机的基本原理可知，交流电动机转速公式为

$$n = (60f/p)(1-s) \tag{2-3}$$

式中，n 是电动机转速；p 是电动机磁极对数；f 是供电电源频率；s 是转差率。

由式(2-3)分析，通过改变定子电源频率 f、磁极对数 p 以及转差率 s 都可以实现交流异步电动机的速度调节，具体可以归纳为变频调速、变极调速和变转差率调速三大类。下面主要介绍变极调速和变频调速两种。

2.5.1 电动机磁极对数的产生与变化

当电网频率固定以后，三相异步电动机的同步转速与它的磁极对数成反比，因此只要改变电动机定子绕组磁极对数，就能改变它的同步转速，从而改变转子转速。在改变定子极数时，转子极数也必须同时改变。为了避免在转子方面进行变极改接，变极电动机常用笼型转子，因为笼型转子本身没有固定的极数，它的极数由定子磁场极数确定，不用改接。

磁极对数的改变可用两种方法：一种是在定子上装设两个独立的绕组，各自具有不同的极数；第二种方法是在一个绕组上，通过改变绕组的连接来改变极数，或者说改变定子绕组每相的电流方向，由于构造的复杂，通常速度改变的比值为 2:1。如果希望获得更多的速度等级，例如四速电动机，可同时采用上述两种方法，即在定子上装设两个绕组，每一个都能改变极数。

图 2-18 所示为 4/2 极双速电动机定子绕组接线示意图。电动机定子绕组有六个接线端，分别为 U_1、V_1、W_1、U_2、V_2、W_2。图 2-18a 是将电动机定子绕组的 U_1、V_1、W_1 三个接线端接三相交流电源，而将电动机定子绕组的 U_2、V_2、W_2 三个接线端悬空，三相定子绕组按三角形接线，此时每个绕组中的①、②线圈相互串联，电流方向如箭头所示，电动机的极数为 4 极；如果将电动机定子绕组的 U_2、V_2、W_2 三个接线端子接到三相电源上，而将 U_1、V_1、W_1 三个接线端子短接，则原来三相定子绕组的三角形联结变成双星形联结，此时每相

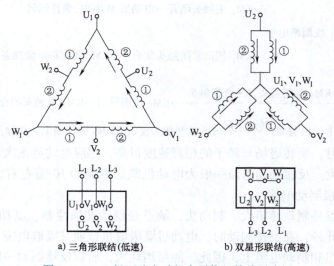

a) 三角形联结(低速)　　b) 双星形联结(高速)

图 2-18　4/2 极双速电动机定子绕组接线示意图

绕组中的①、②线圈相互并联,电流方向如图 2-18b 中箭头所示,于是电动机的极数变为 2 极。注意观察两种情况下各绕组的电流方向。

必须注意:绕组改极后,其相序方向和原来相序相反。所以,在变极时,必须把电动机任意两个出线端对调,以保持高速和低速时的转向相同。例如,在图 2-18 中,当电动机绕组为三角形联结时,将 U_1、V_1、W_1 分别接到三相电源 L_1、L_2、L_3 上;当电动机的定子绕组为双星形联结,即由 4 极变到 2 极时,为了保持电动机转向不变,应将 W_2、V_2、U_2 分别接到三相电源 L_1、L_2、L_3 上。当然,也可以将其他任意两相对调。

2.5.2 双速电动机控制电路

图 2-19 所示为 4/2 极双速异步电动机的控制电路。图中用了三个接触器控制电动机定子绕组的连接方式。当接触器 KM_1 的主触头闭合,KM_2、KM_3 的主触头断开时,电动机定子绕组为三角形联结,对应"低速"档;当接触器 KM_1 主触头断开,KM_2、KM_3 主触头闭合时,电动机定子绕组为双星形联结,对应"高速"档。为了避免"高速"档起动电流对电网的冲击,本电路在"高速"档时,先以"低速"起动,待起动电流过去后,再自动切换到"高速"运行。

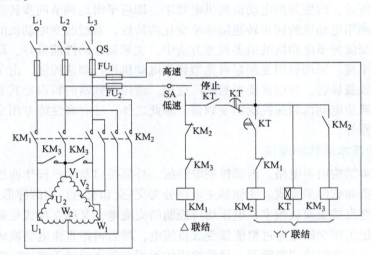

图 2-19 4/2 极双速异步电动机的控制电路

SA 是一个具有三个档位的转换开关。当扳到中间位置时,为"停止"位,电动机不工作;当扳到"低速"档时,接触器 KM_1 线圈得电动作,其主触头闭合,电动机定子绕组的三个出线端 U_1、V_1、W_1 与电源相接,定子绕组接成三角形,低速运转。当扳到"高速"档时,时间继电器 KT 线圈首先得电动作,其瞬动常开触头闭合,接触器 KM_1 线圈得电动作,电动机定子绕组接成三角形低速起动。经过延时,KT 延时断开的常闭触头断开,KM_1 线圈断电释放,KT 延时闭合的常开触头闭合,接触器 KM_2 线圈得电动作。紧接着 KM_3 线圈也得电动作,电动机定子绕组被 KM_2、KM_3 的主触头换接成双星形,以高速运行。

电路的工作过程如下:

(1) 转换开关 SA 位于"低速"位置

合上 QS→SA 扳到"低速"→KM_1 线圈得电→KM_1 主触头闭合→电动机定子绕组三角形联结,电动机低速运转

(2) 转换开关 SA 位于"高速"位置

合上 QS→SA 扳到"高速"→KT 线圈得电─┬→KT 瞬动常开触头闭合→KM₁ 线圈得电→①
               └─────────延时─────────→②

①→KM₁ 主触头闭合→电动机定子绕组三角形联结,电动机低速运转

②┬→KT 延时断开的常闭触头断开→KM₁ 线圈断电释放→KM₁ 常闭辅助触头闭合
 └→KT 延时闭合的常开触头闭合─────────────→KM₂ 线圈得电─┐
┌───┘
├→KM₂ 主触头闭合────────────────→电动机定子绕组以双星形联结,
└→KM₂ 辅助触头闭合→KM₃ 线圈得电→KM₃ 主触头闭合→电动机高速运转

(3) 转换开关 SA 位于"停止"位置 KM₁、KM₂、KM₃、KT 线圈全部失电,电动机断电,停止运转。

2.5.3 变频调速控制电路

由式(2-3)可见,改变异步电动机的供电频率,即可平滑地调节同步转速,实现调速运行。变频调速是利用电动机的同步转速随频率变化的特性,通过改变电动机的供电频率进行调速的方法。在交流异步电动机的诸多调速方法中,变频调速的性能最好,调速范围大,稳定性好,运行效率高。采用通用变频器对笼型异步电动机进行调速控制,由于使用方便、可靠性高并且经济效益显著,所以逐步得到推广应用。通用变频器的特点是其通用性,是指可以应用于普通的异步电动机调速控制的变频器。除此之外,还有高性能专用变频器、高频变频器、单相变频器等。

1. 变频器的基本结构和原理

变频器的基本结构由主电路、内部控制电路板、外部接口及显示操作面板组成,软件丰富,各种功能主要靠软件来完成。变频器主电路分为交-交和交-直-交两种形式。交-交变频器可将工频交流电直接变换成频率、电压均可控制的交流电,又称直接式变频器。而交-直-交变频器则是先把工频交流电通过整流器变成直流电,然后再把直流电变换成频率、电压均可控制的交流电,又称间接式变频器。目前常用的通用变频器即属于交-直-交变频器,以下简称变频器。变频器的基本结构如图 2-20 所示。

由图 2-20 可见,变频器主要由主电路(包括整流器、中间直流环节、逆变器)和控制电路组成,分述如下:

(1) 整流器 一般的三相变频器的整流器电路采用三相全波整流桥。它的主要作用是对工频的外部电源进行整流,并给逆变器和控制电路提供所需要的直流电源。整流电路按其控制方式可以是直流电压源也可以是直流电流源。

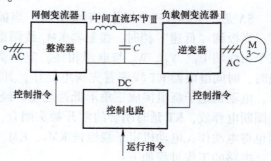

图 2-20 变频器的基本结构

(2) 中间直流环节 中间直流环节的作用是对整流电路的输出进行平滑,以保证逆变

器和控制电路能够得到质量较高的直流电源。当整流器是电压源时，中间直流环节的主要元器件是大容量的电解电容；而当整流器是电流源时，中间直流环节则主要由大容量电感组成。此外，由于电动机制动的需要，在中间直流环节中有时还包括制动电阻以及其他辅助电路。

（3）逆变器　逆变器是变频器最主要的部分之一。它的主要作用是在控制电路的控制下将中间直流环节输出的直流电转换为频率和电压都任意可调的交流电。逆变器的输出就是变频器的输出，它被用来实现对异步电动机的调速控制。

（4）控制电路　控制电路的主要作用是将运行指令得到的各种信号进行运算，根据要求为变频器主电路提供必要的门极（基极）驱动信号，并对变频器以及异步电动机提供必要的保护。此外，控制电路还通过 A-D、D-A 等外部接口电路接收/发送多种形式的外部信号和给出系统内部工作状态，以便使变频器能够和外部设备配合进行各种高性能的控制。

2. 变频器的外部接口电路

随着变频器的发展，其外部接口电路的功能也越来越丰富。外部接口电路的主要作用就是为了使用户能够根据系统的不同需要对变频器进行各种操作，并和其他电路一起构成高性能的自动控制系统。变频器的外部接口电路通常包括以下的硬件电路：逻辑控制指令输入电路、频率指令输入/输出电路、过程参数监测信号输入/输出电路和数字信号输入/输出电路等。而变频器和外部信号的连接则需要通过相应的接口进行的，如图 2-21 所示。

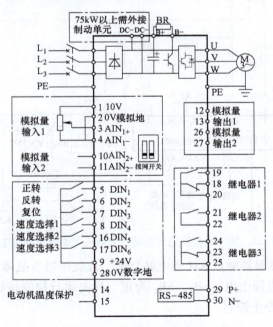

图 2-21　通用变频器的外部接口示意图

由图可见，外部信号接口主要有以下内容：

（1）多功能输入端子和输出接点　在变频器中设置了一些输入端子和输出接点，用户可以根据需要设定并改变这些端子和接点的功能，以满足使用需要，如逻辑控制指令输入端子、频率控制信号输入/输出端子等。

（2）多功能模拟输入/输出信号接点　变频器的模拟输入信号主要包括过程参数（如温度、压力）、直流制动的电流指令、过电流检测值；模拟输出信号主要包括输出电流检测、输出频率检测。多功能模拟输入/输出信号接点的作用就是使操作者可以将上述模拟输入信号输入变频器，并利用模拟输出信号检测变频器的工作状态。

（3）数字输入/输出接口　变频器的数字输入/输出接口主要用于和数控设备以及PLC的配合使用。其中，数字输入接口的作用是使变频器可以根据数控设备或PLC输出的数字信号指令运行，而数字输出接口的作用则主要是通过脉冲计数器给出变频器的输出频率。

（4）通信接口　变频器还具有 RS-232 或 RS-485 的通信接口。这些接口的主要作用是和计算机或 PLC 进行通信，并按照计算机或 PLC 的指令完成所需的动作。

3. 应用举例

图 2-22 所示为使用变频器的三相异步电动机可逆调速控制电路，此电路可实现电动机正、反向运行并有调速和点动功能。根据功能要求，首先要对变频器编程并修改参数来选择控制端子的功能，将变频器 DIN_1、DIN_2、DIN_4 和 DIN_5 端子分别设置为正转运行、反转运行、速度选择1和速度选择2功能。图中 KA_1 为变频器的输出继电器，定义为正常工作时，KA_1 触头闭合，当变频器出现故障或者电动机过载时触头打开。

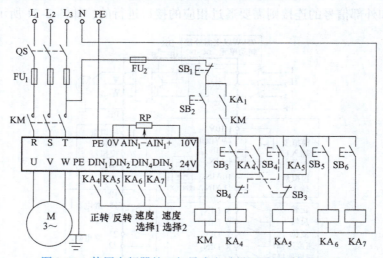

图 2-22　使用变频器的三相异步电动机可逆调速控制电路

按起动按钮 SB_2，接触器触点 KM 通电并自锁，若变频器有故障则不能自锁。变频器通过接触器触头 KM 接通电源上电。SB_3、SB_4 为正、反向运行控制按钮。SB_5、SB_6 为频率控制信号。按钮 SB_1 为总停止控制。

2.6　异步电动机的其他基本控制电路

在实际工作中，电动机除了有起动、正反转、制动、调速等控制要求外，还有其他一些控制要求，如机床调整时的点动、多电动机的先后顺序控制、多地点多条件控制、联锁控制、步进控制以及自动循环控制等。在控制电路中，为满足机械设备的正常工作要求，需要采用多种基本控制电路组合起来完成所要求的控制功能。

2.6.1 点动与长动控制

生产机械长时间工作，即电动机连续运转，称为长动控制。点动控制就是当按下起动按钮时，电动机转动，松开起动按钮后，电动机停转。点动控制起停时间的长短由操作者手动控制。在生产实际中，有的生产机械需要点动控制，有的既需要长动（连续运行）控制，又需要点动控制。点动与连续运行的主要区别在于是否接入自锁触头，点动控制加入自锁后就可以连续运行。当需要在连续状态和点动状态两者之间进行选择时，需选择联锁控制电路。实现点动与长动功能的控制电路如图 2-23 所示。

图 2-23a 是用选择开关 SA 来选择点动控制或长动控制。打开 SA，按下 SB$_2$ 就是点动控制；合上 SA，按下 SB$_2$ 就是长动控制。

图 2-23b 是用复合按钮 SB$_3$ 来实现点动控制或长动控制。按下 SB$_2$ 就是长动控制，按下 SB$_3$ 则实现点动控制。

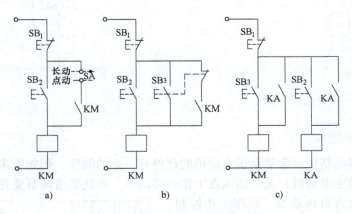

图 2-23 实现点动与长动功能的控制电路

图 2-23c 是采用中间继电器来实现点动控制或长动控制。其工作情况如下：

点动工作时：

按下 SB$_3$ ⟶ KM 线圈得电 ⟶ KM 主触头闭合 ⟶ 电动机通电运转

松开 SB$_3$ ⟶ KM 线圈失电 ⟶ KM 主触头断开 ⟶ 电动机断电停止

长动工作时：

按下 SB$_2$ ⟶ 中间继电器 KA 线圈得电 ⟶ KA 自锁触头闭合
⟶ KA 常开触头闭合 ⟶ KM 线圈得电 ⟶

⟶ KM 主触头闭合 ⟶ 电动机通电长时间运转

2.6.2 多地点与多条件控制

在一些大型机械设备中，为了操作方便，常要求在多个地点进行控制；在某些设备上，为了保证操作安全，需要多个条件满足，设备才能开始工作，这样的要求可通过在控制电路中串联或并联电器的常闭触头和常开触头来实现。

图 2-24 为多地点控制电路。接触器 KM 线圈的得电条件为按钮 SB$_2$、SB$_4$、SB$_6$ 中的任一常开触头闭合，KM 辅助常开触头构成自锁，这里的常开触头并联构成逻辑或的关系，任

一条件满足，就能接通电路；KM 线圈失电条件为按钮 SB_1、SB_3、SB_5 中任一常闭触头断开，常闭触头串联构成逻辑与的关系，其中任一条件满足，即可切断电路。

图 2-25 为多条件控制电路。接触器 KM 线圈得电条件为按钮 SB_4、SB_5、SB_6 的常开触头全部闭合，KM 的辅助常开触头构成自锁，即常开触头串联成逻辑与的关系，全部条件满足，才能接通电路；KM 线圈失电条件是按钮 SB_1、SB_2、SB_3 的常闭触头全部打开，即常闭触头并联构成逻辑或的关系，全部条件满足，切断电路。

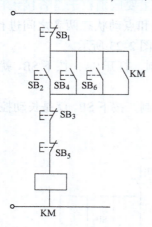

图 2-24 多地点控制电路

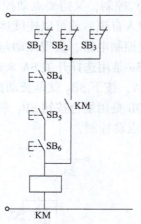

图 2-25 多条件控制电路

2.6.3 顺序控制

在机床的控制电路中，常常要求电动机的起停有一定的顺序，例如磨床要求先起动润滑油泵，然后再起动主电动机；龙门刨床在工作台移动前，导轨润滑油泵要先起动；铣床的主轴旋转后，工作台方可移动等。顺序工作控制电路有顺序起动、同时停止控制电路，有顺序起动、顺序停止控制电路，还有顺序起动、逆序停止控制电路。图 2-26 为两台电动机的顺序控制电路。

图 2-26a 是顺序起动、同时停止控制电路。在这个电路中，只有 KM_1 线圈通电后，其串入 KM_2 线圈电路中的常开触头 KM_1 闭合，才使 KM_2 线圈有通电的可能。按下 SB_1 按钮，两台电动机同时停止。

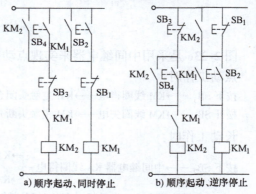

图 2-26 两台电动机的顺序控制电路

图 2-26b 是顺序起动、逆序停止控制电路。停车时，必须先按下 SB_3 按钮，断开 KM_2 线圈电路，使并联在按钮 SB_1 下的常开触头 KM_2 断开后，再按下 SB_1 才能使 KM_1 线圈断电。

通过上面的分析可知，要实现顺序动作，可将控制电动机先起动的接触器的常开触头串联在控制后起动电动机的接触器线圈电路中，用若干个停止按钮控制电动机的停止顺序，或者将先停的接触器的常开触头与后停的停止按钮并联即可。

2.6.4 联锁控制

联锁控制也称互锁控制，是保证设备正常运行的重要控制环节，常用于制约不能同时出现的电路接通状态。

图 2-27 所示的电路是控制两台电动机不准同时接通工作的控制电路，图中接触器 KM_1 和 KM_2 分别控制电动机 M_1 和 M_2，其常闭触头构成互锁即联锁关系。当 KM_1 动作时，其常闭触头打开，使 KM_2 线圈不能得电；同样，KM_2 动作时，KM_1 线圈无法得电工作，从而保证任何时候，只有一台电动机通电运行。

由接触器常闭触头构成的联锁控制也常用于具有两种电源接线的电动机控制电路中，如前述电动机正反转控制电路，构成正转接线的接触器与构成反转接线的接触器，其常闭触头在控制电路中构成联锁控制，使正转接线与反转接线不能同时接通，防止电源相间短路。除用接触器常闭触头构成联锁关系外，在运动复杂的设备上，为防止不同运动之间的干涉，常设置用操作手柄和行程开关组合构成的联锁控制。这里以某机床工作台进给运动控制为例，说明这种联锁关系，其联锁控制电路如图 2-28 所示。

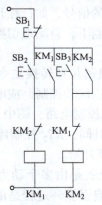
图 2-27　两台电动机联锁控制电路

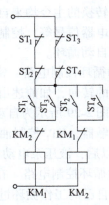
图 2-28　机床工作台进给联锁控制电路

机床工作台由一台电动机驱动，通过机械传动链传动，可完成纵向（左右两方向）和横向（前后方向）的进给移动。工作时，工作台只允许沿一个方向进给移动，因此各方向的进给运动之间必须联锁。工作台由纵向手柄和行程开关 ST_1、ST_2 操作纵向进给，横向手柄和行程开关 ST_3、ST_4 操作横向进给，实际上两操作手柄各自都只能扳在一种工作位置，存在左右运动之间或前后运动之间的制约，只要两操作手柄不同时扳在工作位置，即可达到联锁的目的。操作手柄有两个工作位和一个中间不工作位，正常工作时，只有一个手柄扳在工作位，当由于误动作等意外事故使两手柄都被扳到工作位时，联锁电路将立即切断进给控制电路，进给电动机停转，工作台进给停止，防止运动干涉损坏机床的事故发生。图 2-28 是工作台的联锁控制电路，KM_1、KM_2 为进给电动机正转和反转控制接触器，纵向控制行程开关 ST_1、ST_2 常闭触头串联构成的支路与横向控制行程开关 ST_3、ST_4 常闭触头串联构成的支路并联起来组成联锁控制电路。当纵向操作手柄扳在工作位，将会压动行程开关 ST_1（或 ST_2），切断一条支路，另一支路由横向手柄控制的支路因横向手柄不在工作位而仍然正常通电，此时 ST_1（或 ST_2）的常开触头闭合，使接触器 KM_1（或 KM_2）线圈得电，电动机转动，工作台在给定的方向进给移动。当工作台纵向移动时，若横向手柄也被扳到工作位，行

程开关 ST_3 或 ST_4 受压,切断联锁电路,使接触器线圈失电,电动机立即停转,工作台进给运动自动停止,从而实现进给运动的联锁保护。

2.6.5 自动循环控制

在实际生产中,很多设备的工作过程包括若干工步,这些工步按一定的动作顺序自动地逐步完成,并且可以不断重复地进行,实现这种工作过程的控制即是自动循环控制。根据设备的驱动方式,可将自动循环控制电路分为两类:一类是对由电动机驱动的设备实现工作循环的自动控制;另一类是对由液压系统驱动的设备实现工作循环的自动控制。从电气控制的角度来说,实际上控制电路是对电动机工作的自动循环实现控制和对液压系统工作的自动循环实现控制。

1. 电动机的自动循环控制

电动机的自动循环控制,实质上是通过控制电路按照工作循环图确定的工作顺序要求对电动机进行起动和停止的控制。

设备的工作循环图标明动作的顺序和每个工步的内容,确定各工步应接通的电器,同时还注明控制工步转换的转换主令。自动循环工作中的转换主令,除起动循环的主令由操作者给出外,其他各步转换的主令均来自设备工作过程中出现的信号,如行程开关信号、压力继电器信号、时间继电器信号等,控制电路在转换主令的控制下,自动地切换工步,切换工作电器,实现工作的自动循环。

(1) 单机自动循环控制电路 常见的单机自动循环控制是在转换主令的作用下,按要求自动切换电动机的转向,如前述由行程开关操作电动机正反转控制,或电动机按要求自动反复起停的控制。图 2-29 所示为自动间歇供油的润滑系统控制电路。图中,KM 为控制液压泵电动机起停的接触器,KT_1 控制油泵电动机工作供油的时间,KT_2 控制停止供油间断的时间。合上开关 SA 以后,液压泵电动机起动,间歇供液循环开始。

(2) 多机自动循环控制电路 在实际生产中,有些设备是由多个动力部件构成,并且各个动力部件具有自己的工作循环过程,这些设备工作的自动循环过程是由某些单机工作循环组合构成。通过对设备工作循环图的分析,即可看出,控制电路实质上是根据工作循环图的要求,对多个电动机实现有序的起、停和正反转的控制。图 2-30 为由两个动力部件构成的机床运动简图及工作循环图,图中行程开关 ST_1 为动力头 I 的原位开关,ST_2 为其终点限

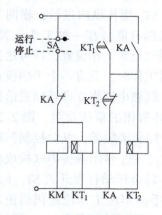

图 2-29 自动间歇供油的润滑系统控制电路

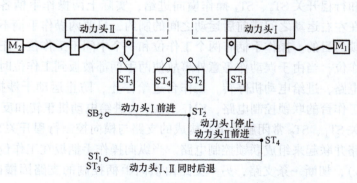

图 2-30 机床运动简图及工作循环图

位开关；ST_3 为动力头 Ⅱ 的原位开关，ST_4 为其终点限位开关，M_1 是动力头 Ⅰ 的驱动电动机，M_2 是动力头 Ⅱ 的驱动电动机。

图 2-31 是机床工作自动循环的控制电路，SB_2 为工作循环开始的起动按钮，KM_1 与 KM_3 分别为 M_1 电动机的正转和反转控制接触器；KM_2 与 KM_4 分别为 M_2 的正转和反转控制接触器。

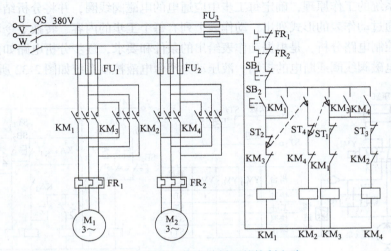

图 2-31　机床工作自动循环的控制电路

机床工作自动循环过程分为三个工步，起动按钮 SB_2 按下，开始第一个工步，此时电动机 M_1 的正转接触器 KM_1 得电工作，动力头 Ⅰ 向前移动，到达终点位后，压下终点行程限位开关 ST_2，ST_2 信号作为转换主令，控制工作循环由第一工步切换到第二工步，ST_2 的常闭触头使 KM_1 线圈失电，M_1 电动机停转，动力头 Ⅰ 停在终点位，同时 ST_2 的常开触头闭合，接通 KM_2 的线圈电路，使电动机 M_2 正转，动力头 Ⅱ 开始向前移动，至终点位时，此时 ST_4 的常闭触头切断 M_2 电动机的正转控制接触器 KM_2 的线圈电路，同时其常开触头闭合使电动机 M_1 与 M_2 的反转控制接触器 KM_3 与 KM_4 的线圈同时接通，电动机 M_1 与 M_2 反转，动力头 Ⅰ 和 Ⅱ 由各自的终点位向原位返回，并在到达原位后分别压下各自的原位行程开关 ST_1 和 ST_3，使 KM_3、KM_4 失电，电动机停转，两动力头停在原位，完成一次工作循环。

电路中反转接触器 KM_2 与 KM_4 的自锁触头并联，分别为各自的线圈电路提供自锁作用。当动力头 Ⅰ 与 Ⅱ 不能同时到达原位时，先到达原位的动力头压下原位开关，切断该动力头控制接触器的线圈电路，相应的接触器自锁触头也复位断开，但另一自锁触头仍然闭合，保证接触器线圈不会失电，直到另一动力头也返回到达原位，并压下原位行程开关，切断接触器线圈电路，结束循环。

2. 液压系统工作的自动循环控制

液压传动系统能够提供较大的驱动力，并且运动传递平稳、均匀、可靠、控制方便。当液压系统和电气控制系统组合构成电液控制系统时，很容易实现自动化，电液控制被广泛地应用在各种自动化设备上。电液控制是指通过电气控制系统控制液压传动系统按给定的工作运动要求完成动作。

液压动力滑台工作自动循环控制是一典型的电液控制，下面将其作为例子，分析液压系统工作自动循环的控制电路。

液压动力滑台是机床加工工件时完成进给运动的动力部件,由液压系统驱动,自动完成加工的自动循环。滑台工作循环的工步顺序与内容以及各工步之间的转换主令,同电动机的自动工作循环控制一样,由设备的工作循环图给出。电液控制系统的分析通常分为三步:①工作循环图分析,以确定工步顺序及每步的工作内容,明确各工步的转换主令;②液压系统分析,分析液压系统的工作原理,确定每工步中应通电的电磁阀线圈,并将分析结果和工作循环图给出的条件通过动作表的形式列出,动作表上列有每个工步的内容、转换主令和电磁阀线圈通电状态;③控制电路分析,是根据动作表给出的条件和要求,逐步分析电路如何在转换主令的控制下完成电磁阀线圈通断电的控制。液压动力滑台电液控制系统如图 2-32 所示。

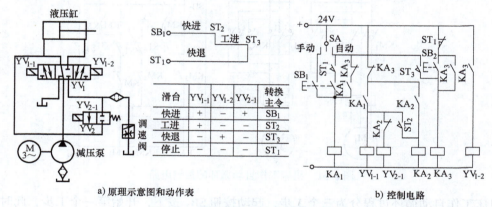

图 2-32 液压动力滑台电液控制系统

在图 2-32a 中可以看到,液压动力滑台的自动工作循环共有 4 个工步:滑台快进、工进、快退及原位停止,分别由行程开关 ST_2、ST_3、ST_1 及按钮 SB_1 控制工步的切换和循环的起动。对应于四个工步,液压系统有四个工作状态,满足活塞的四个不同运动要求。其工作原理如下:

动力滑台快进,要求电磁换向阀 YV_1 在左位,压力油经换向阀进入液压缸左腔,推动活塞右移,此时电磁换向阀 YV_2 也要求位于左位,使得液压缸右腔回油经 YV_2 阀返回液压缸左腔,增大液压缸左腔的进油量,活塞快速向前移动,为实现上述油路工作状态,电磁阀线圈 YV_{1-1} 必须通电,使阀 YV_1 切换到左位,YV_{2-1} 通电使 YV_2 切换到左位。动力滑台前移到达工进起点时,压下行程开关 ST_2,动力滑台进入工进的工步。动力滑台工进时,活塞运动方向不变,但移动速度改变,此时控制活塞运动方向的阀 YV_1 仍在左位,但控制液压缸右腔回油通路的阀 YV_2 切换到右位,切断右腔回油进入左腔的通路,而使液压缸右腔的回油经调速阀流回油箱。调速阀节流控制回油的流量,从而限定活塞以给定的工进速度继续向右移动,YV_{1-1} 保持通电,使阀 YV_1 仍在左位,但是 YV_{2-1} 断电,使阀 YV_2 在弹簧力的复位作用下切换到右位,满足工进油路的工作状态。工进结束后,动力滑台在终点位压动终点行程限位开关 ST_3,转入快退工步。滑台快退时,活塞的运动方向与快进、工进时相反,此时液压缸右腔进油,左腔回油,阀 YV_1 必须切换到右位,改变油的通路,阀 YV_1 切换以后,压力油经阀 YV_1 进入液压缸的右腔,左腔回油经 YV_1 直接回油箱,通过切断 YV_{1-1} 的线圈电路使其失电,同时接通 YV_{1-2} 的线圈电路使其通电吸合,阀 YV_1 切换到右位,满足快退时液压系统的油路状态。动力滑台快速退回到原位以后,压动原位行程开关 ST_1,即进入停止状态。此时要求阀 YV_1 位于中间位的油路状态,YV_2 处于右位,当电磁阀线圈 YV_{1-1}、YV_{1-2}、YV_{2-1} 均失电时,即可满足液压系统使滑台停在原位的工作要求。

在图 2-32b 所示控制电路中,SA 为选择开关,用于选定滑台的工作方式。开关扳在自动循环工作方式时,按下起动按钮 SB_1,循环工作开始。SA 扳到手动调整工作方式时,电路不能自锁持续供电,按下按钮 SB_1,可接通 YV_{1-1} 与 YV_{2-1} 线圈电路,滑台快速前进,松开 SB_1,YV_{1-1}、YV_{2-1} 线圈失电,滑台立即停止移动,从而实现点动向前调整的动作。SB_2 为滑台快速复位按钮,当由于调整前移或工作过程中突然停电的原因,滑台没有停在原位不能满足自动循环工作的起动条件,即原位行程开关 ST_1 不处于受压状态时,通过按下复位按钮 SB_2,接通 YV_{1-2},滑台即可快速返回至原位,压下 ST_1 后停机。

在上述控制电路的基础上,加上延时元件,可得到具有进给终点延时停留的自动循环控制电路,其工作循环及控制电路如图 2-33 所示。当滑台工进到终点时,压动终点行程限位开关 ST_3,接通时间继电器 KT 的线圈电路,KT 的常闭触头使 YV_{1-1} 线圈失电,阀 YV_1 切换到中间位置,使滑台停在终点位,经一定时间的延时后,KT 的延时常开触头接通滑台快速退回的控制电路,滑台通过进入快退的工步,退回原位后行程开关 ST_1 被压下,切断电磁阀线圈 YV_{1-2} 的电路,滑台停在原位。其他工步的控制和调整控制方式,带有延时停留的控制电路与无终点延时停留的控制电路相同。

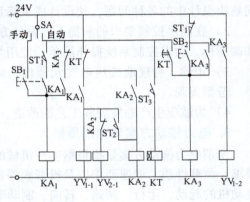

图 2-33 具有进给终点延时停留功能的滑台工作循环和控制电路

2.7 电气控制电路设计基础

电气控制电路设计是建立在机械结构设计的基础上,并以能最大限度地满足机械设备和用户对电气控制的要求为基本目标。通过对本节的学习,读者能够根据生产机械的工艺要求,设计出合乎要求的、经济的电气控制系统。电气控制电路设计涉及的内容很广泛,在这一节里将概括地介绍电气控制电路设计的基本知识。

2.7.1 电气设计的基本内容和一般原则

1. 电气设计的基本内容

1) 拟定电气设计任务书。
2) 确定电力拖动方案和控制方案。
3) 设计电气原理图。
4) 选择电动机、电气元器件,并制定电气元器件明细表。
5) 设计操作台、电气柜及非标准电气元器件。

6）设计电气设备布置总图、电气安装图以及电气接线图。
7）编写电气说明书和使用操作说明书。

以上电气设计各项内容，必须以有关国家标准为纲领。根据总体技术要求和控制电路的复杂程度不同，内容可增可减，某些图样和技术文件可适当合并或增删。

2. 电气设计的一般原则

1）最大限度地满足生产机械和生产工艺对电气控制的要求，这些生产工艺要求是电气控制设计的依据。因此在设计前，应深入现场进行调查，搜集资料，并与生产过程有关人员、机械部分设计人员、实际操作者密切配合，明确控制要求，共同拟定电气控制方案，协同解决设计中的各种问题，使设计成果满足生产工艺要求。

2）在满足控制要求的前提下，设计方案力求简单、经济、合理，不要盲目追求自动化和高指标。力求控制系统操作简单、使用与维修方便。

3）正确、合理地选用电气元器件，确保控制系统安全可靠地工作，同时考虑技术进步、造型美观。

4）为适应生产的发展和工艺的改进，在选择控制设备时，设备能力留有适当余量。

3. 电力拖动方案确定的原则

所谓电力拖动方案是指根据生产机械的精度、工作效率、结构、运动部件的数量、运动要求、负载性质、调速要求以及投资额等条件去确定电动机的类型、数量、传动方式及拟订电动机的起动、运行、调速、转向、制动等控制要求。它是电气设计的主要内容之一，作为电气控制原理图设计及电气元器件选择的依据，是以后各部分设计内容的基础和先决条件。

（1）确定拖动方式　电力拖动方式有以下两种。

1）单独拖动。一台设备只由一台电动机拖动。

2）多电动机拖动。一台设备由多台电动机分别驱动各个工作机构，通过机械传动链将动力传送到每个工作机构。电气传动发展的趋势是多电动机拖动，这样不仅能缩短机械传动链，提高传动效率，而且能简化总体结构，便于实现自动化。具体选择时可根据工艺及结构决定电动机的数量。

（2）确定调速方案　不同的对象有不同的调速要求。为了达到一定的调速范围，可采用齿轮变速箱、液压调速装置、双速或多速电动机以及电气的无级调速传动方案。无级调速有直流调压调速、交流调压调速和变频变压调速。目前，变频变压调速技术的使用越来越广泛，在选择调速方案时，可参考以下几点：

1）重型或大型设备主运动及进给运动，应尽可能采用无级调速，这有利于简化机械结构，缩小体积，降低制造成本。

2）精密机械设备如坐标镗床、精密磨床、数控机床以及某些精密机械手，为了保证加工精度和动作的准确性，便于自动控制，也应采用电气无级调速方案。

3）一般中小型设备如普通机床没有特殊要求时，可选用经济、简单、可靠的三相笼型异步电动机，配以适当级数的齿轮变速箱。为了简化结构，扩大调速范围，也可采用双速或多速的笼型异步电动机。在选用三相笼型异步电动机的额定转速时，应满足工艺条件要求。

（3）电动机的调速特性与负载特性相适应　不同机电设备的各个工作机构具有各不相同的负载特性，如机床的主轴运动为恒功率负载，而进给运动为恒转矩负载。在选择电动机调速方案时，要使电动机的调速特性与负载特性相适应，否则将会引起拖动工作的不正常，电动机不能充分合理的使用。例如，双速笼型异步电动机，当定子绕组由三角形联结改接成双星形联结时，转速增加1倍，功率却增加很少。因此，它适用于恒功率传动。对于低速为星形联结的双速电动机改接成双星形联结后，转速和功率都增加1倍，而电动机所输出的转矩却保持不变，它适用于恒转矩传动。他励直流电动机的调磁调速属于恒功率调速，而调压调速则属于恒转矩调速。分析调速性质和负载特性，找出电动机在整个调速范围内的转矩、功率与转速的关系，以确定负载需要恒功率调速，还是恒转矩调速，为合理确定拖动方案、控制方案以及电动机和电动机容量的选择提供必要的依据。

4. 电气控制方案确定的原则

设备的电气控制方法很多，有继电器触头控制、无触头逻辑控制、可编程序控制器控制、计算机控制等。总之，合理地确定控制方案，是实现简便可靠、经济适用的电力拖动控制系统的重要前提。

电气控制方案的确定，应遵循以下原则：

（1）控制方式与拖动需要相适应　控制方式并非越先进越好，而应该以经济效益为标准。控制逻辑简单、加工程序基本固定的机床，采用继电器触头控制方式较为合理；对于经常改变加工程序或控制逻辑复杂的机床，则采用可编程序控制器较为合理。

（2）控制方式与通用化程度相适应　通用化是指生产机械加工不同对象的通用化程度，它与自动化是两个概念。对于某些加工一种或几种零件的专用机床，它的通用化程度很低，但它可以有较高的自动化程度，这种机床宜采用固定的控制电路；对于单件、小批量且可加工形状复杂零件的通用机床，则采用数字程序控制，或采用可编程序控制器控制，因为它们可以根据不同的加工对象而设定不同的加工程序，因而有较好的通用性和灵活性。

（3）控制方式应最大限度满足工艺要求　根据加工工艺要求，控制电路应具有自动循环、半自动循环、手动调整、紧急快退、保护性联锁、信号指示和故障诊断等功能，以最大限度满足工艺要求。

（4）控制电路的电源应可靠　简单的控制电路可直接用电网电源，元器件较多、电路较复杂的控制装置，可将电网电压隔离降压，以降低故障率。对于自动化程度较高的生产设备，可采用直流电源，这有助于节省安装空间，便于同无触头元器件连接，元器件动作平稳，操作维修也较安全。

影响方案确定的因素较多，最后选定方案的技术水平和经济水平，取决于设计人员设计经验和设计方案的灵活运用。

2.7.2　电气控制电路的设计方法和步骤

当生产机械的电力拖动方案和电气控制方案已经确定后，就可以进行电气控制电路的设计。电气控制电路的设计方法有两种。一种是经验设计法，它是根据生产工艺的要求，按照电动机的控制方法，采用典型环节电路直接进行设计。这种方法比较简单，但对比较复杂的电路，设计人员必须具有丰富的工作经验，需绘制大量的电路图并经多次修改后才能得到符合要求的控制电路。另一种为逻辑设计法，它采用逻辑代数进行设计，按此方法设计的电路结构合理，可节省所用元器件的数量。本节主要介绍经验设计法。

1. 电气控制电路设计的一般步骤

1）根据选定的电力拖动方案和电气控制方案设计系统的原理框图，拟订出各部分的主要技术要求和主要技术参数。

2) 根据各部分的要求，设计出原理框图中各个部分的具体电路。在进行具体电路的设计时，一般应先设计主电路，然后设计控制电路、辅助电路、联锁与保护环节等。

3) 完善电气控制电路。初步设计完成电气原理图后，应仔细检查，看电路是否符合设计要求，并反复修改，尽可能使之完善和简化。

4) 合理选择电气原理图中每一电气元器件，并制订出元器件目录清单。

2. 电气控制电路的设计

前面已经介绍过的各种控制电路都有一个共同的规律：拖动生产机械的电动机的起动与停止均由接触器主触头控制，而主触头的动作则由控制电路中接触器线圈的通电与断电决定，线圈的通电与断电则由线圈所在控制电路中一些电器的常开、常闭触头组成的"与""或"和"非"等条件来控制。下面举例说明经验设计法设计控制电路。

某机床有左、右两个动力头，用以铣削加工，它们各由一台交流电动机拖动；另外有一个安装工件的滑台，由另一台交流电动机拖动。加工工艺是在开始工作时，要求滑台先快速移动到加工位置，然后自动变为慢速进给，进给到指定位置自动停止，再由操作者发出指令使滑台快速返回，回到原位后自动停车。要求两动力头电动机在滑台电动机正向起动后起动，而在滑台电动机正向停车时也停车。

(1) 主电路设计　动力头拖动电动机只要求单方向旋转，为使两台电动机同步起动，可用一只接触器 KM_3 控制。滑台拖动电动机需要正、反转，可用两只接触器 KM_1、KM_2 控制。滑台的快速移动由电磁铁 YA 改变机械传动链来实现，由接触器 KM_4 来控制。主电路如图 2-34 所示。

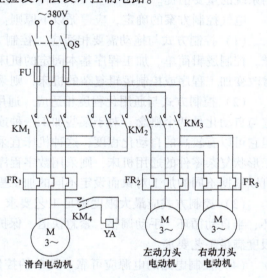

图 2-34　主电路

(2) 控制电路设计　滑台电动机的正、反转分别用两个按钮 SB_1 与 SB_2 控制，停车则分别用 SB_3 与 SB_4 控制。由于动力头电动机在滑台电动机正转后起动，停车时也停车，故可用接触器 KM_1 的常开辅助触头控制 KM_3 的线圈，如图 2-35a 所示。

滑台的快速移动可采用电磁铁 YA 通电时，改变凸轮的变速比来实现。滑台的快速前进与返回分别用 KM_1 与 KM_2 的辅助触头控制 KM_4，再由 KM_4 触头去通断电磁铁 YA。滑台快速前进到加工位置时，要求慢速进给，因而在 KM_1 触头控制 KM_4 的支路上串联行程开关 ST_3 的常闭触头。此部分的辅助电路如图 2-35b 所示。

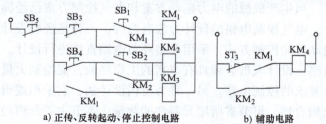

a) 正传、反转起动、停止控制电路　　b) 辅助电路

图 2-35　控制电路草图

(3) 联锁与保护环节设计　用行程开关 ST_1 的常闭触头控制滑台慢速进给到位时的停车；用行程开关 ST_2 的常闭触头控制滑台快速返回至原位时的自动停车。接触器 KM_1 与 KM_2 之间应互相联锁，三台电动机均应用热继电器做过载保护。完整的控制电路如图 2-36 所示。

(4) 电路的完善　电路初步设计完毕后，可能还有不够合理的地方，因此需仔细校核。图 2-36 中，一共用了三个 KM_1 的常开辅助触头，而一般的接触器只有两个常开辅助触头，因此必须进行修改。从电路的工作情况可以看出，KM_3 的常开辅助触头完全可以代替 KM_1 的常开辅助触头去控制电磁铁 YA，修改完善后的控制电路如图 2-37 所示。

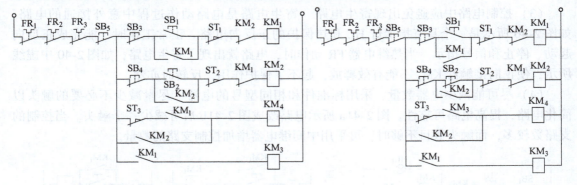

图 2-36　控制电路　　　　　　　　图 2-37　修改完善后的控制电路

3. 设计控制电路时应注意的问题

设计具体电路时，为了使电路设计得简单且准确可靠，应注意以下几个问题。

(1) 尽量减少连接导线　设计控制电路时，应考虑各电气元器件的实际位置，尽可能地减少配线时的连接导线。图 2-38a 所示电路是不合理的，因为按钮一般是装在操作台上，而接触器则是装在电器柜内，这样接线就需要由电器柜二次引出连接线到操作台上，所以一般都将起动按钮和停止按钮直接连接，就可以减少一次引出线，如图 2-38b 所示。

图 2-38b 所示电路不仅连接导线少，更主要的是工作可靠。由于 SB_1、SB_2 安装位置较近，当发生短路故障时，图 2-38a 的电路将造成电源短路。

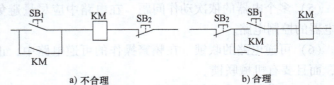

a) 不合理　　　　　　b) 合理

图 2-38　连接电路

(2) 正确连接电器的线圈　电压线圈通常不能串联使用，如图 2-39a 所示。由于它们的阻抗不尽相同，造成两个线圈上的电压分配不等。即使外加电压是同型号线圈电压的额定电压之和，也不允许。因为电器动作总有先后，当有一个接触器先动作时，则其线圈阻抗增大，该线圈上的电压降增大，使另一个接触器不能吸合，严重时将使线圈烧毁。

电感量相差悬殊的两个电器线圈，也不要并联连接。图 2-39b 中直流电磁铁 YA 与继电器 KA 并联，在接通电源时可正常工作，但在断开电源时，由于电磁铁线圈的电感比继电器线圈的电感大得多，所以断电时，继电器很快释放，但电磁铁线圈产生的自感电动势可能使继电器又吸合一段时间，从而造成继电器的误动作。解决方法为可各用一个接触器的触头来控制，如图2-39c所示。

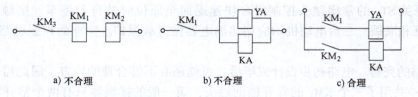

a) 不合理　　　　　　b) 不合理　　　　　　c) 合理

图2-39　电磁线圈的串、并联

（3）控制电路中应避免出现寄生电路　寄生电路是电路动作过程中意外接通的电路。如图2-40所示是一个具有指示灯HL和热保护的正反向电路。正常工作时，能完成正反向起动、停止和信号指示。当热继电器FR动作时，电路就出现了寄生电路，如图2-40中虚线所示，使正向接触器KM_1不能有效释放，起不了保护作用，反转时亦然。

（4）尽可能减少电器数量、采用标准件和相同型号的电器　尽量减少不必要的触头以简化电路，提高电路可靠性。图2-41a所示电路改成图2-41b后可减少一个触头。当控制的支路数较多，而触头数目不够时，可采用中间继电器增加控制支路的数量。

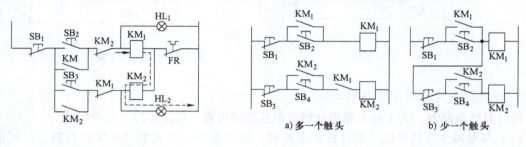

图2-40　寄生电路　　　　　　　　　a) 多一个触头　　　　b) 少一个触头

图2-41　简化电路

（5）多个电器的依次动作问题　在电路中应尽量避免许多电器依次动作才能接通另一个电器的控制电路。

（6）可逆电路的联锁　在频繁操作的可逆电路中，正反向接触器之间不仅要有电气联锁，而且要有机械联锁。

（7）电路结构力求简单可靠　尽量选用常用的且经过实际考验过的电路。

（8）要有完善的保护措施　在电气控制电路中，为保证操作人员、电气设备及生产机械的安全，一定要有完善的保护措施。常用的保护环节有漏电流、短路、过载、过电流、过电压、失电压等保护环节，有时还应设有合闸、断开、事故、安全等必需的指示信号。

2.7.3　电动机的选择

正确选择电动机具有重要意义，合理地选择电动机是从驱动机床的具体对象、加工规范，也就是机床的使用条件出发，综合经济、合理、安全等多方面考虑，使电动机能够安全可靠地运行。电动机的选择包括电动机结构型式、电动机的额定电压、电动机额定转速、额定功率和电动机的容量等技术指标的选择。

1. 电动机选择的基本原则

1) 电动机的机械特性应满足生产机械提出的要求,要与负载的负载特性相适应,保证运行稳定且具有良好的起动、制动性能。

2) 工作过程中电动机容量能得到充分利用,使其温升尽可能达到或接近额定温升值。

3) 电动机结构型式满足机械设计提出的安装要求,并能适应周围环境工作条件。

4) 在满足设计要求前提下,应优先采用结构简单、价格便宜、使用维护方便的三相笼型异步电动机。

2. 电动机结构型式的选择

1) 从工作方式上,根据不同工作制相应选择连续、短时及断续周期性工作的电动机。

2) 从安装方式上分卧式和立式两种。

3) 按不同工作环境选择电动机的防护型式,开启式适用于干燥、清洁的环境;防护式适用于干燥、灰尘不多、没有腐蚀性和爆炸性气体的环境;封闭式分自扇冷式、他扇冷式和密封式三种,前两种用于潮湿、多腐蚀性灰尘、多侵蚀的环境,后一种用于浸入水中的机械;防爆式适用于有爆炸危险的环境中。

3. 电动机额定电压的选择

1) 交流电动机额定电压与供电电网电压一致,低压电网电压为380V,因此,中小型异步电动机额定电压为220/380V。当电动机功率较大,可选用3000V、6000V及10000V的高压电动机。

2) 直流电动机的额定电压也要与电源电压一致,当直流电动机由单独的直流发电机供电时,额定电压常用220V及110V。大功率电动机可提高到600~800V。

4. 电动机额定转速的选择

对于额定功率相同的电动机,额定转速越高,电动机尺寸、重量和成本越小,因此选用高速电动机较为经济。但由于生产机械所需转速一定,电动机转速越高,传动机构转速比越大,传动机构越复杂,因此应综合考虑电动机与机械两方面的多种因素来确定电动机的额定转速。

5. 电动机容量的选择

电动机容量的选择有两种方法:

(1) 分析计算法 该方法是根据生产机械负载图,在产品目录上预选一台功率相当的电动机,再用此电动机的技术数据和生产机械负载图求出电动机的负载图,最后,按电动机的负载图从发热方面进行校验,并检查电动机的过载能力是否满足要求,如若不行,重新计算直至合格为止。此法计算工作量大,负载图绘制较难,实际使用不多。

(2) 调查统计类比法 该方法是在不断总结经验的基础上选择电动机容量的一种实用方法。此法比较简单,对同类型设备的拖动电动机容量进行统计和分析,从中找出电动机容量与设备参数的关系,得出相应的计算公式。以下为典型机床的统计分析法公式(P单位均为kW):

▲普通车床:

$$P = 36.5 D^{1.54} \tag{2-4}$$

式中,D是工件最大直径(m)。

▲立式车床:

$$P = 20D^{0.88} \tag{2-5}$$

式中，D 是工件最大直径（m）。

▲摇臂钻床：

$$P = 0.0646D^{1.19} \tag{2-6}$$

式中，D 是最大钻孔直径（mm）。

▲卧式镗床：

$$P = 0.04D^{1.7} \tag{2-7}$$

式中，D 是镗杆直径（mm）。

2.7.4 电气控制电路设计举例

本节以 C6132 型卧式车床电气控制电路为例，简要介绍该电路的经验设计方法与步骤。已知该机床技术条件为：床身最大工件回转直径为 160mm，工件最大长度为 500mm。具体设计步骤如下：

1. 拖动方案及电动机的选择

车床主运动由电动机 M_1 拖动；液压泵由电动机 M_2 拖动；冷却泵由电动机 M_3 拖动。

主运动电动机由式（2-4）可得：$P = 36.5 \times 0.16^{1.54} \text{kW} = 2.17\text{kW}$，所以可选择主电动机 M_1 为 J02-22-4 型，技术参数为 2.2kW、380V、4.9A、1450r/min。液压泵电动机 M_2、冷却泵电动机 M_3 可按机床要求均选择为 JCB-22，技术参数为 380V、0.125kW、0.43A、2700r/min。

2. 电气控制电路的设计

（1）主电路　三相电源通过刀开关 QS_1 引入，供给主运动电动机 M_1、液压泵电动机 M_2、冷却泵电动机 M_3 及控制电路。熔断器 FU_1 作为电动机 M_1 的保护元件，FR_1 为电动机 M_1 的过载保护热继电器。FU_2 作为电动机 M_2、M_3 和控制电路的保护元件，FR_2、FR_3 分别为电动机 M_2 和 M_3 的过载保护热继电器。冷却泵电动机由刀开关 QS_2 手动控制，以便根据需要供给切削液。电动机 M_1 的正反转由接触器 KM_1 和 KM_2 控制，液压泵电动机由 KM_3 控制。由此组成的主电路如图 2-42 的左半部分。

（2）控制电路　从车床的拖动方案可知，控制电路应有三个基本控制环节，即主运动电动机 M_1 的正反转控制环节；液压泵电动机 M_2、冷却泵电动机 M_3 的单方向控制环节；联锁环节用来避免元件误动作造成电源短路和保证主轴箱润滑良好。用经验设计法确定出控制电路，见图 2-42 的右半部分。

用微动开关与机械手柄组成的控制开关 SA_1 有三档位置。当 SA_1 在 0 位时，SA_{1-1} 闭合，中间继电器 KA 得电自锁。主运动电动机起动前，应先按下 SB_1，使液压泵电动机接触器 KM_3 得电，M_2 起动，为主运动电动机起动做准备。

主轴正转时，控制开关放在正转档，使 SA_{1-2} 闭合，主运动电动机 M_1 正转起动。主轴反转时，控制开关放在反转档，使 SA_{1-3} 闭合，主运动电动机反向起动。由于 SA_{1-2}、SA_{1-3} 不能同时闭合，故形成电气互锁。中间继电器 KA 的主要作用是失电压保护，当电压过低或断电时，KA 释放；重新供电时，需将控制开关放在 0 位使 KA 得电自锁，才能起动主运动电动机。

局部照明用变压器 TC 降至 36V 供电，以保护操作安全。

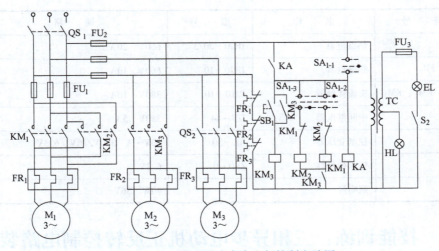

图 2-42　C6132 型卧式车床电气控制电路图

3. 电气元器件的选择

1）电源开关 QS_1 和 QS_2 均选用三极刀开关。根据工作电流，并保证留有足够的余量，可选用 HZ10-25/3 型。

2）熔断器 FU_1、FU_2、FU_3 的选择。熔体电流可按式（1-1）选择。FU_1 保护主电动机，选 RL1-15 型熔断器，配用 15A 的熔体；FU_2 保护液压泵和冷却泵电动机及控制电路，选 RL1-15 型熔断器，配用 2A 的熔体；FU_3 为照明变压器的二次保护，选 RL1-15 型熔断器，配用 2A 的熔体。

3）接触器的选择。根据电动机 M_1 和 M_2 的额定电流，接触器 KM_1、KM_2 和 KM_3 均选用 CJ10-10 型交流接触器，线圈电压为 380V。中间继电器 KA 选用 JZ7-44 型交流中间继电器，线圈电压为 380V。

4）热继电器的选择。根据电动机工作情况，热元件额定电流可按式（1-3）选取。用于主运动电动机 M_1 的过载保护时，选 JR20-20/3 型热继电器，热元件电流可调至 7.2A；用于液压泵电动机 M_2 的过载保护时，选 JR20-10 型热继电器，热元件电流可调至 0.43A。

5）照明变压器的选择。局部照明灯为 40W，所以可选用 BK-50 型控制变压器，一次电压为 380V，二次电压为 36V 和 6.3V。

4. 电气元器件明细表

C6132 型卧式车床电气控制电路电气元器件明细表见表 2-2。

表 2-2　C6132 型卧式车床电气元器件明细表

序号	符号	名称	型号	规格	数量
1	M_1	异步电动机	JO2-22-4	2.2kW　380V　4.9A　1450r/min	1
2	M_2、M_3	液压泵、冷却泵电动机	JCB-22	0.125kW　380V　0.43A　2700r/min	2
3	QS_1、QS_2	刀开关	HZ10-25/3	500V　25A	2
4	FU_1	熔断器	RL1-15	500V　15A	3
5	FU_2、FU_3	熔断器	RL1-15	500V　2A	4

(续)

序号	符号	名称	型号	规格	数量
6	FR_1	热继电器	JR20-20/3	660V 20A	1
7	FR_2、FR_3	热继电器	JR20-10	660V 10A	2
8	KM_1、KM_2、KM_3	交流接触器	CJ10-10	380V 10A	3
9	KA	中间继电器	JZ7-44	380V 5A	1
10	TC	控制变压器	BK-50	50V·A 380V/36V、6.3V	1
11	HL	指示信号灯	ZSD-0	6.3V	1
12	EL	照明灯		40W 36V	1

2.8 技能训练：三相异步电动机正反转控制电路装调

2.8.1 任务目的

1）能分析交流电动机正反转控制电路的控制原理。
2）能正确识读电路图、装配图。
3）会按照工艺要求正确安装交流电动机正反转控制电路。
4）能根据故障现象检修交流电动机正反转控制电路。

2.8.2 任务内容

有一台三相交流异步电动机（Y112M-4，4kW，额定电压380V，额定电流8.8A，△联结，1440r/min），现需要对它进行正反转控制，并进行安装与调试，原理图如图2-43所示。

2.8.3 训练准备

1. 工具、仪表及器材

1）工具：测电笔、螺钉旋具、尖嘴钳、斜口钳、剥线钳、电工刀、校验灯等。
2）仪表：5050型绝缘电阻表、T301-A型钳形电流表、MF47型万用表。
3）器材：接触器正反转控制电路板一块。导线规格：动力电路采用BV1.5mm^2和BVR1.5mm^2（黑色）塑铜线；控制电路采用BVR1mm^2塑铜线（红色），接地线采用BVR（黄绿双色）塑铜线（截面积至少1.5mm^2）。紧固体及编码套管等的数量按需要而定。

2. 选择电气元器件

按照三相异步电动机型号，给电路中的开关、熔断器（熔体）、热继电器、接触器、按钮等选配型号。

选用热继电器要注意下列两点：
1）由电动机的额定电流选热继电器的型号和电流等级。
2）根据热继电器与电动机的安装条件和环境不同，将热元件电流做适当调整（放大1.15~1.5倍）。

2.8.4 训练步骤

1. 绘制电气原理图

三相异步电动机正反转控制电路如图 2-43 所示。

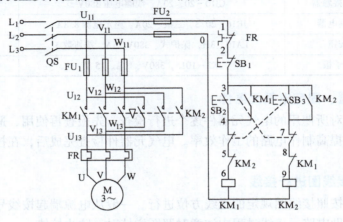

图 2-43 三相异步电动机正反转控制电路

2. 绘制安装接线图

根据图 2-43 所示三相异步电动机正反转控制电路绘制安装接线图,注意线号在电气原理图和安装接线图中要一致。电气元器件布置图及接线图如图 2-44 和图 2-45 所示。

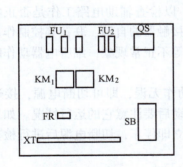

图 2-44 电气元器件布置图

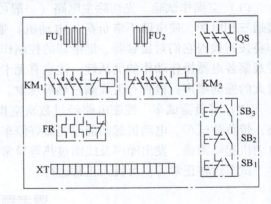

图 2-45 接线图

3. 绘制电气元器件明细表(见表 2-3)

表 2-3 三相异步电动机正反转控制电路电气元器件明细表

序号	名称	型号与规格	数量	备注
M	三相异步电动机	Y112M-4、4kW、380V、△联结、8.8A、1440r/min	1	
QS	刀开关	HZ10-25/3、三极、25A	1	
FU_1	熔断器	RL1-60/25、500V、60A、配熔体25A	3	

75

(续)

序号	名称	型号与规格	数量	备注
FU_2	熔断器	RL1-15/2，500V，15A，配熔体2A	2	
KM_1、KM_2	交流接触器	CJ10-20，20A、线圈电压380V	2	
FR	热继电器	JR16-20/3，三极、20A、整定电流8.8A	1	
$SB_1 \sim SB_3$	按钮	LA10-3H、保护式、380V、5A、按钮数3	3	
XT	端子板	JX2-1015，380V、10A、15节	1	

4. 检查、布置、固定电气元器件

安装接线前应对所使用的电气元器件逐个进行检查，先检查再使用，避免安装、接线后发现问题再拆换，提高制作电路的工作效率。电气元器件检查完成后，在控制板上对其进行合理布置并固定。

5. 依照安装接线图进行接线

接线时，必须按照接线图规定的走线方位进行。一般从电源端起按线号顺序接线，先接主电路，然后接辅助电路。接线过程中注意对照图样核对，防止接错。

6. 检查电路和试车

试车前应做好准备工作，包括清点工具；清除安装底板上的线头杂物；装好接触器的灭弧罩；检查各组熔断器的熔体；分断各开关，使按钮处于未操作前的状态；检查三相电源是否对称等。然后按下述的步骤通电试车。

（1）空操作试验　先切除主电路（一般可断开主电路熔断器），装好辅助电路熔断器，接通三相电源，使电路不带负荷（电动机）通电操作，以检查辅助电路工作是否正常。操作各按钮检查它们对接触器、继电器的控制作用；检查接触器的自锁、联锁等控制作用。还要观察各电器操作动作的灵活性，注意有无卡住或阻滞等不正常现象；细听电器动作时有无过大的振动噪声；检查有无线圈过热等现象。

（2）带负荷试车　控制电路经过数次空操作试验动作无误，即可切断电源，接通主电路，带负荷试车。电动机起动前应先做好停车准备，起动后要注意它的运行情况。如果发现电动机起动困难、发出噪声及线圈过热等异常现象，应立即停车，切断电源后进行检查。

试车运转正常后，可投入正常运行。

思考题与习题

2-1　电气控制电路图识图的基本方法是什么？

2-2　在电气原理图中，QS、FU、KM、KT、KA、SB、ST分别是什么电气元器件的文字符号？

2-3　三相笼型异步电动机减压起动的方法有哪几种？三相绕线转子异步电动机减压起动的方法有哪几种？

2-4　画出用按钮和接触器控制电动机正反转的控制电路。

2-5　画出自动往返循环控制电路，要求有限位保护。

2-6　什么是能耗制动？什么是反接制动？各有什么特点？各自的适用场合有哪些？

2-7　三相异步电动机是如何实现变极调速的？双速电动机变速时相序有什么要求？

2-8　变频器的基本结构原理是什么？

2-9　长动与点动的区别是什么？如何实现长动？

2-10　多台电动机的顺序控制电路中有哪些规律可循？

2-11　试述电液控制电路的分析过程。

2-12　设计一个笼型异步电动机的控制电路，要求：①能实现可逆长动控制；②能实现可逆点动控制；③有过载、短路保护。

2-13　设计两台笼型异步电动机的起停控制电路，要求：①M_1起动后，M_2才能起动；②M_1如果停止，M_2一定停止。

2-14　设计3台笼型异步电动机的起停控制电路，要求：①M_1起动10s后，M_2自动起动；②M_2运行6s后，M_1停止，同时M_3自动起动；③再运行15s后，M_2和M_3停止。

2-15　电气控制系统设计的基本内容有哪些？

2-16　电力拖动的方案如何确定？

2-17　电气系统的控制方案如何确定？

2-18　电动机的选择一般包括哪些内容？

2-19　设计控制电路时应注意什么问题？

2-20　设计一台专用机床的电气控制电路，画出电气原理图，并制定电气元器件明细表。

本机床采用钻孔—倒角组合刀具加工零件的孔和倒角。加工工艺如下：快进→工进→停留光刀（3s）→快退→停车。专用机床采用三台电动机，其中M_1为主运动电动机，采用Y112M-4，容量为4kW；M_2为工进电动机，采用Y90L-4，容量为1.5kW；M_3为快速移动电动机，采用Y801-2，容量为0.75kW。

设计要求如下：

①工作台工进至终点或返回到原点，均由限位开关使其自动停止，并有限位保护。为保证位移准确定位，要求采用制动措施。

②快速电动机可进行点动调整，但在工进时无效。

③设有紧急停止按钮。

④应有短路和过载保护。

⑤其他要求可根据工艺，由读者自行考虑。

⑥通过实例，说明经验设计法的设计步骤。

第3章

典型机械设备电气控制系统分析

本章通过分析典型机械设备的电气控制系统，一方面进一步学习掌握电气控制电路的组成以及各种基本控制电路在具体的电气控制系统中的应用，同时学习掌握分析电气控制电路的方法，提高阅读电路图的能力，为进行电气控制系统的设计打下基础；另一方面通过了解一些具有代表性的典型机械设备的电气控制系统及其工作原理，为以后实际工作中对机械设备电气控制电路的分析、调试及维护打好基础。

机械设备电气控制系统的分析步骤如下：
1) 设备运动分析，对由液压系统驱动的设备还需进行液压系统工作状态分析。
2) 主电路分析，确定动力电路中用电设备的数目、接线状况及控制要求，控制执行件的设置及动作要求，如交流接触器主触头的位置，各组主触头分、合动作要求，限流电阻的接入和短接等。
3) 控制电路分析，分析各种控制功能的实现。

3.1 车床电气控制电路

车床是机械加工中应用极为广泛的一种机床，主要用于加工各种回转表面（内外圆柱面、圆锥表面、成形回转表面等）、回转体的端面、螺纹等。车床的类型很多，主要有卧式车床、立式车床、转塔车床、仿形车床等。

车床通常由一台主电动机拖动，经由机械传动链，实现切削主运动和刀具进给运动的输出，其运动速度由变速齿轮箱通过手柄操作进行切换。刀具的快速移动、冷却泵和液压泵等，常采用单独电动机驱动。不同型号的车床，其主电动机的工作要求不同，因而由不同的控制电路构成，但是由于卧式车床运动变速是由机械系统完成的，且机床运动形式比较简单，因此相应的控制电路也比较简单。本节以C650型卧式车床为例，进行电气控制系统的分析。

3.1.1 主要结构与运动形式

C650型卧式车床属于中型车床，可加工的最大工件回转直径为1020mm，最大工件长度为3000mm，机床的结构示意图如图3-1所示。

车床运动形式主要有两种：一种是主运动，是指安装在主轴箱中

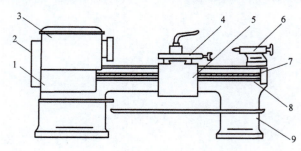

图3-1 普通车床结构示意图
1—进给箱 2—挂轮箱 3—主轴变速箱
4—溜板与刀架 5—溜板箱 6—尾架
7—丝杆 8—光杆 9—床身

的主轴带动工件的旋转运动；另一种是进给运动，是指溜板箱带动溜板和刀架直线运动。刀具安装在刀架上，与溜板一起随溜板箱沿主轴轴线方向实现进给移动，主轴的传动和溜板箱的移动均由主电动机驱动。由于加工的工件比较大，加工时其转动惯量也比较大，需停车时不易立即停止转动，必须有停车制动的功能，较好的停车制动是采用电气制动。在加工的过程中，还需提供切削液，并且为了减轻工人的劳动强度和节省辅助工作时间，要求带动刀架移动的溜板箱能够快速移动。

3.1.2 电力拖动与控制要求

1）主电动机 M_1，完成主轴主运动和刀具进给运动的驱动，电动机采用直接起动的方式起动，可正反两个方向旋转，并可进行正反两个旋转方向的电气停车制动。为加工调整方便，还具有点动功能。

2）电动机 M_2 拖动冷却泵，在加工时提供切削液，采用直接起动停止方式，并且为连续工作状态。

3）快速移动电动机 M_3，电动机可根据使用需要，随时手动控制起停。

4）主电动机和冷却泵电动机部分应具有短路和过载保护。

5）应具有局部安全照明装置。

3.1.3 电气控制电路分析

C650 型卧式车床的电气控制原理图如图 3-2 所示，使用的电气元器件符号与功能说明见表 3-1。

表 3-1　C650 型普通车床电气元器件符号与功能说明

序号	符号	名称与用途	序号	符号	名称与用途
1	M_1	主电动机	15	SB_1	总停止控制按钮
2	M_2	冷却泵电动机	16	SB_2	主电动机正向点动按钮
3	M_3	快速移动电动机	17	SB_3	主电动机正转按钮
4	KM_1	主电动机正转接触器	18	SB_4	主电动机反转按钮
5	KM_2	主电动机反转接触器	19	SB_5	冷却泵电动机停转按钮
6	KM_3	短接限流电阻接触器	20	SB_6	冷却泵电动机起动按钮
7	KM_4	冷却泵电动机起动接触器	21	$FU_1 \sim FU_6$	熔断器
8	KM_5	快移电动机起动接触器	22	FR_1	主电动机过载保护热继电器
9	KA	中间继电器	23	FR_2	冷却泵电动机保护热继电器
10	KT	通电延时时间继电器	24	R	限流电阻
11	ST	快移电动机点动行程开关	25	EL	照明灯
12	SA	照明开关	26	TA	电流互感器
13	KS	速度继电器	27	QS	隔离开关
14	PA	电流表	28	TC	控制变压器

1. 主电路分析

图 3-2 所示的主电路中有三台电动机的驱动电路，隔离开关 QS 将三相电源引入，电动机 M_1 电路接线分为三部分，第一部分由正转控制交流接触器 KM_1 和反转控制交流接触器

KM_2 的两组主触头构成电动机的正反转接线；第二部分为一电流表 PA 经电流互感器 TA 接在主电动机 M_1 的动力回路上，以监视电动机绕组工作时的电流变化，为防止电流表被起动电流冲击损坏，利用一时间继电器的常闭触头，在起动的短时间内将电流表暂时短接掉；第三部分为一串联电阻限流控制部分，交流接触器 KM_3 的主触头控制限流电阻 R 的接入和切除，在进行点动调整时，为防止连续的起动电流造成电动机过载，串入限流电阻 R，保证电路设备正常工作。

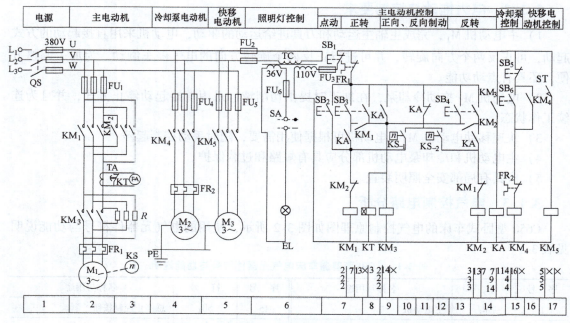

图 3-2 C650 型卧式车床的电气控制原理图

速度继电器 KS 的速度检测部分与电动机的主轴同轴相连，在停车制动过程中，当主电动机转速近零时，其常开触头可将控制电路中反接制动相应电路切断，完成停车制动。

电动机 M_2 由交流接触器 KM_4 的主触头控制其动力电路的接通与断开；电动机 M_3 由交流接触器 KM_5 控制。

为保证主电路的正常运行，主电路中还设置了采用熔断器的短路保护环节和采用热继电器的电动机过载保护环节。

2. 控制电路分析

控制电路可划分为主电动机 M_1 的控制电路和电动机 M_2 与 M_3 的控制电路两部分。由于主电动机控制电路部分较复杂，因而还可以进一步将主电动机控制电路划分为正反转起动、点动局部控制电路和停车制动局部控制电路，它们的局部控制电路分别如图 3-3 所示。下面对各部分控制电路逐一进行分析。

（1）主电动机正反转起动与点动控制 如图 3-3a 所示，正转时按下 SB_3，其两常开触头同时动作闭合，其中一个常开触头接通交流接触器 KM_3 的线圈电路和时间继电器 KT 的线圈电路，时间继电器的常闭触头用在主电路中短接电流表 PA，经延时断开后，电流表接入电路正常工作；KM_3 的主触头将主电路中限流电阻短接，其辅助常开触头同时将中间继电器 KA 的线圈电路接通，KA 的常闭触头将停车制动的基本电路切除，其常开触头与 SB$_3$ 的常开触头均在闭合状态，控制主电动机的交流接触器 KM$_1$ 的线圈电路得电工作，其主触头闭合，电动机 M$_1$ 正向直接起动。反向直接起动控制过程与其相同，只是起动按钮为 SB$_4$。

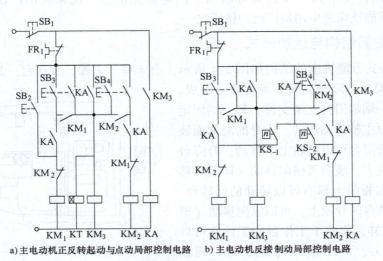

a) 主电动机正反转起动与点动局部控制电路　　b) 主电动机反接制动局部控制电路

图 3-3　主电动机的基本控制电路

点动时按下 SB$_2$，直接接通 KM$_1$ 的线圈电路，电动机 M$_1$ 正向直接起动，这时 KM$_3$ 线圈电路并没接通，因此其主触头不闭合，限流电阻 R 接入主电路限流，其辅助常开触头不闭合，KA 线圈不能得电工作，从而使 KM$_1$ 线圈不能持续通电，松开按钮，M$_1$ 停转，实现了主电动机串联电阻限流的点动控制。

（2）主电动机反接制动控制电路　图 3-3b 所示为主电动机反接制动局部控制电路。C650 型卧式车床采用反接制动的方式进行停车制动，停止按钮按下后开始制动过程，当电动机转速接近零时，速度继电器的触头打开，结束制动。

以原工作状态为正转时进行停车制动过程为例，说明电路的工作过程。当电动机正向转动时，速度继电器 KS 的常开触头 KS$_{-2}$ 闭合，制动电路处于准备状态，压下停车按钮 SB$_1$，切断电源，KM$_1$、KM$_3$、KA 线圈均失电，此时控制反接制动电路工作与不工作的 KA 常闭触头恢复原状闭合，与 KS$_{-2}$ 触头一起，将反向起动接触器 KM$_2$ 的线圈电路接通，电动机 M$_1$ 反向起动，反向起动转矩将平衡正向惯性转动转矩，强迫电动机迅速停车，当电动机速度趋近于零时，速度继电器触头 KS$_{-2}$ 复位打开，切断 KM$_2$ 的线圈电路，完成正转的反接制动。反转时的反接制动工作过程相似，此时反转状态下，KS$_{-1}$ 触头闭合，制动时，接通接触器 KM$_1$ 的线圈电路，进行反接制动。

（3）刀架的快速移动和冷却泵电动机的控制　刀架快速移动是由转动刀架手柄压动位置开关 ST，接通快速移动电动机 M$_3$ 的控制接触器 KM$_5$ 的线圈电路，KM$_5$ 的主触头闭合，M$_3$ 电动机起动，经传动系统驱动溜板箱带动刀架快速移动。

冷却泵电动机 M$_2$ 由起动按钮 SB$_6$ 和停止按钮 SB$_5$ 控制接触器 KM$_4$ 线圈电路的通断，以实现电动机 M$_2$ 的控制。

3.2 铣床电气控制电路

铣床主要用于加工各种形式的平面、斜面、成形面和沟槽等。安装分度头后，能加工直齿齿轮或螺旋面，使用圆工作台则可以加工凸轮和弧形槽。铣床应用广泛，种类很多，X62W型卧式万能铣床是应用最广泛的铣床之一。

3.2.1 主要结构与运动形式

X62W型卧式万能铣床的结构如图3-4所示，由床身、主轴、工作台、悬梁、回转台、溜板、刀杆支架、升降台、底座等几部分组成。铣刀的心轴，一端靠刀杆支架支撑，另一端固定在主轴上，并由主轴带动旋转。床身的前侧面装有垂直导轨，升降台可沿导轨上下移动。升降台上面的水平导轨上，装有可横向移动（即前后移动）的溜板，溜板的上部有可以转动的回转台，工作台装在回转台的导轨上，可以纵向移动（即左右移动）。这样，安装于工作台的工件就可以在6个方向（上、下、左、右、前、后）调整位置和进给。溜板可绕垂直轴线左右旋转45°，因此工作台还能在倾斜方向进给，可以加工螺旋槽。

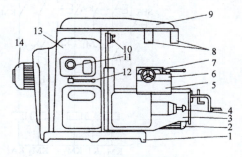

图3-4 X62W型卧式万能铣床结构示意图

1—底座 2—进给电动机 3—升降台 4—进给变速手柄及变速箱 5—溜板 6—转动部分 7—工作台 8—刀杆支架 9—悬梁 10—主轴 11—主轴变速箱 12—主轴变速手柄 13—床身 14—主电动机

由上述可知，X62W型万能铣床的运动形式有以下几种：

（1）主运动 主轴带动铣刀的旋转运动。

（2）进给运动 加工中工作台带动工件的上、下、左、右、前、后运动和圆工作台的旋转运动。

（3）辅助运动 工作台带动工件的快速移动。

3.2.2 电力拖动与控制要求

机床的主轴运动和工作台进给运动分别由单独的电动机拖动，并有不同的控制要求。

1）主轴电动机 M_1 空载时可直接起动，要求用正反转实现顺铣和逆铣。根据铣刀的种类提前预选方向，加工中不变换旋转方向。由于主轴变速机构惯性大，主轴电动机应有制动装置。同时从安全和操作方便考虑，换刀时主轴也处于制动状态，主轴电动机可在两处实现起停控制操作。

2）进给电动机 M_2 拖动工作台实现纵向、横向和垂直方向的进给运动，方向选择通过操作手柄和机械离合器配合来实现，每种方向要求电动机有正反转运动。任一时刻，工作台只能向一个方向移动，故各进给方向间有必要的联锁控制。为提高生产率，缩短调整运动的时间，工作台能快速移动。

3）根据工艺要求，主轴旋转与工作台进给应有先后顺序控制。加工开始前，主轴开动后，才能进行工作台的进给运动。加工结束时，必须在铣刀停止转动前，停止进给运动。

4）主轴与工作台的变速由机械变速系统完成。为使齿轮易于啮合，减小齿轮端面的冲击，要求变速时电动机有变速冲动（瞬时点动）控制。

5）铣削时的冷却液由冷却泵电动机 M_3 拖动提供。

6）当主轴电动机或冷却泵电动机过载时，进给运动必须立即停止，以免损坏刀具和机床。

7）使用圆工作台时，要求圆工作台的旋转运动和工作台的纵向、横向及垂直运动之间有联锁控制，即圆工作台旋转时，工作台不能向任何方向移动。

3.2.3 电气控制电路分析

X62W 型万能铣床电气控制原理图如图 3-5 所示，包括主电路、控制电路和照明电路三部分。X62W 型铣床控制电路所用的电气元器件符号与功能说明见表 3-2。

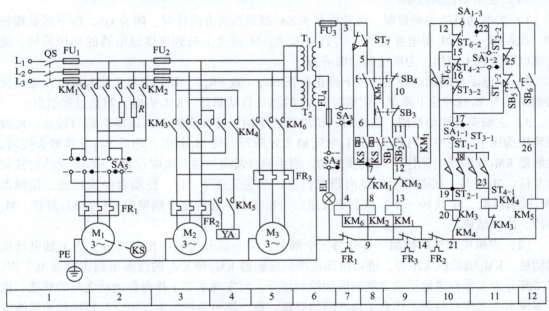

图 3-5 X62W 型万能铣床电气控制原理图

表 3-2 X62W 型万能铣床电气元器件符号与功能说明

序号	符号	名称与用途	序号	符号	名称与用途
1	M_1	主电动机	12	ST_6	进给变速瞬动开关
2	M_2	进给电动机	13	ST_7	主轴变速瞬动开关
3	M_3	冷却泵电动机	14	SB_1、SB_2	主轴起动按钮
4	SA_1	圆工作台转换开关	15	SB_3、SB_4	主轴停止按扭
5	SA_3	冷却泵开关	16	SB_5、SB_6	工作台快速移动按钮
6	SA_4	照明开关	17	KM_1	主电动机控制接触器
7	SA_5	主轴换向开关	18	KM_2	主轴反接制动接触器
8	ST_1	工作台向右进给行程开关	19	KM_3、KM_4	进给电动机正反转接触器
9	ST_2	工作台向左进给行程开关	20	KM_5	快速移动控制接触器
10	ST_3	工作台前及向下进给开关	21	YA	工作台快速移动牵引电磁铁
11	ST_4	工作台向后及向上进给开关	22	QS	电源开关

1. 主电路

铣床由三台电动机拖动。M_1 为主轴电动机,用接触器 KM_1 直接起动,用转换开关 SA_5 实现正反转控制,用制动接触器 KM_2 串联不对称电阻 R 实现反接制动;M_2 为进给电动机,其正反转由接触器 KM_3、KM_4 控制,快速移动由接触器 KM_5 控制电磁铁 YA 实现;冷却泵电动机 M_3 由接触器 KM_6 控制。

三台电动机都用热继电器实现过载保护,熔断器 FU_2 实现 M_2 和 M_3 的短路保护,FU_1 实现 M_1 的短路保护。

2. 控制电路

控制变压器将 380V 降为 110V 作为控制电源,降为 36V 作为机床照明的电源。

(1) 主电动机的控制

1) 主电动机的起动控制。将转换开关 SA_5 扳到预选方向位置,闭合 QS,按下起动按钮 SB_1(或 SB_2),KM_1 得电并自锁,M_1 直接起动。M_1 速度上升到速度继电器的动作值后,速度继电器的触头动作,为反接制动做准备。

2) 主电动机的制动控制。按下停止按钮 SB_3(或 SB_4),KM_1 失电,KM_2 得电,进行反接制动。当 M_1 的转速下降至一定值时,KS 的触头自动断开,KM_2 失电,制动过程结束。

3) 主轴变速冲动控制。变速时,拉出变速手柄,转动变速盘,选择需要的转速,此时凸轮机构压下,使冲动行程开关 ST_7 常闭触头先断开,使 M_1 断电。随后 ST_7 常开触头接通,接触器 KM_2 线圈得电动作,M_1 反接制动。当手柄继续向外拉至极限位置,ST_7 不受凸轮控制而复位,M_1 停转。接着把手柄推向原来位置,凸轮又压下 ST_7,使动合触头接通,接触器 KM_2 线圈得电,M_1 反转一下,以利于变速后齿轮啮合,继续把手柄推向原位,ST_7 复位,M_1 停转,操作结束。

(2) 进给电动机的控制 可分为三个部分:第一部分为顺序控制部分,当主轴电动机起动后,KM_1 辅助触头闭合,进给电动机控制接触器 KM_3 和 KM_4 的线圈电路才能通电工作;第二部分为工作台进给运动之间的联锁控制部分,可实现水平工作台各运动之间的联锁,也可实现水平工作台与圆工作台工作之间的联锁;第三部分为进给电动机正反转接触器线圈电路部分。

SA_1 是圆工作台选择开关,设有接通和断开两个位置,三对触头的通断情况见表 3-3。当不需要圆工作台工作时,将 SA_1 置于断开位置;否则,置于接通位置。

表 3-3 圆工作台选择开关工作状态

触　　头		接　　通	断　　开
SA_{1-1}	17—18	—	+
SA_{1-2}	22—19	+	—
SA_{1-3}	12—22	—	+

水平工作台进给方向有左右(纵向)、前后(横向)、上下(垂直)运动。这六个方向的运动是通过两个手柄(十字形手柄和纵向手柄)操纵四个限位开关($ST_1 \sim ST_4$)来完成机械挂档,接通 KM_3 或 KM_4,实现 M_2 的正反转而拖动工作台按预选方向进给。十字形手柄和纵向手柄各有两套,分别设在铣床工作台的正面和侧面。

1)水平工作台左右(纵向)进给运动的控制。左右进给运动由纵向操纵手柄控制,该手柄有左、中、右三个位置,各位置对应的限位开关 ST_1、ST_2 的工作状态见表3-4。

表3-4 工作台的纵向进给行程开关工作状态

触 头		向左进给	停止	向右进给
ST_{1-1}	18—19	−	−	+
ST_{1-2}	25—17	+	+	−
ST_{2-1}	18—23	+	−	−
ST_{2-2}	22—25	−	+	+

工作台向右运动的控制:主轴起动后,将纵向操作手柄扳到"右",挂上纵向离合器,同时压行程开关 ST_1,ST_{1-1} 闭合,接触器 KM_3 得电,进给电动机 M_2 正转,拖动工作台向右运动。停止时将手柄扳回中间位置,纵向进给离合器脱开,ST_1 复位,KM_3 断电,M_2 停转,工作台停止运动。

工作台向左运动的控制:将纵向操作手柄扳到"左",挂上纵向离合器,压行程开关 ST_2,ST_{2-1} 闭合,接触器 KM_4 得电,M_2 反转,拖动工作台向左运动。停止时,将手柄扳回中间位置,纵向进给离合器脱开,同时 ST_2 复位,KM_4 断电,M_2 停转,工作台停止运动。

工作台的左右两端安装有限位撞块,当工作台运行到达终点位置时,撞块撞击手柄,使其回到中间位置,实现工作台的终点停车。

2)水平工作台前后和上下运动的控制。工作台前后和上下运动由十字形手柄控制,该手柄有上、下、中、前、后五个位置,各位置对应的行程开关 ST_3、ST_4 的工作状态见表3-5。

表3-5 工作台横向及升降进给行程开关工作状态

位 置		向前向下	停止	向右向上
ST_{3-1}	18—19	+	−	−
ST_{3-2}	16—17	−	+	+
ST_{4-1}	18—23	−	−	+
ST_{4-2}	15—16	+	+	−

工作台向前运动控制:将十字形手柄扳向"前",挂上横向离合器,同时压行程开关 ST_3,ST_{3-1} 闭合,接触器 KM_3 得电,进给电动机 M_2 正转,拖动工作台向前运动。

工作台向下运动控制:将十字形手柄扳向"下",挂上垂直离合器,同时压行程开关 ST_3,ST_{3-1} 闭合,接触器 KM_3 得电,进给电动机 M_2 正转,拖动工作台向下运动。

工作台向后运动控制:将十字形手柄扳向"后",挂上横向离合器,同时压行程开关 ST_4,ST_{4-1} 闭合,接触器 KM_4 得电,进给电动机 M_2 反转,拖动工作台向后运动。

工作台向上运动控制:将十字形手柄扳向"上",挂上垂直离合器,同时压行程开关 ST_4,ST_{4-1} 闭合,接触器 KM_4 得电,进给电动机 M_2 反转,拖动工作台向上运动。

停止时,将十字形手柄扳向中间位置,离合器脱开,行程开关 ST_3(或 ST_4)复位,接触器 KM_3(或 KM_4)断电,进给电动机 M_2 停转,工作台停止运动。

工作台的上、下、前、后运动都有极限保护，当工作台运动到极限位置时，撞块撞击十字手柄，使其回到中间位置，实现工作台的终点停车。

3）水平工作台进给运动间的联锁控制。水平工作台六个运动方向采用机械和电气双重联锁。工作台的左、右用一个手柄控制，手柄本身就能起到左、右运动的联锁。工作台的横向和垂直运动间的联锁，由十字形手柄实现。工作台的纵向与横向、垂直运动间的联锁，则利用电气方法实现。行程开关 ST_1、ST_2 和 ST_3、ST_4 的常闭触头分别串联后，再并联形成两条通路供给 KM_3 和 KM_4 线圈。若一个手柄扳动后再去扳动另一个手柄，将使两条电路断开，接触器线圈就会断电，工作台停止运动，从而实现运动间的联锁。

4）工作台的快速移动。当铣床不进行铣削加工时，工作台能够在纵向、横向、垂直六个方向快速移动。工作台快速移动是由进给电动机 M_2 拖动的。当工作台按照选定的速度和方向进行工作时，按下起动按钮 SB_5（或 SB_6），接触器 KM_5 得电，快速移动电磁铁 YA 通电，工作台快速移动。松开 SB_5（或 SB_6）时，快速移动停止，工作台仍按原方向继续运动。

工作台也可以在主轴电动机不转的情况下进行快速移动，此时应将主轴换向开关 SA_5 扳在"停止"的位置，然后按下 SB_1 或 SB_2，使接触器 KM_1 线圈得电并自锁，操纵工作台手柄选定方向，使进给电动机 M_2 起动，再按下快速移动按钮 SB_5 或 SB_6，接触器 KM_5 得电，快速移动电磁铁 YA 通电，工作台便可以快速移动。

5）圆工作台控制。在使用圆工作台时，应将工作台纵向和十字形手柄都置于中间位置，并将转换开关 SA_1 扳到"接通"位置，SA_{1-2} 接通，SA_{1-1}、SA_{1-3} 断开。按下按钮 SB_1（或 SB_2），主轴电动机起动，同时 KM_3 得电，使 M_2 起动，带动圆工作台单方向回转，其旋转速度可通过蘑菇形变速手柄进行调节。

在图 3-5 中，KM_3 的通电路径为点 12→ST_{6-2}→ST_{4-2}→ST_{3-2}→ST_{1-2}→ST_{2-2}→SA_{1-2}→KM_3 线圈→KM_4 常闭触头→点 21。

6）圆工作台和水平工作台间的联锁。圆工作台工作时，不允许机床工作台在纵、横、垂直方向上有任何移动。圆工作台转换开关 SA_1 扳到接通位置时，SA_{1-1}、SA_{1-3} 切断了水平工作台的进给控制回路，使机床工作台不能在纵、横、垂直方向上做进给运动。圆工作台的控制电路中串联了 ST_{1-2}、ST_{2-2}、ST_{3-2}、ST_{4-2} 常闭触头，所以扳动工作台任一方向的进给手柄，都将使圆工作台停止转动，实现了圆工作台和水平工作台纵向、横向及垂直方向运动的联锁控制。

（3）冷却泵电动机的控制和照明电路　由转换开关 SA_3 控制接触器 KM_6 实现冷却泵电动机 M_3 的起动和停止。机床的局部照明由变压器 T_2 输出 36V 安全电压，由开关 SA_4 控制照明灯 EL。

3.3　桥式起重机电气控制电路

3.3.1　概述

起重机是一种用来起吊和下放重物，以及在固定范围内装卸、搬运物料的起重机械。它广泛应用于工矿企业、车站、港口、建筑工地、仓库等场所，是现代化生产不可缺少的机械设备。

起重机按其起吊重量可划分为三级：小型为 5~10t，中型为 10~50t，重型及特重型为 50t 以上。

起重机按结构和用途分为臂架式旋转起重机和桥式起重机两种。其中桥式起重机是一种横架于车间、仓库和料场上空进行物料吊运的起重设备，又称"天车"或"行车"。桥式起重机按起吊装置不同，又可分为吊钩桥式起重机、电磁盘桥式起重机和抓斗桥式起重机，其中尤以吊钩桥式起重机应用最广。

本节以小型桥式起重机为例来分析起重机电气控制电路的工作原理。

3.3.2 桥式起重机的结构简介

桥式起重机主要由桥架、大车移行机构和装有起升、运动机构的小车等几部分组成，如图 3-6 所示。

1）桥架是桥式起重机的基本构件，主要由两正轨箱形主梁、端梁和走台等部分组成。主梁上铺设了供小车运动的钢轨，两主梁的外侧装有走台，装有驾驶室一侧的走台为安装及检修大车移行机构而设，另一侧走台为安装小车导电装置而设。在主梁一端的下方悬挂着全视野的操纵室（驾驶室，又称吊舱）。

2）大车移行机构由驱动电动机、制动器、减速器和车轮等部件组成。常见的驱动方式有集中驱动和分别驱动两种，目前国内生产的桥式起重机大多采用分别驱动方式。

分别驱动方式指的是用一个控制电路同时对两台驱动电动机、减速装置和制动器实施控制，分别驱动安装在桥架两端的大车车轮。

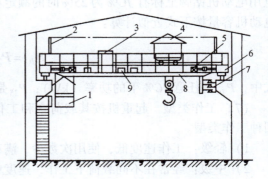

图 3-6 桥式起重机总体结构示意图
1—驾驶室　2—辅助滑线架　3—控制盘
4—小车　5—大车电动机　6—大车端梁
7—主滑线　8—大车主梁　9—电阻箱

3）小车由安装在小车架上的移行机构和提升机构等组成。小车移行机构也由驱动电动机、减速器、制动器和车轮组成，在小车移行机构的驱动下，小车可沿桥架主梁上的轨道移动。小车提升机构用以吊运重物，它由电动机、减速器、卷筒、制动器等组成。起重量超过 10t 时，设两个提升机构：主钩（主提升机构）和副钩（副提升机构），一般情况下两钩不能同时起吊重物。

3.3.3 桥式起重机的主要技术参数

桥式起重机的主要技术参数有：起重量、跨度、起升高度、运行速度、提升速度、通电持续率及工作类型等。

（1）额定起重量　指起重机实际允许的最大起吊重量，如 10/3，分子表示主钩起重量为 10t，分母表示副钩起重量为 3t。

（2）跨度　指起重机主梁两端车轮中心线间的距离，即大车轨道中心线间的距离。一般常用的跨度有 10.5m、13.5m、16.5m、19.5m、22.5m、25.5m、28.5m 与 31.5m 等规格。

（3）起升高度　指吊具的上、下极限位置间的距离。一般常见的提升高度有 12m、16m、12/14m、12/18m、19/21m、20/22m、21/23m、22/24m、24/26m 等，其中带分数线的分子为主钩起升高度,分母为副钩起升高度。

(4) 运行速度　运行机构在拖动电动机额定转速运行时的速度,以 m/min 为单位。小车运行速度一般为 40~60m/min,大车运行速度一般为 100~135m/min。

(5) 提升速度　指在电动机额定转速时,重物的最大提升速度。该速度的选择应由货物的性质和重量来决定,一般提升速度不超过 30m/min。

(6) 通电持续率　由于桥式起重机为断续工作,其工作的繁重程度用通电持续率 JC% 表示:

$$JC\% = \frac{通电时间}{周期时间} \times 100\% = \frac{工作时间}{工作时间 + 休息时间} \times 100\%$$

通常一个周期定为 10min,标准的通电持续率规定为 15%、25%、40%、60% 四种,起重用电动机铭牌上标有 JC% 为 25% 时的额定功率,当电动机工作在 JC% 值不为 25% 时,该电动机容量按下式近似计算:

$$P_{JC} = P_{25}\sqrt{\frac{25\%}{JC\%}} \tag{3-1}$$

式中,P_{JC} 是任意 JC% 下的功率(kW);P_{25} 是 JC% 为 25% 时的电动机容量(kW)。

(7) 工作类型　起重机按其载荷率和工作繁忙程度可分为轻级、中级、重级和特重级四种工作类型。

1) 轻级:工作速度低,使用次数少,满载机会少,通电持续率为 15%。

2) 中级:经常在不同载荷下工作,速度中等,工作不太繁重,通电持续率为 25%。

3) 重级:工作繁重,经常在重载下工作,通电持续率为 40%。

4) 特重级:经常起吊额定负荷,工作特别繁忙,通电持续率为 60%。

3.3.4　提升机构对电力拖动的主要要求

(1) 供电要求　由于起重机的工作是经常移动的,因此起重机与电源之间不能采用固定连接方式,对于小型起重机供电方式采用软电缆供电,随着大车或小车的移动,供电电缆随之伸展和叠卷。对于中小型起重机常用滑线和电刷供电,即将三相交流电源接到沿车间长度方向架设的三根主滑线上,并刷有黄、绿、红三色,再通过电刷引到起重机的电气设备上,首先进入驾驶室中保护盘上的总电源开关,然后再向起重机各电气设备供电。对于小车及其上的提升机构等电气设备,则由位于桥架另一侧的辅助滑线来供电。

(2) 起动要求　提升机构起吊或下放重物可工作于不同档位,提升第一档的作用是为了消除传动间隙,将钢丝绳张紧,称为预备级。这一档的电动机要求起动转矩不能过大,以免产生过强的机械冲击,一般在额定转矩的一半以下。

(3) 调速要求

1) 在提升开始或下降重物至预定位置前,需低速运行。一般在 30% 额定转速内分几档。

2) 具有一定的调速范围,普通起重机调速范围为 3∶1,也有要求为 (5~10)∶1 的起重机。

3) 轻载时,要求能快速升降,即轻载提升速度应大于额定负载的提升速度。

(4) 下降要求　根据负载的大小,提升电动机可以工作在电动、倒拉制动、回馈制动等工作状态下,以满足对不同下降速度的要求。

(5) 制动要求　为了安全,起重机要采用断电制动方式的机械抱闸制动,以避免因停电造成无制动力矩,导致重物自由下落引发事故,同时也还要具备电气制动方式,以减小机械抱闸的磨损。

(6) 控制方式　桥式起重机常用的控制方式有两种:一种是用凸轮控制器直接控制所有的驱动电动机,这种方法普遍用于小型起重设备;另一种是采用主令控制器配合磁力控制屏控制主卷扬电动机,而其他电动机采用凸轮控制器,这种方法主要用于中型以上起重机。

除了上述要求以外,桥式起重机还应有完善的保护和联锁环节。

3.3.5　10t 桥式起重机典型电路分析

10t 桥式起重机属于小型桥式起重机范畴,仅有主钩提升机构,大车采用分别驱动方式,其他部分与前面所述相同。图 3-7 和图 3-9 是采用 KT 系列凸轮控制器直接控制的 10t 桥式起重机的电气控制原理图。

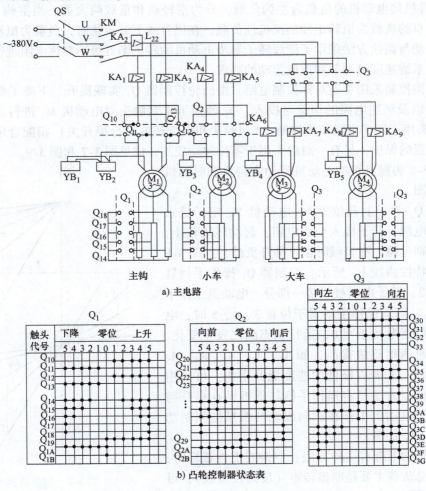

图 3-7　10t 桥式起重机电气控制原理图

由图 3-7b 可知，凸轮控制器档数为 5-0-5，左、右各有 5 个操作位置，分别控制电动机的正反转；中间为零位停车位置，用以控制电动机的起动及调速。图中 Q_1 为提升机构电动机凸轮控制器，Q_2 为小车移行机构凸轮控制器，Q_3 为大车移行机构凸轮控制器，并显示出其各触头在不同操作位置时的工作状态。

图中 YB 为电力液压驱动式机械抱闸制动器，在起重机接通电源的同时，液压泵电动机通电，通过液压油缸使机械抱闸放松，在电动机（定子）三相绕组失电时，液压泵电动机失电，机械抱闸抱紧，从而可以避免出现重物自由下降造成的事故。

1. 桥式起重机起动过程分析

图 3-9 中，在提升机构凸轮控制器 Q_1、小车凸轮控制器 Q_2 和大车凸轮控制器 Q_3 均在原位时，在开关 QS 闭合状态下按动系统起动按钮 SB_1，接触器 KM 线圈通电自锁，电动机供电电路上电，然后可由 Q_1、Q_2、Q_3 分别控制各台电动机工作。

2. 凸轮控制器控制的提升机构电动机控制电路

1）提升机构电动机的负载为主钩负载，分为空轻载和重载两大类，当空钩（或轻载）升或降时，总的负载为恒转矩性的反抗性负载，在提升或下放重物时，负载为恒转矩的位能性负载。起动与调速方法采用了绕线转子异步电动机的转子串五级不对称电阻进行调速和起动，以满足系统速度可调节和重载起动的要求。

提升机构控制采用可逆对称控制电路，由凸轮控制器 Q_1 实现提升、下降工作状态的转换和起动，以及调速电阻的切除与投入。Q_1 使用了 4 对触头对电动机 M_1 进行正、反转控制，5 对触头用于转子电阻切换控制，2 对触头和限位开关（行程开关）相配合用于提升和下降极限位置的保护，另有一对触头用于零位起动控制，详见图 3-7 和图 3-9。

2）图 3-8 为提升机构电动机带动主钩负载时的机械特性示意图。

控制器 Q_1 置于上升位置 1，电动机 M_1 定子接入上升相序的电源，转子接入全部电阻，起动转矩较小，可用来张紧钢丝绳，在轻载时也可提升负载，如图 3-8 上第一象限特性曲线 上$_1$ 所示。控制器 Q_1 操作手柄置于上升位置 2，转子电阻被短接一部分，电动机工作于特性曲线 上$_2$，随着操作手柄置于位置 3、4、5 时，电动机转子电阻逐渐减小至 0，运行状态随之发生变化，在提升重物时速度逐级提高，如 A_1、A_2、A_3、A_4、A_5 等工作点所示。如需以极低的速度提升重物，可采用点动断续操作，方法是将操作手柄往返扳动在提升与零位之间，使电动机工作在正向起动与机械抱闸制动交替进行的点动状态。

吊钩及重物下降有三种方法：空钩或工件很轻时，提升机构的总负载主要是摩擦转矩（反抗性负载），可将 Q_1 放在下降位置 1～5 档中任意一档，电动机工作在第三象限反向电动状态，空钩或工件被强迫下降，如图上 B_1～B_5 等工作点所示。当工件

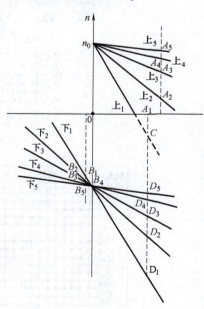

图 3-8 提升机构
电动机的机械特性

较重时，可将 Q_1 放在上升位置 1，电动机工作在第四象限的倒拉制动状态，工件以低速下降，其工作点为 C 点。还可将 Q_1 由零位迅速通过下降位置 1~4 档扳至第 5 档，此时电动机转子外接电阻全部短接，电动机工作在第四象限的回馈制动状态，其转速高于同步转速，工作点如 D_5 所示。如将手柄停留在 1~4 档中任一档，则转子电阻未能全部短接，相应工作点为 D_1~D_4，电动机转速很高，导致重物迅速下降，可能危及电动机和现场操作人员安全。如需低速点动下放重物，也可采用正向低速点动提升重物的操作方法。

3）小车移行机构要求以 40~60m/min 的速度在主梁轨道上做往返运行，转子采用串电阻起动和调速，共有 5 档。为实现准确停车，也采用机械抱闸制动器制动。其凸轮控制器 Q_2 的原理和接线与提升机构的控制器 Q_1 相类似。

4）大车移行机构要求以 100~135m/min 的速度沿车间长度方向轨道做往返运行。大车采用两台电动机及减速和制动机构进行分别驱动，凸轮控制器 Q_3 同时采用两组各 5 对触头分别控制电动机 M_3、M_4 转子各 5 级电阻的短接与投入，其他与提升机构的控制器 Q_1 相类似。

3. 控制与保护电路分析

桥式起重机控制与保护电路如图 3-9 所示。

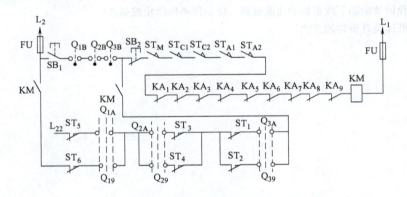

图 3-9 桥式起重机控制与保护电路

图中 SB_2 是手动操作急停按钮，正常时闭合，急停时按动（分断）。ST_M 为驾驶室门安全开关，ST_{C1}、ST_{C2} 为仓门开关，ST_{A1}、ST_{A2} 为栏杆门开关，各门在关闭位置时，其常开触头闭合，起重机可以起动运行。KA_1~KA_9 为各电动机的过电流保护用继电器，无过电流现象时，其常闭触头闭合。凸轮控制器 Q_1、Q_2、Q_3 均在零位时，按起动按钮 SB_1，交流接触器 KM 线圈通电且自锁，各电动机主电路上电，起重机可以开始工作。

交流接触器 KM 线圈通电的自锁回路是由大车移行凸轮控制器的触头、大车左右移动极限位置保护开关、提升机构凸轮控制器的触头与主钩下放或上升极限位置保护开关构成的并、串联电路组成。例如大车移行凸轮控制器 Q_3 的触头 Q_{3A} 与左极限行程开关 ST_1 串联，Q_{39} 与右极限行程开关 ST_2 串联，然后两条支路并联。大车左行时，通过 Q_{3A}、ST_1 串联支路使 KM 线圈通电自锁，达到左极限位置时，压下 ST_1，KM 线圈断电，大车停止运行。将 Q_3 转至原位，重按 SB_1，通过 Q_{39}、ST_2 支路使 KM 线圈通电自锁。Q_3 转到右行操作位置，Q_{39} 仍闭合，大车离开左极限位置（ST_1 复位）向右移动，Q_3 转回零位时，大车停车。同理，

可以分析 ST_2 的右极限保护功能。行程开关 ST_3、ST_4 为小车运行前、后极限保护开关，ST_5、ST_6 为提升机构下放、提升极限保护开关，原理与大车极限保护相同。凸轮控制器 Q_1 的触头 Q_{1A} 左侧理论上可接在 KM 自锁触头下方，而实际接在电动机 M_1 定子端线号 L_{22} 上，既方便，也不影响自锁电路的正常工作。

任何过电流继电器动作、各门未关好或按动急停按钮 SB_2，交流接触器 KM 线圈都会断电，将主电路的电源切断。

思考题与习题

3-1 试分析 C650 型车床在按下反向起动按钮 SB_4 后的起动工作过程。

3-2 假定 C650 型车床的主电动机正在反向运行，请分析其停车反接制动的工作过程。

3-3 X62W 型万能铣床电气控制电路具有哪些电气联锁？

3-4 简述 X62W 型万能铣床主轴制动过程。

3-5 简述 X62W 型万能铣床的工作台快速移动的控制过程。

3-6 如果 X62W 型万能铣床工作台各个方向都不能进给，试分析故障原因。

3-7 叙述一下起重机的负载性质，并由此分析提升重物时对交流拖动电动机的起动和调速方面的要求及其方法。

3-8 为避免回馈制动下放重物的速度过高，应如何操作凸轮控制器？

3-9 叙述低速提升重物的方法。

第2篇

可编程序控制器

可编程序控制器是以微处理器为基础的通用工业控制装置，它综合了现代计算机技术、自动控制技术和通信技术，具有功能强大、使用方便、可靠性高、通用灵活和易于扩充等优点，目前已广泛应用于冶金、矿业、机械、电力、轻工等领域，成为现代工业自动化技术的三大支柱之一。

第4章

可编程序控制器的基础知识

4.1　PLC概述

4.1.1　PLC的产生

20世纪是人类科学技术迅猛发展的一个世纪，随着微处理器、计算机和数字通信技术的飞速发展，电气控制技术也由继电器控制过渡到计算机控制。各种自动控制产品在向着控制可靠、操作简单、通用性强、价格低廉的方向发展，使自动控制的实现越来越容易。可编程序控制器正是顺应这一要求出现的。

20世纪60年代，汽车生产流水线的自动控制系统基本上都是由继电器控制装置构成的，而为使汽车结构及外形不断改进，品种不断增加，需要经常变更生产工艺，而每一次工艺变更都需要重新设计和安装继电器控制装置，十分费时、费工、费料，延长了工艺改造的周期。为改变这一现状，美国通用汽车公司（GM）提出了以下10项汽车装配生产线通用控制器的技术指标：

1）编程简单，可在现场方便地编辑及修改程序。
2）硬件维护方便，最好是插件式结构。
3）可靠性要明显高于继电器控制柜。
4）体积要明显小于继电器控制柜。
5）具有数据通信功能。
6）在成本上可与继电器控制柜竞争。
7）输入可以是交流115V（美国电网电压为110V）。
8）输出为交流115V、2A以上，能直接驱动电磁阀。
9）在扩展时，原系统只需很小变更。
10）用户程序存储器容量至少能扩展到4KB。

以上就是著名的GM10条。1969年美国数字设备公司（DEC）研制出第一台可编程序控制器，并在GM公司生产线上获得成功。这一时期它主要用于顺序控制，虽然也采用了计算机的设计思想，但当时只能进行逻辑运算，故称为"可编程序逻辑控制器"，简称为PLC（Programmable Logic Controller）。

此后，这项技术迅速发展，从美国、日本、欧洲普及到全世界。我国从1974年开始研制PLC，1977年应用于工业。目前世界上已有数百家厂商生产可编程序控制器，型号多达数百种。

4.1.2　PLC的定义

国际电工委员会（IEC）对可编程序控制器所下的定义是：

"可编程序控制器是一种数字运算操作的电子系统，是专为在工业环境下应用设计的。

它采用可编程序的存储器，用来在内部存储执行逻辑运算、顺序控制、定时、计数和算术运算等操作的指令，并采用数字式、模拟式的输入和输出，控制各种类型的机械或生产过程。可编程序控制器及其有关设备，都应按易于与工业控制系统连成一个整体、易于扩充其功能的原则设计。"

由上述定义可见，PLC 是工业专用计算机，它不仅能执行逻辑控制、顺序控制、定时及计数控制，还具备算术运算、数据处理、通信等功能，具有处理分支、中断、自诊断能力，使 PLC 从开关量的逻辑控制扩展到数字控制及生产过程控制领域，真正成为一种电子计算机工业控制装置。因此，有人将 PLC、机器人和计算机辅助设计/制造（CAD/CAM）并称为工业生产自动化的三大支柱。

4.1.3　PLC 的特点

（1）**抗干扰能力强，可靠性高**　为保证 PLC 能在工业环境下可靠工作，在设计和生产过程中采取了一系列硬件和软件的抗干扰措施，主要有以下几个方面：

1）隔离。PLC 的输入/输出接口电路一般采用光耦合器来传递信号，这种光电隔离措施，使外部电路与 CPU 模块之间完全没有电路上的联系，有效地抑制外部干扰源对 PLC 的影响，同时防止外部高电压串入 CPU 模块，减少故障和误动作。

2）滤波。在 PLC 的各输入端均采用 RC 滤波器，其滤波时间常数一般为 10～20ms，用以对高频干扰信号进行有效抑制。

3）采用性能优良的开关电源，保证供电质量。另外各电源之间相互独立，防止电源之间的相互干扰。

4）系统内部设置了联锁、环境检测与自诊断、Watchdog（看门狗）等电路，一旦电源或其他软、硬件发生异常情况，CPU 立即采取有效措施，以防止故障扩大。

5）对应用程序及动态工作数据进行电池备份，以保障停电后有关状态或信息不丢失。

6）采用密封、防尘、抗振的外壳封装结构，以适应工作现场的恶劣环境。

另外，PLC 是以集成电路为基本器件的电子设备，内部处理过程不依赖于机械触头，也是保障可靠性高的重要原因；而采用循环扫描的工作方式，也提高了抗干扰能力。

通过以上措施，保证了 PLC 能在恶劣的环境中可靠工作，使平均故障间隔时间（MTBF）指标高，故障修复时间短。目前，各生产厂家的 PLC 平均无故障安全运行时间都远大于国际电工委员会（IEC）规定的 10 万 h 的标准。

（2）**编程简单、使用方便**　PLC 的编程大多采用类似于继电器控制电路的梯形图形式，对使用者来说，不需要具备计算机的专门知识，因此很容易被一般工程技术人员所理解和掌握。PLC 控制系统采用软件编程来实现控制功能，其外围只需连接信号输入设备（按钮、开关等）和接收输出信号执行控制任务的输出设备，如接触器、电磁阀等执行元件，与 PLC 的输入/输出端子相连接，安装简单，工作量少。

（3）**功能强，性价比高**　一台小型 PLC 就有成百上千个可供用户使用的编程元件，可以实现非常复杂的控制功能，PLC 还可以通过通信联网，实现分散控制，集中管理。与功能相同的继电器系统相比，具有很高的性价比。

（4）**通用性强、功能完善、适应面广**　PLC 已经形成了各种规模的系列化产品，可以用于各种规模的工业控制场合。除了能进行逻辑控制外，PLC 大多具有完善的数据运算能力，可用于各种数字控制领域，如位置控制，温度控制等。加上 PLC 通信能力的增强及人机界面技术的发展，使用 PLC 组成各种控制系统已变得非常容易。

（5）体积小、重量轻、功耗低　由于 PLC 是将微电子技术应用于工业控制设备的新型产品，因而它的结构紧密、坚固、体积小巧，易于装入机械设备内部，是实现机电一体化的理想控制设备。复杂的控制系统使用 PLC 后，可以减少大量的中间继电器和时间继电器。小型 PLC 的体积仅相当于几个继电器的大小，因此可以将开关柜的体积缩小到原来的 1/10~1/2。

（6）设计、施工、调试周期短，维护方便　PLC 用存储逻辑代替接线逻辑，大大减少了控制设备外部的接线，使控制系统设计及安装的工作量大为减少。另外，PLC 的用户程序大都可以在实验室模拟调试，模拟调试好后再将 PLC 控制系统安装到现场，进行联机统调，使得调试方便、快速、安全，因此大大缩短了应用设计和调试周期。

在用户的维修方面，由于 PLC 的故障率很低，并且有完善的诊断和显示功能，PLC 或外部的输入装置和执行机构发生故障时，可以根据 PLC 上发光二极管或编程器上提供的信息，迅速查明原因；如果是 PLC 本身故障，可用更换模块的方法，迅速排除 PLC 的故障，因此维修极为方便。

4.1.4　PLC 的应用领域

在国内外，PLC 已渗透到工业控制的各个领域，在先进工业国家中 PLC 已成为工业控制的标准设备，诸如冶金、采矿、电力、机械制造、轻工、汽车、交通、环保、建筑、娱乐等各行各业。特别是在轻工行业中，因产品更新快，加工方式多变，PLC 广泛应用在组合机床自动生产线、专用机床、电镀自动生产线、电梯等电气设备中。PLC 的应用范围不断扩大，主要有以下几个方面：

（1）逻辑控制　逻辑控制是 PLC 最基本、最广泛的应用。PLC 可取代传统继电-接触器系统和顺序控制器，实现单机控制、多机控制及自动生产线控制。

（2）运动控制　运动控制是通过配用 PLC 的单轴或多轴位置控制模块、高速计数模块等来控制步进电动机或伺服电动机，从而使运动部件能以适当的速度或加速度实现平滑的直线运动或圆弧运动。运动控制常用于精密金属切削机床、金属成形机械、装配机械、机械手、机器人、电梯等设备的控制。

（3）过程控制　过程控制是指对温度、压力、流量、速度等连续变化的模拟量的闭环控制。PLC 通过配用 A-D、D-A 转换模块及智能 PID 模块实现模拟量的单回路或多回路闭环控制，使这些物理参数保持在设定值上。过程控制在各种加热炉、锅炉等的控制以及化工、轻工、机械、冶金、电力、建材等许多领域的生产过程中有着广泛的应用。

（4）数据处理　现在的 PLC 具有数学运算（包括函数运算、逻辑运算、矩阵运算等）、数据的传输、转换、排序、检索、移位以及数制转换、位操作编码、译码等功能，可以完成数据的采集、分析和处理任务。这些数据可以与存储在数据存储器中的参考值进行比较，也可以用通信功能传送到其他的智能装置，或者将它们打印制表。数据处理一般用于大、中型控制系统，如无人控制的柔性制造系统；也可以用于过程控制系统，如造纸、冶金、食品工业中的一些大型控制系统。

（5）多级控制　多级控制是指利用 PLC 的网络通信功能模块及远程 I/O 控制模块实现多台 PLC 之间的连接，以达到上位计算机与 PLC 之间及 PLC 与 PLC 之间的指令下达、数据交换和数据共享,这种由 PLC 进行分散控制、计算机进行集中管理的方式,能够完成较大规模的复杂控制,甚至实现整个工厂生产的自动化。

4.1.5 PLC 的分类

目前各个厂家生产的 PLC 的品种、规格及功能都各不相同,其分类也没有统一标准,通常有三种分类方法。

1. 按结构形式分类

根据结构形式的不同,PLC 可以分为整体式和模块式两种。

(1) 整体式　整体式结构是将 PLC 的各部分电路包括 I/O 接口电路、CPU、存储器等安装在一块或少数几块印制电路板上,并连同稳压电源一起封装在一个机壳内,形成一个单一的整体,称为主机。主机可用电缆与 I/O 扩展单元、智能单元、通信单元相连接。PLC 的输入/输出接线端子及电源进线分别在机箱的上、下两侧,并有对应的发光二极管显示输入/输出状态。面板上留有编程器的插座、扩展单元的接口插座等。这种结构的主要特点是结构紧凑、体积小、重量轻、价格低。一般小型或超小型 PLC 采用这种结构,常用于单机控制的场合,如西门子 S7-200 系列 PLC。

(2) 模块式　模块式结构是将 PLC 的各基本组成部分做成独立的模块,如 CPU 模块(包括存储器)、电源模块、输入模块、输出模块等。其他各种智能单元和特殊功能单元也制成各自独立的模块。然后通过插槽板以搭积木的方式将它们组装在一个具有标准尺寸的机架内,构成完整的系统。机架上有电源及开关,以便系统识别。这种结构的主要特点是对被控对象应变能力强,便于灵活组装,可随意插拔,便于扩展,易于维修。用户可以根据需要将各种功能模块及扩展单元插入机架内的插槽,以组合成不同功能的控制系统。一般中、大型 PLC 采用这种结构,如西门子 S7-300 系列、S7-400 系列 PLC。

2. 按 I/O 点数和程序容量分类

根据 PLC 的 I/O 点数和程序容量的差别,可分为超小型机、小型机、中型机和大型机四种,见表 4-1。

表 4-1　按 I/O 点数和程序容量分类表

分类	I/O 点数	程序容量	分类	I/O 点数	程序容量
超小型机	64 点以内	256~1000B	中型机	256~2048 点	3.6~13KB
小型机	64~256 点	1~3.6KB	大型机	2048 点以上	13KB 以上

3. 按功能分类

根据 PLC 所具有的功能,可分为低档机、中档机和高档机。

(1) 低档机　低档机具有逻辑运算、定时、计数、移位及自诊断、监控等基本功能。有的还有少量的模拟量 I/O(即 A-D、D-A 转换)、数据传送、运算及通信等功能。主要适用于开关量控制、顺序控制、定时/计数控制及少量模拟量控制的场合。由于其价格低廉实用,因此是 PLC 中量大而面广的产品。

(2) 中档机　除了具有低档机的功能外,还进一步增强了数制转换、算术运算、数据传送与比较、子程序调用、远程 I/O 以及通信联网等功能,有的还具有中断控制、PID 回路控制等功能。这种机型适用于既有开关量又有模拟量的较为复杂的控制系统,如过程控制、位置控制等。

（3）高档机　除了进一步增强以上功能外，还具有较强的数据处理功能、模拟量调节、特殊功能的函数运算、监控、记录、打印等功能，以及更强的中断控制、智能控制、过程控制及通信联网等功能。高档机适用于更大规模的过程控制系统，并可构成分布式控制系统，形成整个工厂的自动化网络。另外，它的外部设备配置齐全，因此可与计算机系统结为一体，可以采用流程图、梯形图及高级语言等多种方式编程。这种机型集管理和控制于一体，真正实现了工厂高度自动化。

4.2　PLC 的组成及工作原理

可编程序控制器是建立在计算机基础上的工业控制装置，它的构成和工作原理与计算机系统基本相同，但其接口电路和编程语言更适合工业控制的要求。

4.2.1　PLC 的基本结构

可编程序控制器内部电路的基本结构与普通微机是类似的，特别是和单片机结构极其相似。可编程序控制器实施控制的基本原理是按一定算法实现输入、输出变换，并加以物理实现。这种输入、输出变换就是信息处理。当今工业控制中信息处理最常用的方式是采用微处理技术，PLC 也是利用微处理技术并将其应用于工业生产现场，较普通微机而言，PLC 的特长是物理实现，既要考虑数据、信息处理能力和通信功能，又要考虑实际控制能力及其实现问题。因此，PLC 在硬件设计时更注重 I/O 接口技术和抗干扰等问题的解决。其基本结构如图 4-1 所示。

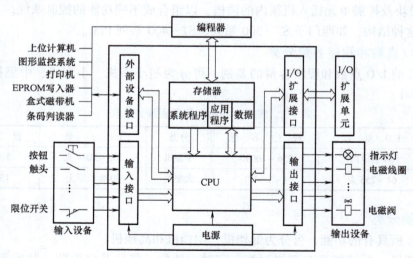

图 4-1　PLC 的基本结构

由图可以看出，PLC 采用了典型的计算机结构，主要包括中央处理单元（CPU）、存储器（RAM 和 ROM）、输入/输出接口电路、编程器、电源、I/O 扩展接口、外部设备接口等，其内部采用总线结构进行数据和指令的传输。PLC 系统由 PLC、输入设备、输出设备组成。外部的各种开关信号、模拟信号以及传感器检测的各种信号均作为 PLC 的输入变量，它们经 PLC 外部输入端子输入到内部寄存器中，经 PLC 内部逻辑运算或其他各种运算处理后送到输出端子,作为 PLC 的输出变量对外围设备进行各种控制。

下面具体介绍各部分的作用。

1. CPU

CPU 一般由控制电路、运算器和寄存器组成。它是整个 PLC 的核心部分,起着总指挥的作用,是 PLC 的运算和控制中心。它主要完成以下功能:

1)诊断电源、PLC 内部电路的故障及编制程序中的语法错误。

2)采集现场的状态或数据,并送入 PLC 的存储器中存储起来。

3)按存放的先后顺序逐条读取用户指令,进行编译解释后,按指令规定的任务完成各种运算和操作,将处理结果送至输出端。

4)响应各种外围设备(如编程器、打印机等)的工作请求。

目前 PLC 中所用的 CPU 多为单片机,其发展趋势是芯片的工作速度越来越快,位数越来越多(有 8 位、16 位、32 位至 48 位),RAM 的容量越来越大,集成度越来越高。为了进一步提高 PLC 的可靠性,对一些大型 PLC 还采用双 CPU 构成冗余系统,或采用三 CPU 的表决式系统,这样即使某个 CPU 出现故障,整个系统仍能正常运行。

2. 存储器

存储器是具有记忆功能的半导体电路,用来存放系统程序、用户程序、逻辑变量和其他一些信息。根据存储器在系统中的作用,可以把它们分为以下三类:

(1)程序存储器　程序存储器由 ROM 或 EPROM 组成,它决定着 PLC 的基本智能,其程序是厂家根据选用的 CPU 的指令系统编写的,能完成设计者要求的各项任务。系统程序存储器是只读存储器,用户不能更改其内容。

(2)数据表寄存器　数据表寄存器包括元件映像表和数据表。其中元件映像表用来存储 PLC 的开关量输入/输出信号和定时器、计数器、辅助继电器等内部器件的 ON/OFF 状态。数据表用来存放各种数据,它存储用户程序执行时的某些可变参数值及经 A-D 转换得到的数字量和数学运算的结果等。在 PLC 断电时能保持数据的存储器区称为数据保持区。

(3)高速暂存存储器　它用来存放某些运算得到的临时结果和一些统计资料(如使用了多少存储器),也用来存放诊断的标志位。

3. I/O 接口模块

I/O 接口是 PLC 与外围设备传递信息的窗口。PLC 通过输入接口电路将各种主令电器、检测元件输出的开关量或模拟量通过滤波、光电隔离、电平转换等处理转换成 CPU 能接收和处理的信号。输出接口电路是将 CPU 送出的弱电控制信号通过光电隔离、功率放大等处理转换成现场需要的强电信号输出,以驱动被控设备(如继电器、接触器、指示灯等)。PLC 对 I/O 接口的要求主要有两点:一是要有较强的抗干扰能力;二是能够满足现场各种信号的匹配要求。

(1)I/O 接口电路

1)输入接口电路。输入接口电路是将现场输入设备的控制信号转换成 CPU 能够处理的标准数字信号。其输入端采用光耦合电路,可以大大减少电磁干扰,如图 4-2 所示。

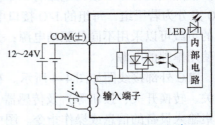

图 4-2　直流输入型接口电路

2）输出接口电路。输出接口电路采用光耦合电路，将 CPU 处理过的信号转换成现场需要的强电信号输出，以驱动接触器、电磁阀等外部设备的通断电。输出接口电路有三种类型，如图 4-3 所示。

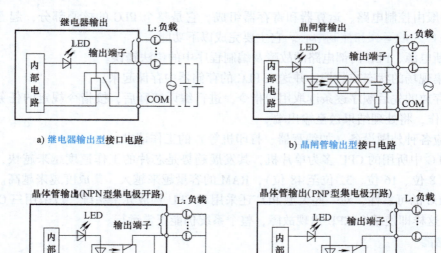

a) 继电器输出型接口电路　　　　b) 晶闸管输出型接口电路

c) 晶体管输出型接口电路

图 4-3　PLC 输出接口电路

继电器输出型为有触头输出方式，CPU 可以根据程序执行的结果，使 PLC 内设继电器线圈通电，带动触头闭合，通过继电器闭合的触头，由外部电源驱动交、直流负载。优点是过载能力强，用于接通或断开低速、大功率的交、直流负载。

晶闸管输出型和晶体管输出型分别具有驱动交、直流负载的能力。晶闸管输出型 CPU 通过光耦合电路的驱动，使双向晶闸管通断，用于接通或断开高速、大功率的交流负载；晶体管输出型 CPU 通过光耦合电路的驱动，使晶体管通断，用于接通或断开高速、小功率的直流负载。优点是两者均为无触头输出方式，不存在电弧现象，而且开关速度快；缺点是半导体器件的过载能力差。

（2）I/O 接口模块的外部接线方式　通常将一组 PLC 输入/输出电路公共端在 PLC 内部连在一起，以减少外部接线。

I/O 接口模块的外部接线方式根据公共点使用情况不同分为汇点式、分组式和分隔式三种。汇点式的各 I/O 接口电路有一个公共点，各输入点或各输出点共用一个电源；分组式的 I/O 点分为若干组，每组 I/O 接口电路有一个公共点，它们共用一个电源，分组后，不同组的负载可以采用不同的驱动电源；分隔式的 I/O 点之间是互相隔离的，每一个 I/O 点都可以使用单独的电源。

PLC 外部接线图如图 4-4 所示。在 PLC 控制系统中，输入设备一般是外部开关（行程开关、转换开关、按钮等）及传感器（由一些敏感元件组成的器件），PLC 通过其输入端子收集输入设备的信息或操作指令。图中，I0.0、I0.1、I0.2 等是 PLC 内部与输入端子相连的输入继电器，每个输入继电器与一个输入端子（设备）相连，由接到输入端的外部信号来驱动，其驱动电源可由 PLC 的电源组件提供（如直流 24V），也有用独立的交流电源（如交流 220V）供给的。

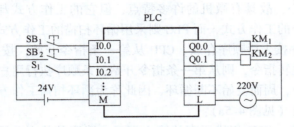

图 4-4　PLC 外部接线图

PLC 是通过其输出端子将内部控制电路确定的输出信息向外部负载输出。图中输出部分的 Q0.0、Q0.1、Q0.2 等均为 PLC 内部与输出端子相连的输出继电器，用于驱动外部负载。PLC 控制系统常用的外部执行设备有电磁阀、接触器线圈、信号灯等。制作 PLC 控制系统时，应根据用户的负载要求，选用不同类型的执行设备及负载电源。

4. 电源与编程工具

（1）电源　PLC 电源是指将外部的交流电经过整流、滤波、稳压转换成满足 PLC 中 CPU、存储器、输入/输出接口等内部电路工作所需要的直流电源。许多 PLC 的直流电源采用直流开关稳压电源，不仅可以提供多路独立的电压供内部电路使用，而且还可为输入设备提供标准电源。为避免电源干扰，输入/输出接口电路的电源回路彼此相互独立。

（2）编程工具　编程工具是 PLC 最重要的外围设备，它实现了人与 PLC 的联系对话。用户利用编程工具不但可以输入、检查、修改和调试用户程序，还可以监视 PLC 的工作状态、修改内部系统寄存器的设置参数以及显示错误代码等。编程工具分两种：一种是手持编程器，只需通过编程电缆与 PLC 相接即可使用；另一种是安装 PLC 专用工具软件的计算机，它通过 RS-232 通信端口与 PLC 连接，若 PLC 用的是 RS-422 通信端口，则需另加适配器。

5. 其他外部设备

除了上述的部件和设备，PLC 还有许多外部设备，如 EPROM 写入器、外存储器、人机接口装置等。

1）EPROM 写入器是用来将用户程序固化到 EPROM 存储器中的一种 PLC 外部设备。为了使调试好的程序不会丢失，可以用 EPROM 写入器将 RAM 中的程序保存到 EPROM 中。

2）一般把 PLC 内部的半导体存储器称为内存储器，而把磁盘和用半导体存储器做成的存储器盒等称为外存储器。外存储器主要用来存储用户程序，它一般通过编程器或其他智能模块接口与内存储器之间进行数据传送。

3）人机接口装置用来实现人机对话。最简单、最普通的人机接口装置由安装在控制台上的按钮、转换开关、指示灯、LED 显示器、声光报警器等元器件构成。

4.2.2　PLC 的工作原理

PLC 被认为是一个用于工业控制的数字运算操作装置。利用 PLC 制作控制系统时，控制任务所要求的控制逻辑是通过用户编制的控制程序来描述的，执行时 PLC 根据输入设备状态，结合控制程序描述的逻辑，运算得到向外部执行元件发出的控制指令，以此来实现控制。

1. 循环扫描工作方式

PLC 以 CPU 为核心,故具有微机的许多特点,但它的工作方式却与微机有很大不同。微机一般采用等待命令的工作方式,而 PLC 则采用循环扫描的工作方式。

在 PLC 中用户程序按先后顺序存放,CPU 从第一条指令开始,按指令步序号做周期性的循环扫描,如果无跳转指令,则从第一条指令开始逐条顺序执行用户程序,直至遇到结束符后又返回第一条指令,周而复始不断循环,因此称为<u>循环扫描工作方式</u>。一个完整的工作过程主要分为三个阶段(见图 4-5a):

(1) <u>输入采样阶段</u>　CPU 扫描所有的输入端子,读取其状态并写入输入映像寄存器。完成输入端子采样后,关闭输入端子,转入程序执行阶段。在程序执行期间无论输入端子状态如何变化,输入映像寄存器的内容不会改变,直到下一个扫描周期。

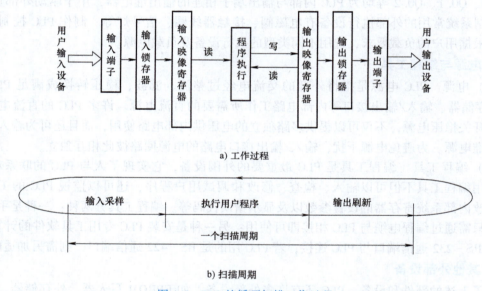

图 4-5　PLC 的循环扫描工作过程

(2) <u>程序执行阶段</u>　在程序执行阶段,根据用户输入的程序,从第一条开始逐条执行,并将相应的逻辑运算结果存入对应的内部辅助寄存器和输出映像寄存器。当最后一条控制程序执行完毕后,即转入输出刷新阶段。

(3) <u>输出刷新阶段</u>　在所有指令执行完毕后,将输出映像寄存器中的内容依次送到输出锁存电路,通过一定方式输出,驱动外部负载,形成 PLC 的实际输出。

输入采样、程序执行和输出刷新是 PLC 循环执行的过程,完成一次上述过程所需的时间称为 PLC 的扫描周期,如图 4-5b 所示。

扫描周期的长短主要取决于以下几个因素:一是 CPU 执行指令的速度;二是执行每条指令占用的时间;三是程序中指令条数的多少。

2. PLC 的工作过程

图 4-6 举例给出了 PLC 的工作过程示意图,以下进行简要的说明。

分析 PLC 工作原理时,常用到继电器的概念,但在 PLC 内部没有传统的实体继电器,仅是一个逻辑概念，因此被称为"**软继电器**"。这些"软继电器"实质上是由程序的软件功能实现的存储器，它有"1"和"0"两种状态，对应于实体继电器线圈的"ON"（接通）和"OFF"（断开）状态。在编程时，"软继电器"可向 PLC 提供无数常开（动合）触点和常闭（动断）触点。

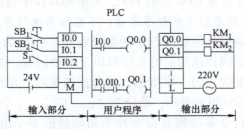

图 4-6 PLC 的工作过程示意图

PLC 进入工作状态后，首先通过其输入端子，将外部输入设备的状态收集并存入对应的输入继电器，如图中的 I0.0 就是对应于按钮 SB_1 的输入继电器，当按钮被按下时，I0.0 被写入"1"，当按钮被松开时，I0.0 被写入"0"，并由此时写入的值来决定程序中 I0.0 触点的状态。

输入信号采集后，CPU 会结合输入的状态，根据语句排序逐步进行逻辑运算，产生确定的输出信息，再将其送到输出部分，从而控制执行元件动作。

以图 4-6 中所给的程序为例，若 SB_1 按下，SB_2 未被压动，则 I0.0 被写入"1"，I0.1 被写入"0"，则程序中出现的 I0.0 的常开触点合上，而 I0.1 的常开触点仍然是断开状态。由此在进行程序运算时，输出继电器 Q0.0 运算得"1"，而 Q0.1 运算得"0"。最终，外部执行元件中，接触器线圈 KM_1 得电，而接触器线圈 KM_2 不得电。

3. 输入/输出滞后

由于每一个扫描周期只进行一次 I/O 刷新，即每一个扫描周期 PLC 只对输入、输出映像寄存器更新一次，故使系统存在输入、输出滞后现象。这在一定程度上降低了系统的响应速度，但对于一般的开关量控制系统来说是允许的，这不但不会造成不利影响，反而可以增强系统的抗干扰能力，因为输入采样只在输入刷新阶段进行，PLC 在一个工作周期的大部分时间是与外设隔离的。而工业现场的干扰常常是脉冲式的、短时的，由于系统响应慢，要几个扫描周期才响应一次，因瞬时干扰而引起的误动作就会减少，从而提高了它的抗干扰能力。但是对一些快速响应系统则不利，就要求精心编制程序，必要时采用一些特殊功能，以减少因扫描周期造成的响应滞后。

总之，PLC 采用的循环扫描工作方式是区别于微机和其他控制设备的最大特点，使用者对此应给予足够的重视。

4.3 PLC 的技术性能和编程语言

4.3.1 PLC 的技术性能

虽然 PLC 产品技术性能不尽相同，且各有特色，但其主要性能通常包括以下几项指标：

（1）**输入/输出点数**（即 I/O 点数） 这是 PLC 最重要的一项技术指标。输入/输出点数是指 PLC 外部的输入/输出端子数。这些端子可通过螺钉或电缆端口与外部设备相连。主机的 I/O 点数不够时可接扩展 I/O 模块。

（2）内存容量　一般以 PLC 所能存放用户程序的多少来衡量。在 PLC 中程序是按"步"存放的（一条指令少则一步，多则十几步），一步占用一个地址单元，一个地址单元占两个字节。如一个程序容量为 1000 步的 PLC，可推知其程序容量为 2KB。

注意："内存容量"实际是指用户程序容量，不包括系统程序存储器的容量。

（3）扫描速度　PLC 运行时是按照扫描周期进行循环扫描的，所以扫描周期的长短决定了 PLC 运行速度的快慢。因扫描周期的长短取决于多种因素，故一般用执行 1000 步指令所需时间作为衡量 PLC 速度快慢的一项指标，称为扫描速度，单位为"ms/步"。扫描速度有时也用执行一步指令所需时间来表示，单位为"μs/步"。

（4）指令条数　PLC 指令系统拥有指令种类和数量的多少决定着其软件功能的强弱。PLC 具有的指令种类越多，说明其软件功能越强。PLC 指令一般分为基本指令和高级指令两部分。

（5）内部继电器和寄存器　PLC 内部有许多继电器和寄存器，用以存放变量状态、中间结果、数据等，还有许多辅助继电器和寄存器给用户提供特殊功能，如定时器、计数器、系统寄存器、索引寄存器等。通过使用它们，可使整个系统的设计简化，因此内部继电器、寄存器的配置情况是衡量 PLC 硬件功能的一个主要指标。

（6）编程语言及编程手段　编程语言及编程手段也是衡量 PLC 性能的一项指标。编程语言一般分为梯形图、助记符语句表、控制系统流程图等几类，不同厂家的 PLC 编程语言类型有所不同，语句也各异。编程手段主要指采用何种编程装置。编程装置一般分为手持编程器和带有相应编程软件的计算机两种。

（7）高级模块　PLC 除了主控模块外还可以配接各种高级模块。主控模块实现基本控制功能，高级模块则可实现某种特殊功能。高级模块的配置反映了 PLC 功能的强弱，是衡量 PLC 产品档次高低的一个重要标志。目前各厂家都在大力开发高级模块，使其发展迅速，种类日益增多，功能也越来越强。高级模块主要有 A-D、D-A、高速计数、高速脉冲输出、PID 控制、速度控制、位置控制、温度控制、远程通信、高级语言编辑以及物理量转换等模块。这些高级模块使 PLC 不但能进行开关量顺序控制，而且能进行模拟量控制，以及精确的速度和定位控制。特别是网络通信模块的迅速发展，实现了 PLC 之间、PLC 与计算机的通信，使得 PLC 可以充分利用计算机和互联网的资源，实现远程监控。近年来出现的网络机床、虚拟制造等就是建立在网络通信技术的基础上。

4.3.2　PLC 的编程语言

PLC 为用户提供了完善的编程语言来满足用户编辑程序的需求，有梯形图（LAD）、语句表（STL）、功能块图（FBD）和顺序功能图（SFC）等语言。

1. 梯形图（LAD）

梯形图编程语言是在继电-接触器控制系统电路图基础上简化符号演变而来的，在形式上沿袭了传统的继电-接触器控制图，作为一种图形语言，它将 PLC 内部的编程元件（如继电器的触点、线圈、定时器、计数器等）和各种具有特定功能的命令用专用图形符号、标号定义，并按逻辑要求及连接规律组合和排列，从而构成了表示 PLC 输入、输出之间控制关系的图形。由于它在继电-接触器的基础上加进了许多功能强大、使用灵活的指令,并将微机的特点结合进去,使逻辑关系清晰直观,编程容易,可读性强,所实现的功能也大大超过传统的继电-接触器控制电路,所以很受用户欢迎。它是目前使用最为普遍的一种 PLC 编程语言。传统继电-接触器控制电路图和 PLC 梯形图如图 4-7 所示。

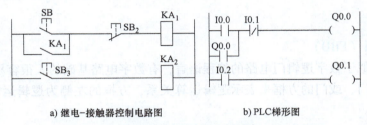

a) 继电-接触器控制电路图　　　　b) PLC梯形图

图 4-7　传统继电-接触器控制电路图和 PLC 梯形图

（1）梯形图的基本符号　在梯形图中,分别用符号 ┤├ 和 ┤/├ 表示 PLC 编程元件(软继电器)的常开触点和常闭触点,用符号 ( ) 表示其线圈。与传统的控制图一样,每个继电器和相应的触点都有自己的特定标号,以示区别,其中有些对应 PLC 外部的输入/输出,有些对应内部的继电器和寄存器。在图 4-7 中,I0.0、I0.1 等触点代表逻辑输入条件,Q0.0、Q0.1 等线圈通常代表逻辑"输出"结果。它们并非是物理实体,而是"软继电器",每个"软继电器"仅对应 PLC 存储单元中的一位。该位状态为"1"时,对应的继电器线圈接通,其常开触点闭合、常闭触点断开;状态为"0"时,对应的继电器线圈不通,其常开、常闭触点保持原态。另外,有一些在 PLC 中进行特殊运算和数据处理的指令,也被看作是一些广义的、特殊的输出元件,常用类似于输出线圈的方括号加一些特定符号来表示。这些运算或处理一般是以前面的逻辑运算作为其触发条件。

（2）梯形图的书写规则

1) 梯形图必须按从左到右、从上到下的顺序书写,CPU 也是按此顺序执行程序。

2) 梯形图两侧的垂直公共线称为<u>公共母线</u>。在分析梯形图的逻辑关系时,为了借用继电-接触器电路的分析方法,可以想象左右两侧母线之间有一个左正右负的直流电源电压。当图中的触点接通时,有一个假想的"能流"从左到右流动。

3) 梯形图中的线圈和其他输出指令应放在最右边。

4) 由于梯形图中的线圈和触点均为"软继电器",所以同一标号的触点可以反复使用,次数不限。

梯形图适合于熟悉继电-接触器电路的人员使用,设计复杂的触点电路时最好使用梯形图。

2. 语句表（STL）

语句表语言类似于计算机汇编语言,它用一些简洁易记的文字符号描述 PLC 的各种指令。每个语句由操作码(指令)和操作数(数据)组成。语句表可以实现某些不易用梯形图或者功能块图来实现的功能。图 4-7 中的梯形图与下面的指令相对应,"//"之后是该指令的注释。

Network 1
LD　　I0.0　　　//装载指令

```
O      Q0.0    //"或"指令
AN     I0.1    //取反后做"与"运算
=      Q0.0    //赋值指令
Network 2
LD     I0.2
=      Q0.1
```

3. 功能块图（FBD）

这是一种类似于数字逻辑门电路的编程语言，有数字电路基础的人很容易掌握。该编程语言用类似于与门、或门的方框来表示逻辑运算关系，方框的左侧为逻辑运算的输入变量，右侧为输出变量。

对于西门子 S7-200 系列 PLC 用编程软件可得到与图 4-7 相对应的功能块图，如图 4-8 所示。

4. 顺序功能图（SFC）

顺序功能图是一种位于其他编程语言之上的图形语言，用来编制顺序控制程序。SFC 提供了一种组织程序的图形方法，在 SFC 中可以用别的语言嵌套编程。

顺序功能图由步、转换和动作三要素组成，如图 4-9 所示。可以用顺序功能图来描述系统的功能，根据它很容易画出梯形图程序。

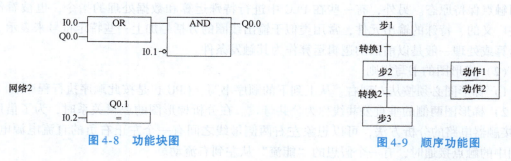

图 4-8　功能块图　　　　　　　　图 4-9　顺序功能图

4.4　S7-200 PLC 概述

4.4.1　S7-200 PLC 的技术性能

德国西门子 S7 系列 PLC 包括 S7-200、S7-200CN、S7-200 SMART、S7-1200、S7-300、S7-400 和 S7-1500 等系列。

S7-200 PLC 是一种小型 PLC，具有多种功能模块可供选择，系统集成方便，易于组成网络，广泛应用于与自动检测、自动控制有关的工业及民用领域，如机床、机械、电力设施、环境保护设备等。

S7-200 系列 CPU 有 CPU 221、CPU 222、CPU 224、CPU 224XP 和 CPU 226 等型号。其中，CPU221 的价格低廉，能满足多种集成功能的需要。CPU222 是 S7-200 中低成本的单元，通过可连接的扩展模块即可处理模拟量。CPU224 具有更多的输入/输出点及更大的存

储器。CPU226是功能最强的单元,可满足一些中小型复杂控制系统的要求。这几种型号的PLC具有下列特点:

(1) 集成的24V电源　可直接连接到传感器和变送器执行器,可用作负载电源。CPU221和CPU222具有180mA输出,CPU224具有280mA输出,CPU226具有400mA输出。

(2) 高速脉冲输出　具有2路高速脉冲输出端,输出脉冲频率可达20kHz,用于控制步进电动机或伺服电动机,实现定位任务。

(3) 通信端口　CPU221、CPU222和CPU224具有1个RS-485通信端口,CPU 224XP和CPU226具有2个RS-485通信端口,支持PPI、MPI通信协议,有自由口通信能力。

(4) 模拟电位器　CPU221/222有1个模拟电位器,CPU224/224XP/226有2个模拟电位器。模拟电位器用来改变特殊寄存器(SMB28、SMB29)中的数值,以改变程序运行时的参数,如定时器和计数器的预置值、过程量的控制参数。

(5) 中断输入　允许以极快的速度对过程信号做出响应。

(6) EEPROM存储器模块(选件)　可作为修改与复制程序的快速工具,无需编程器,并可进行辅助软件归档工作。

(7) 电池模块　用户数据(如标志状态、数据块、定时器、计数器)可通过内部的超级电容存储大约5天。选用电池模块能延长存储时间到200天(10年寿命)。电池模块插在存储器模块的卡槽中。

(8) 不同的设备类型　CPU221~226各有2种类型CPU,具有不同的电源电压和控制电压。

(9) 数字量输入/输出点　CPU221具有6个输入点和4个输出点;CPU222具有8个输入点和6个输出点;CPU224具有14个输入点和10个输出点;CPU224XP具有14个输入点和10个输出点,2个模拟量输入、1个模拟量输出通道;CPU226具有24个输入点和16个输出点。CPU22X主机的输入点为24V直流双向光耦合输入电路,输出有继电器和直流(MOS型)两种类型。

(10) 高速计数器　CPU221/222有4个30kHz高速计数器,CPU224/226有6个30kHz高速计数器,CPU 224XP有4个30kHz和2个200kHz高速计数器,用于捕捉比CPU扫描频率更快的脉冲信号。

S7-200 PLC的主要技术性能见表4-2。

表4-2　S7-200 PLC技术性能

技术指标		CPU 221	CPU 222	CPU 224	CPU 224XP	CPU 226
外形尺寸/mm		90×80×62	90×80×62	120.5×80×62	140×80×62	190×80×62
程序存储器/B	运行模式	4096	4096	8192	12288	16384
	停止模式	4096	4096	12288	16384	24576
数据存储区/B		2048	2048	8192	10240	10240
掉电保持时间/h		50	50	100	100	100
本机I/O	数字量	6入/4出	8入/6出	14入/10出	14入/10出	24入/16出
	模拟量	无	无	无	2入/1出	无
扩展模块数量		0个模块	2个模块	7个模块	7个模块	7个模块

（续）

技术指标		CPU 221	CPU 222	CPU 224	CPU 224XP	CPU 226
高速计数器	单相	4路（30kHz）	4路（30kHz）	6路（30kHz）	4路（30kHz） 2路（200kHz）	6路（30kHz）
	两相	2路（20kHz）	2路（20kHz）	4路（20kHz）	3路（20kHz） 1路（100kHz）	4路（20kHz）
高速脉冲输出/个		2（20kHz）	2（20kHz）	2（20kHz）	2（100kHz）	2（20kHz）
模拟量调节电位器/个		1	1	2	2	2
实时时钟		有（时钟卡）	有（时钟卡）	有（内置）	有（内置）	有（内置）
通信端口数量		1（RS-485）	1（RS-485）	1（RS-485）	2（RS-485）	2（RS-485）
浮点数运算		有				
I/O映像寄存器/个		256（128入/128出）				
布尔指令执行速度/（μs/指令）		0.22				

4.4.2 S7-200 PLC 的硬件系统

S7-200 PLC 硬件系统主要包括 CPU 主机、扩展模块、相关设备以及编程工具，如图 4-10 所示。

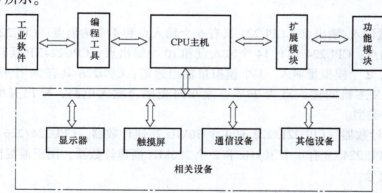

图 4-10 S7-200 PLC 硬件系统组成图

1) CPU 主机是 PLC 最基本的单元模块，是 PLC 的主要组成部分，包括 CPU、存储器、基本 I/O 单元和电源等。它实际上是一个完整的控制系统，可以单独完成一定的控制任务。

2) 主机 I/O 单元数量不能满足控制系统的要求时，用户可以根据需要使用各种 I/O 扩展模块。完成某些特殊功能的控制任务时，需要扩展功能模块，如模拟量输入扩展模块、热电阻（测温）功能模块等。

3) 相关设备是为充分和方便利用系统的硬件和软件资源而开发和使用的一些设备，主要有编程设备、人机操作界面和通信设备等。

4) 工业软件是为更好地管理和使用这些设备而开发的与之相配套的程序，它主要由标准工具、工程工具、运行软件和人机接口软件等构成。

1. CPU 模块

S7-200 CPU 模块是将一个中央处理器（CPU）、一个集成电源和数字量 I/O 点集成在一个紧凑的封装中，从而形成了一个功能强大的微型 PLC，如图 4-11 所示。

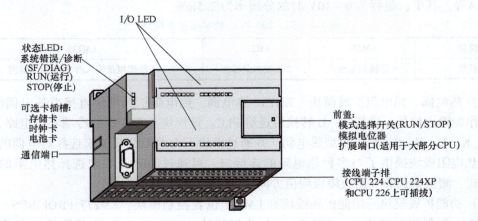

图 4-11　S7-200 CPU 模块外形结构图

CPU 负责执行程序和存储数据，以便对工业自动控制任务或过程进行控制；输入单元用于从现场设备（例如传感器或开关）中采集信号；输出单元则负责输出控制信号，用于驱动泵、电动机、指示灯以及工业过程中的其他设备；电源向 CPU 及所连接的任何模块提供电力支持；通信端口用于连接 CPU 与上位机或其他工业设备；状态指示灯显示 CPU 工作模式、本机 I/O 的当前状态以及检查出的系统错误。当 CPU 处于 STOP 状态或重新启动时，"STOP"黄灯常亮；当 CPU 处于 RUN 状态或重新启动时，"RUN"绿灯常亮；CPU 硬件故障或软件错误时，"SF"红灯亮。

2. 扩展模块

S7-200 PLC 扩展模块包括数字量输入/输出扩展模块，模拟量输入/输出扩展模块，热电偶、热电阻扩展模块和功能扩展模块。

（1）数字量输入/输出扩展模块　S7-200 PLC 提供了多种类型的数字量输入/输出扩展模块，见表 4-3。除 CPU 221 外，其他 CPU 模块均可配接多个扩展模块，连接时 CPU 模块放在最左侧，扩展模块用扁平电缆与左侧的模块相连。

表 4-3　S7-200 PLC 数字量输入/输出扩展模块

数字量扩展模块	类　型		
输入扩展模块 EM221	8 点 DC 输入	8 点 AC 输入	16 点 DC 输入
输出扩展模块 EM222	4 点 DC 输出	4 点继电器输出	
	8 点 DC 输出	8 点 AC 输出	8 点继电器输出
输入/输出扩展模块 EM223	4 点 DC 输入/4 点 DC 输出	8 点 DC 输入/8 点 DC 输出	16 点 DC 输入/16 点 DC 输出
	4 点 DC 输入/4 点继电器输出	8 点 DC 输入/8 点继电器输出	16 点 DC 输入/16 点继电器输出

（2）模拟量输入/输出扩展模块　在工业控制中，被控对象常常是模拟量，如温度、压力、流量等；某些机械（如电动调节阀、晶闸管调速装置和变频器等）也要求 PLC 输出模

拟信号。在 PLC 的 CPU 不能满足模拟信号输入/输出通道要求时，可以使用模拟量扩展模块。S7-200 PLC 有 3 种模拟量扩展模块（见表 4-4），其 A-D、D-A 转换器的位数均为 12 位。模拟量输入/输出有多种量程供用户选用，如 0~10V、0~5V、0~20mA、±10V、±5V、±100mA 等。其中，量程为 0~10V 时的分辨率为 2.5mV。

表 4-4　S7-200 PLC 模拟量扩展模块

模块	EM231	EM232	EM235
点数	4 路模拟量输入	2 路模拟量输出	4 路模拟量输入/1 路模拟量输出

（3）热电偶、热电阻扩展模块　EM231 热电偶、热电阻扩展模块直接以热电偶输出的电动势作为输入信号，进行 A-D 转换后送给 PLC。该模块具有特殊的冷端补偿电路，可以用于 J、K、E、N、S、T 和 R 型热电偶，并通过模块下方的 DIP 开关来选择热电偶的类型。EM231 热电阻模块提供了与多种热电阻的连接口，可通过 DIP 开关来选择热电阻的类型、接线方式、测量单位和开路故障极限值方向。

（4）功能扩展模块　功能扩展模块有 EM253 位置控制模块、EM277 PROFIBUS-DP 模块、EM241 调制解调器模块、CP243-1 以太网模块、CP243-1 IT 因特网模块和 CP243-2 AS-i 接口模块等。

扩展模块时，通过扩展电缆把 CPU 模块和各个扩展模块依次串接起来，形成一个扩展链。在进行最大 I/O 配置的预算时要考虑以下几个因素的限制：允许的扩展模块数、映像寄存器的数量、CPU 为扩展模块所能提供的最大电流和每种扩展模块消耗的电流。

4.4.3 I/O 点的地址分配与接线

1. 本机 I/O 与扩展 I/O 的地址分配

S7-200 CPU 有一定数量的本机 I/O，其地址是固定的。此外，可以使用扩展 I/O 模块来增加 I/O 点数，扩展模块安装在 CPU 模块的右边，每个扩展模块 I/O 点的字节地址取决于各模块的类型和该模块在 I/O 模块链中的位置。编址时同种类型输入或输出点的模块在链中按与主机的位置递增，其他类型模块的有无以及所处的位置不影响本模块的编号。

例如，某一控制系统选用 CPU224，系统所需的输入/输出点数为：数字量输入 24 点、数字量输出 20 点、模拟量输入 6 点、模拟量输出 2 点。那么，本系统可有多种不同模块的选取组合，并且各模块在 I/O 链中的位置排列方式也可能有多种。表 4-5 为其中的一种模块连接形式和各模块的编址情况。

表 4-5　CPU224 的 I/O 地址分配举例

模块	主机	扩展模块 1	扩展模块 2	扩展模块 3	扩展模块 4	扩展模块 5
类型	CPU224 DI14 DO10	EM221 DI8 DC 24V	EM222 DO8 DC 24V	EM235 AI4/AO1 12 位	EM223 DI4/DO4 DC 24V	EM235 AI4/AO1 12 位
I/O 地址	I0.0　Q0.0 I0.1　Q0.1 …　　… I1.5　Q1.1	I2.0 I2.1 … I2.7	Q2.0 Q2.1 … Q2.7	AIW0　AQW0 AIW2 AIW4 AIW6	I3.0　Q3.0 I3.1　Q3.1 I3.2　Q3.2 I3.3　Q3.3	AIW8　AQW2 AIW10 AIW12 AIW14

2. S7-200 PLC 的外部接线

PLC 是通过 I/O 单元与外界建立联系的，用户必须灵活掌握 I/O 单元与外部设备的连接关系和配电要求。S7-200 PLC 所有型号 CPU 的直流输入（24V），既可以作为源型输入（公共点接正电位）也可以作为漏型输入（公共点接负电位），CPU 的直流输入接线图如图 4-12 所示。S7-200 PLC 所有型号 CPU 的 24V 直流输出和继电器输出接线图如图 4-13 所示。

对于 S7-200 CPU224XP，其模拟量输入/输出接线图如图 4-14 所示。

下面以 CPU224 为例，简要介绍 CPU 的 I/O 点与外部设备的连接图。为了分析问题方便，在连接图中，外部输入设备都用开关表示，外部输出设备（负载）则以电阻代表。CPU224 集成了 14 输入/10 输出共 24 个数字量 I/O 点，图 4-15 是 CPU224 模块典型的外围接线图。

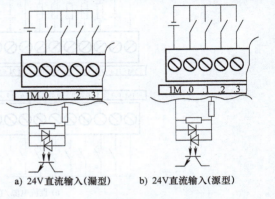

a) 24V 直流输入(漏型)　　b) 24V 直流输入(源型)

图 4-12　CPU 直流输入接线图

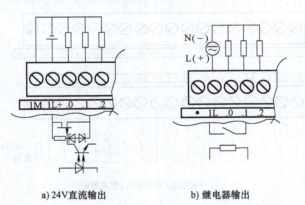

a) 24V 直流输出　　b) 继电器输出

图 4-13　CPU 24V 直流输出和继电器输出接线图

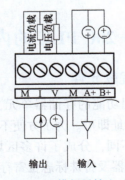

图 4-14　CPU224XP 模拟量输入/输出接线图

注意：在实际应用中，用户可参考相应 PLC 用户手册，正确进行 I/O 接线及配电（电源的正/负极和电压值）。

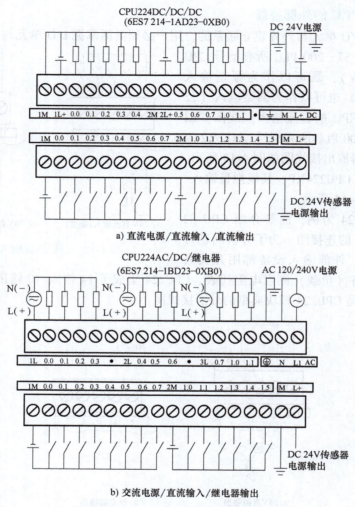

图 4-15 CPU224 模块典型的外围接线图

4.5　S7-200 PLC 的内部元件

4.5.1　S7-200 PLC 的编程软元件

编程软元件是 PLC 内部具有不同功能的存储器单元，每个单元都有唯一的地址，在编程时，用户只需记住软元件的符号地址即可。为了方便不同的编程功能需要，存储器单元做了分区，即 PLC 内部根据软元件的不同，分成了许多区域，如输入映像寄存器、输出映像寄存器、定时器、计数器、变量寄存器及特殊标志位寄存器等。

PLC 内部这些存储器的作用和继电-接触器控制系统中使用的继电器十分相似，也有"线圈"与"触头"，但它们不是"硬"继电器，而是 PLC 存储器的存储单元。当写入该单元的逻辑状态为"1"时，则表示相应继电器线圈得电，其常开触点闭合，常闭触点断开。所以，内部的这些继电器称之为软继电器，这些软继电器的最大特点是其触点（包括常开触点和常闭触点）可以无限次使用。

下面介绍 S7-200 PLC 的软元件类型和功能。

(1) 输入映像寄存器 I　输入映像寄存器是 PLC 接收外部输入的数字量信号的窗口。在每个扫描周期的开始，CPU 对物理输入点进行采样，并将采样值存于输入映像寄存器中。

S7-200 PLC 的输入映像寄存器是以字节为单位的寄存器，它的每一位对应一个数字量输入点，CPU 一般按位编址来读取一个输入继电器状态，当然也可以按字节、字、双字方式进行存取，如 I0.1、IB2、IW2、ID10。S7-200 系列 PLC 的输入映像寄存器有 IB0~IB15 共 16 个字节单元，因此输入映像寄存器能存储 16×8 共计 128 个输入点信息。

(2) 输出映像寄存器 Q　通过输出继电器，将 PLC 存储系统与外部输出端子相连，用来将 PLC 的输出信号传递给负载。如果梯形图中 Q0.0 的线圈"通电"，继电器型输出模块中对应的硬件继电器的常开触头闭合，使接在标号为 Q0.0 端子的外部负载通电，反之则外部负载断电。在梯形图中，每一个输出位的常开触点和常闭触点都可以多次使用。输出映像寄存器也可以按位、字节、字、双字方式进行存取。

(3) 变量寄存器 V　S7-200 系列 PLC 中有大量的变量寄存器，用来存储全局变量、存放数据运算的中间结果。它可以按位、字节、字、双字方式使用。变量寄存器的数量与 CPU 型号有关，CPU222 为 V0.0~V2047.7，CPU224/226 为 V0.0~V5119.7。

(4) 辅助继电器 M　在 S7-200 系列 PLC 中也称为内部标志位寄存器 M，它相当于传统的继电-接触器控制电路中的中间继电器。辅助继电器与外部输入/输出端没有任何对应，不能直接驱动外部负载，它用来存储中间操作数或建立输入/输出之间复杂的逻辑关系。S7-200 PLC 的 CPU22X 系列的辅助继电器的数量为 256 个（32B，256 位），可按位、字节、字、双字方式使用，如 M21.2、MB11、MW12、MD22。

(5) 特殊继电器 SM　在 S7-200 系列 PLC 中也称为特殊标志位寄存器 SM，它用于 CPU 与用户程序之间信息的交换，用这些位可选择和控制 PLC 的一些特殊控制功能。特殊标志位寄存器可按位、字节、字、双字方式使用。常用的特殊标志位寄存器的功能如下：

SM0.0：运行监控，当 PLC 运行时，SM0.0 接通。

SM0.1：初始化脉冲。PLC 由 STOP 转入 RUN 时，该位接通一个扫描周期，常用来调用初始化子程序。

SM0.2：当 RAM 中保存的数据丢失时，SM 0.2 接通一个扫描周期。

SM0.3：PLC 上电进入 RUN 状态时，SM 0.3 接通一个扫描周期。

SM0.4：分脉冲，占空比为 50%，周期为 1min 的脉冲串。

SM0.5：秒脉冲，占空比为 50%，周期为 1s 的脉冲串。

SM0.6：该位为扫描时钟脉冲，本次扫描为 1，下次扫描为 0，可以作为扫描计数器的输入。

SM0.7：工作模式开关位置指示。开关放置在 RUN 时为 1，PLC 为运行状态；开关放置在 TERM 时为 0，PLC 可进行通信编程。

SM1.0：当执行某些指令，其结果为 0 时，将该位置 1。

SM1.1：当执行某些指令，其结果溢出或为非法数值时，将该位置 1。

SM1.2：当执行数学运算指令，其结果为负数时，将该位置 1。

SM1.3：试图除以 0 时，将该位置 1。

其他常用特殊标志继电器的功能可以参见 S7-200 系统手册。

特殊继电器波形图如图 4-16 所示。

(6) 状态继电器 S　状态继电器 S 也称为顺序控制继电器，它是使用顺序控制指令编程时的重要元件，可按位、字节、字、双字方式使用，有效编址范围是 S0.0~S31.7。

(7) 定时器 T　PLC 中的定时器相当于时间继电器，用于延时控制，是对内部时钟累计时间的重要编程元件。通常，定时器的设定值由程序设定，当定时器的当前值大于

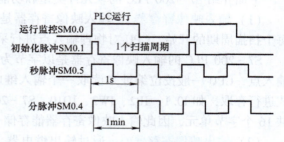

图 4-16　特殊继电器波形图

或等于设定值时，定时器位被置 1，其常开触点闭合，常闭触点断开。PLC 中每个定时器都有 1 个 16 位有符号的当前值寄存器，用于存储定时器累计值（1~32767）。S7-200 定时器的时基有 3 种：1ms、10ms、100ms，有效范围为 T0~T255。

(8) 计数器 C　计数器用来对输入脉冲的个数进行累计，实现计数操作。使用计数器时要预设计数的设定值，当输入触发条件满足时，相应计数器开始对输入端的脉冲进行计数，若当前计数值大于或等于设定值时，计数器状态位置 1，其常开触点闭合，常闭触点断开。PLC 中每个计数器都有 1 个 16 位有符号的当前值寄存器，用于存储计数器累计的脉冲个数（1~32767）。S7-200 计数器有 3 种类型：加计数器、减计数器、加减计数器，有效范围为 C0~C255。

(9) 高速计数器 HSC　高数计数器用来计数比 CPU 扫描速度更快的高速脉冲，工作原理与普通计数器相同。高速计数器的当前值是一个双字长（32 位）的整数，且为只读值。高速计数器的数量很少，地址格式为 HC（高速计数器号），如 HC2。

(10) 累加器 AC　累加器用来暂存数据、计算的中间结果、子程序传递参数等，可以像存储器一样使用读写存储区。S7-200PLC 共有 4 个 32 位的累加器：AC0~AC3，可按字节、字或双字形式存取。以字节或字为单位存取时，累加器只使用了低 8 位或低 16 位。

(11) 局部变量存储器 L　局部变量存储器用于存储局部变量（局部变量只在特定的程序内有效），可以用来存储临时数据或者子程序的传递参数。局部变量可以分配给主程序段、子程序段或中断程序段，但不同程序段的局部存储器是不能相互访问的。

(12) 模拟量输入 AI、模拟量输出 AQ　模拟量输入映像寄存器用于存放 A-D 转换后的 16 位数字量，其地址格式为 AIW（起始字节的地址），如 AIW2。**注意**：在模拟量输入/输出映像寄存器中，数字量的长度为 1 字长（16 位），因此必须用偶数号字节进行编址，如 0、2、4、6、8，且只能进行读取操作。模拟量输出映像寄存器用于存放需要进行 D-A 转换的 16 位数字量，其地址格式为 AQW（起始字节的地址），如 AQW2。

4.5.2　S7-200 PLC 的寻址方式

1. 数据存取方式

在 S7-200 中，常用的数据长度有位、字节、字和双字。主要的数据类型有布尔型（BOOL）、整数型（INT）、实数型（REAL）或字符串型。

(1) 位、字节、字、双字

1) 位（bit），指二进制中的一位，是最基本的存储单位，只有"0"和"1"两种状态。在PLC中，一个位对应一个软继电器。

2) 字节（Byte），由8位二进制数构成，其中的第0位为最低位（LSB），第7位为最高位（MSB）。

3) 字（Word），由字节构成，两个字节组成一个字。

4) 双字（Double Word），由字构成，两个字组成一个双字。

(2) 数据类型及范围　布尔型指由"0"和"1"构成的字节型无符号整数；整数型包括16位单字和32位双字的带符号整数，带符号数一般用二进制补码形式表示，其最高位为符号位；实数型以32位的单精度数表示。每种数据类型都有一定的范围，见表4-6。

表4-6　S7-200 PLC的数据类型及范围

数据类型	无符号整数		有符号整数	
	十进制	十六进制	十进制	十六进制
字节,8位	0~255	0~FF	-128~+127	80~7F
字,16位	0~65535	0~FFFF	-32768~+32767	8000~7FFF
双字,32位	0~4,294,967,295	0~FFFFFFFF	-2,147,483,648~2,147,483,647	80000000~7FFFFFFF
位	0、1			
实数	$-10^{38}~10^{38}$			
字符串	每个字符串以字节形式存储，最大长度为255个字节，第一个字节中定义该字符串的长度			

(3) 编址方式　S7-200 PLC将信息存储在不同的存储单元中，每个存储单元都有唯一确定的地址。PLC中对数据存储器的编址主要是进行位、字节、字、双字编址。

1) 位编址方式：（存储区域标志符）字节号.位号，如I0.1、Q0.2。

2) 字节编址方式：（存储区域标志符）B字节号，如IB1表示输入继电器I1.0~I1.7这8位组成的字节；QB0表示输出继电器Q0.0~Q0.7这8位组成的字节。

3) 字编址方式：（存储区域标志符）W起始字节号，且最高有效字节为起始字节，如VW0表示由VB0和VB1这两个字节组成的字。

4) 双字编址方式：（存储区域标志符）D起始字节号，且最高有效字节为起始字节，如VD100表示由VB100、VB101、VB102、VB103这四个字节组成的双字。

2. 寻址方式

在S7-200中，地址是访问数据的依据，通过地址访问数据的过程称为"寻址"。几乎所有的指令和功能都与各种形式的寻址有关。根据存储单元中信息存取形式不同，可将寻址方式分为直接寻址和间接寻址方式。

(1) 直接寻址　直接寻址是在指令中直接使用存储器或寄存器的元件名称（区域标志）

和地址编号,直接到指定区域读取或写入数据。直接寻址可以采用位寻址、字节寻址、字寻址、双字寻址等方式。

(2) 间接寻址　间接寻址时,操作数并不提供直接数据位置,而是通过使用地址指针来存取存储器中的数据。在S7-200中允许使用指针对I、Q、M、V、S、T、C(仅当前值)存储区进行间接寻址。

1) 建立指针。使用间接寻址前,要先创建一个指向该位置的指针。指针为双字(32位),存放的是另一个存储器的地址,只能用V、L或累加器AC作指针。

生成指针时,要使用双字传送指令(MOVD),将数据所在单元的内存地址送入指针,双字传送指令的输入操作数开始处加 & 符号,表示某存储器的地址,而不是存储器内部的值。指令输出操作数是指针地址。例如:

MOVD &VB200, AC1   //双字传送指令,将VB200的地址送入累加器AC1中,建立指针

2) 用指针来存取数据。在使用地址指针存取数据的指令中,操作数前加"*"号表示该操作数为地址指针,例如:

MOVD &VB200, AC1

MOVW *AC1, AC0   //字传送指令,将AC1所指的值送入AC0

此例中,将存于VB200、VB201的数据送入AC0的低16位,如图4-17所示。

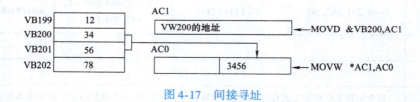

图4-17　间接寻址

4.6　技能训练:电动机的起/停PLC控制

本节讨论将电动机连续与点动单向运转继电-接触器控制电路改造为PLC控制。

4.6.1　继电-接触器控制电路的改造

1. 改造要点

在将继电-接触器控制电路改装为PLC控制前,必须明确以下几点:

1) 明确在继电-接触器控制电路中,哪些是接PLC输入端的控制元件和接PLC输出端的执行元件。**注意**:由于PLC内部已有定时器和辅助继电器等软元件,所以继电-接触器控制电路中的时间继电器和中间继电器在改造后就可以不用了。

2) 明确继电-接触器控制电路中的执行元件(如线圈、指示灯、蜂鸣器等)的工作电压。

3) 通过对继电-接触器控制电路工作原理的分析,明确设备的工作过程,列出控制要点,建立编程的思路。

然后,再按实现PLC控制的工作步骤进行:PLC的I/O接线图绘制→PLC的I/O端子

接线→PLC 控制程序的编写与传送→PLC 控制运行与程序调试。

2. 电动机连续与点动单向运转继电-接触器控制电路及工作原理

电动机连续与点动单向运转继电-接触器控制电路工作原理如图 4-18 所示。

（1）控制电路工作原理　连续运行控制：按下按钮 SB_2，线圈 KM_1 得电，电动机运行，同时 KM_1 常开触头闭合并自保持，即使按钮 SB_2 复位，电动机也会继续运行；按下按钮 SB_1，KM_1 失电，电动机停止运行。

点动运行控制：按下按钮 SB_3，线圈 KM_1 得电，电动机运行；但由于 SB_3 机械联锁的常闭触头同时断开自保持电路，所以当按钮 SB_3 复位后，电动机就停止运行。

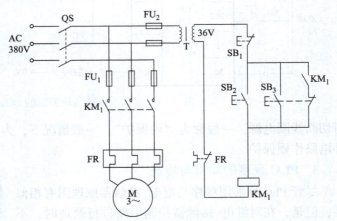

图 4-18　电动机连续与点动单向运转继电-接触器控制电路工作原理

（2）电路安全要求

1）保证辅助电路与主电路的电隔离。主电路电压是 380V，而辅助电路电压是 36V，采用隔离变压器减压后给辅助电路供电，实现辅助电路与主电路的电隔离。

2）电动机的过载保护。用热继电器作电动机的过载保护，必须保证过载触头 FR 在发生过载动作时能将辅助电路切断，从而使主电路断电。

4.6.2　PLC 系统改造

1. PLC 的 I/O 分配与接线

（1）与 PLC I/O 端相接的控制元件与执行元件

1）输入元件：

①常闭按钮 SB_1：停止控制。

②常开按钮 SB_2：连续运行起动控制。

③常开按钮 SB_3：点动运行控制。

2）输出元件：

①继电器 KA：线圈额定电压为 DC 24V。

②交流接触器线圈 KM：电动机主电路运行触头控制。线圈额定工作电压：AC 36V。

（2）PLC 的 I/O 分配与接线　如图 4-19 所示，并按图完成接线。

2. 电路的安全设置

（1）电源隔离与 PLC 输出负载保护　PLC 输出负载（线圈）电源由变压器低压端供电。变压器一次侧加装断路器，作电源控制与变压器漏电、短路保护；变压器二次侧装熔断器，作输出负载短路保护。

（2）电动机过载保护　做过载保护的热继电器触头 FR，可以接到 PLC 输入端，通过 PLC 程序来实现过载动作，一般称为"软保护"。也可以直接与线圈 KM_1 串接，在发生过载

117

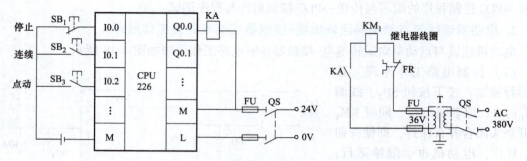

图 4-19　连续与点动运转控制的 PLC 的 I/O 接线

时切断线圈电源，一般称为"硬保护"。一般情况下，为了保持动作的可靠性，都要求接在外电路作硬保护。

3. PLC 程序的编写与传送

尽管 PLC 梯形图程序与继电-接触器原理图有相似性，但是，在对继电-接触器控制电路进行改造时，不能简单地将继电-接触器控制电路直接转化成 PLC 梯形图程序，需要根据控制要点建立编程思路。如图 4-20 所示的梯形图程序，用一个连续控制触点 M0.0 和一个点动触点 I0.2 并联来控制 Q0.0，思路十分清晰。

4. 程序的执行与调试

用实训装置的指示灯 HL1 代替线圈 KA，接在 PLC 输出端 Q0.0 上，并接上 DC 24V 电源，将图 4-20 所示的指令程序，传送到 PLC，并进行调试。应能实现以下控制：

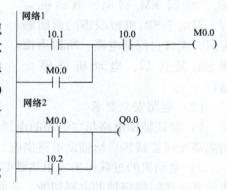

图 4-20　连续与点动控制的 PLC 梯形图程序

1）连续运行：按下按钮 SB_2，灯发光，按钮 SB_2 复位后，灯仍保持发光，表示电动机连续运行；按下按钮 SB_1，灯熄灭，表示停机。

2）点动运行：按下按钮 SB_3，灯发光，按钮 SB_3 复位后，灯马上熄灭，表示电动机点动运行。

思考题与习题

4-1　PLC 的主要特点是什么？

4-2　PLC 主要应用在哪些领域？

4-3　PLC 的硬件由哪几部分组成？各有什么用途？

4-4　PLC 的工作原理是什么？

4-5　简述 S7-200 PLC 的硬件系统组成。

4-6　S7-200 PLC 包括哪些编程软元件？其主要作用是什么？

4-7　PLC 输入/输出端子与外部设备（如开关、负载）连接时，应注意哪些问题？

4-8　S7-200 PLC 有哪些寻址方式？举例说明。

第5章

S7-200 PLC的基本指令及应用

5.1　S7-200 PLC指令及其结构

5.1.1　S7-200 PLC指令

S7-200 系列 PLC 既可使用 SIMATIC 指令集，又可使用 IEC1131-3 指令集。SIMATIC 指令集是西门子公司专为 S7-200 系列 PLC 设计的，在 STEP 7-Micro/WIN32 编程软件中可选用梯形图 LAD（ladder）、功能块图（Function Block Diagram）或语句表 STL（Statement List）三种编程语言来编辑该指令集，而且指令的执行速度较快。IEC1131-3 指令集是国际电工委员会（IEC）推出的 PLC 编程方面的轮廓性标准，旨在统一各 PLC 生产厂家指令的指令集，有利于用户编写出适用于不同品牌 PLC 的程序。但对于 S7-200 系列 PLC，该指令集的指令执行时间要长一些，且只能在梯形图（LAD）、功能块图（FBD）编辑语言中使用，不能使用灵活的指令表（STL）。许多 SIMATIC 指令集不符合 IEC1131-3 指令集标准，所以两种指令集不能混用，而且许多功能不能使用 IEC1131-3 指令集实现。

在这三种编辑语言中，梯形图（LAD）、指令表（STL）编程语言为广大编程人员所熟悉。同时，由于指令表属于文本形式的编程语言，和汇编语言类似，能解决梯形图指令不易解决的问题，但其适用于对 PLC 和逻辑编程有经验的程序员。

而梯形图语言直接来源于传统的继电-接触器控制系统，其符号及规则充分体现了电气技术人员的读图及思维习惯，简洁直观，即使没有学过计算机技术的人也很容易接受。因此，本部分就以梯形图为例，说明 PLC 程序的编制方法。

在梯形图程序中常用的符号如图 5-1 所示。

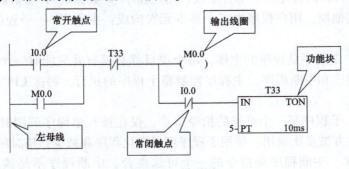

图 5-1　梯形图

（1）左母线　在梯形图程序的左边，有一条从上到下的竖线，称为左母线。所有的程序支路都连接在左母线上，并起始于左母线。左母线上有一个始终存在、由上而下从左到右的电流（能流），称为假象电流。触点导通，"能流"通过；触点断开，"能流"不能通过。

119

今后，我们将利用能流概念进行梯形图程序的分析。

（2）触点　触点符号代表输入条件，如外部开关、按钮及内部条件等。bit（位）对应 PLC 内部的各个编程元件，该位数据（状态）为 1 时，表示"能流"能通过，即该点接通。由于计算机读操作的次数不受限制，在用户程序中，常开触点、常闭触点可以使用无数次。

（3）线圈　线圈表示输出结果，通过输出接口电路来控制外部的指示灯、接触器等。线圈左侧接点组成的逻辑运算结果为 1 时，"能流"可以达到线圈，使线圈得电动作，PLC 将 bit（位）地址指定的编程元件置位为 1；逻辑运算结果为 0，线圈不通电，编程元件的位置 0。线圈代表 PLC 对编程元件的写操作。PLC 采用循环扫描的工作方式，所以在用户程序中，每个线圈只允许使用一次。

（4）功能块　功能块代表一些较复杂的功能，如定时器、计数器或数据传输指令等。当"能流"通过功能块时，执行功能块的功能。

在梯形图中，由触点和线圈构成的具有独立功能的电路就是梯形图网络，如图 5-2 所示。

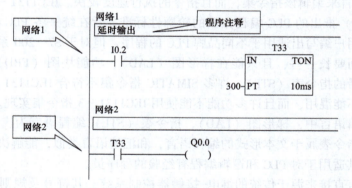

图 5-2　梯形图网络

5.1.2　S7-200 PLC 的程序结构

S7-200 系列 PLC 的程序由三部分组成：用户程序 + 数据块 + 参数块。用户程序是必选项，可以管理其他块。用户程序由三个基本元素构成：主程序 + 子程序（可选）+ 中断程序（可选）。

（1）主程序　主程序是程序的主体，每个项目都必须有并只能有一个主程序。在主程序中可以调用子程序和中断程序。主程序控制整个程序的执行，每次 CPU 扫描都要执行一次主程序。

（2）子程序　子程序是一个可选的指令集合，仅在被其他程序调用时才执行。同一子程序可在不同的地方被多次调用，使用子程序可以简化程序和减少扫描时间。

（3）中断程序　中断程序是指令的一个可选集合，中断程序不是被主程序调用，它们在中断事件发生时由 PLC 的操作系统调用。中断程序用来处理预先规定的中断事件，由于不能预指中断事件何时发生，因此不允许中断程序改写可能在其他程序中使用的存储器。

5.2 基本逻辑指令

1. 逻辑取指令及线圈驱动指令（LD、LDN、=）

取指令 LD（Load），指的是常开触点与左母线相连，即常开触点逻辑运算起始。

取反指令 LDN（Load Not），指的是常闭触点与左母线相连，即常闭触点逻辑运算起始。

线圈驱动指令"="（Out），功能是将运算结果输出到位地址指定的继电器，使其线圈状态发生变化，从而改变其常开触点与常闭触点的状态。线圈驱动指令不能操作输入继电器 I。图 5-3 表示了上述三条基本指令梯形图和语句表的用法。

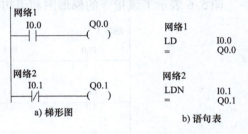

图 5-3 逻辑取指令及线圈驱动指令

注意：

1）LD、LDN 指令操作数为 I、Q、M、T、C、SM、S、V。
2）"="指令的操作数为 M、Q、T、C、SM、S。
3）同一程序中，"="指令后的线圈只能使用一次。

2. 逻辑与指令

逻辑与指令 A（And），用于常开触点的串联，只有串联在一起的所有触点闭合时输出才有效。

逻辑与非指令 AN（And Not），用于常闭触点的串联。

3. 逻辑或指令

逻辑或指令 O（Or），用于常开触点的并联，并联在一起时，只要有一个触点闭合输出就有效。

逻辑或非指令 ON（Or Not），用于常闭触点的并联连接。

逻辑与指令和逻辑或指令的梯形图和语句表用法如图 5-4 所示。

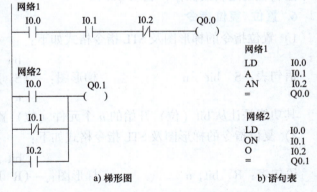

图 5-4 逻辑与指令和逻辑或指令的梯形图和语句表用法

4. 逻辑块与指令

逻辑块与指令 ALD（And Load），用于并联电路块的串联。

图 5-5 表示了该指令的梯形图和语句表的用法。

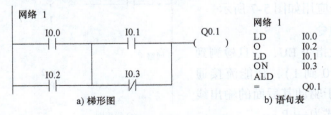

图 5-5 并联电路块的串联

在图 5-5 中，第一逻辑块实现 I0.0 与 I0.2 逻辑或操作，第二逻辑块实现 I0.1 与 I0.3（常闭）逻辑或操作，然后实现这两个逻辑块的逻辑与操作，驱动 Q0.1。

5. 逻辑块或指令

逻辑块或指令 OLD（Or Load），用于串联电路块的并联。

图 5-6 表示了该指令的梯形图和语句表的用法。

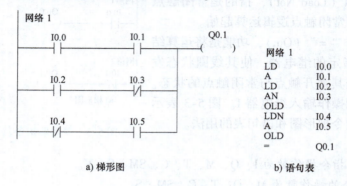

图 5-6 串联电路块的并联

在图 5-6 中，第一逻辑块实现 I0.0 与 I0.1 的逻辑与操作，第二逻辑块实现 I0.2 与 I0.3（常闭）的逻辑与操作，第三逻辑块实现 I0.4（常闭）与 I0.5 的逻辑与操作，然后实现这三个逻辑块的逻辑或操作，驱动 Q0.1。

6. 置位/复位指令

1）置位指令的梯形图及 STL 指令格式如下：

语句表：S bit, n   梯形图：—(S)
                              bit
                               n

其功能是让从 bit（位）开始的 n 个元件（位）置 1 并保持，其中 $n=1\sim255$。

2）复位指令的梯形图及 STL 指令格式如下：

语句表：R bit, n   梯形图：—(R)
                              bit
                               n

其功能是让从 bit（位）开始的 n 个元件（位）置 0 并保持，其中 $n=1\sim255$。

S/R 操作数：Q、M、SM、V、S、C、T、L。

置位/复位指令应用如图 5-7 所示。

7. 边沿触发指令

1）上升沿触发指令 EU，一旦检测到前端有正跳变（由 0 到 1），让能流接通一个扫描周期，用于驱动其后面的输出线圈等。其梯形图格式为—| P |—。

2）下降沿触发指令 ED，一旦检测到

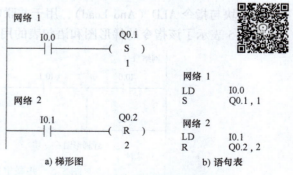

图 5-7 置位/复位指令应用

前端有负跳变（由 1 到 0），让能流接通一个扫描周期，用于驱动后面的线圈等。其梯形图格式为─┤ N ├─。

边沿触发指令应用如图 5-8 所示，其时序图如 5-9 所示。

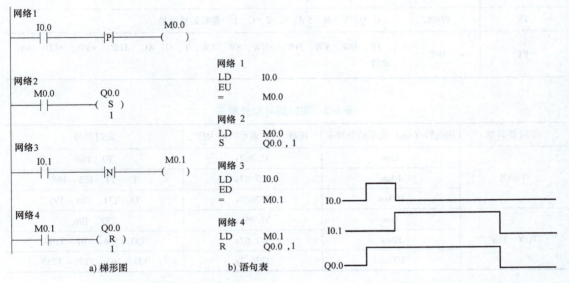

图 5-8　边沿触发指令应用　　　　图 5-9　边沿触发指令示例时序图

8. 取反指令 NOT

取反指令 NOT 的功能是将其左边的逻辑运算结果取反，指令本身没有操作数。取反指令应用示例如图 5-10 所示。

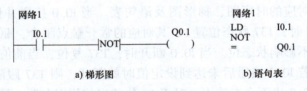

图 5-10　NOT 指令应用示例

5.3　定时器与计数器指令

5.3.1　定时器指令

S7-200 PLC 有三类定时器：延时接通定时器（TON）、有记忆的延时接通定时器（TONR）和断电延时定时器（TOF）。

TON 和 TONR 在使能输入接通时开始计时，TOF 用于在输入断开后延时一段时间断开输出。定时器的分辨率也称为时基，有三种：1ms、10ms 和 100ms。在选用定时器时，先选择定时器号（Txx），定时器号决定了定时器的分辨率，并且分辨率已经在指令盒上标出了。定时器总的定时时间＝预设值（PT）×时基。定时器的有效操作数见表 5-1，定时器号和分辨率见表 5-2。

表 5-1 定时器的有效操作数

输入/输出	数据类型	操 作 数
Txx	WORD	常数（T0~T255）
IN	BOOL	I、Q、V、M、SM、S、T、C、L、逻辑运算结果
PT	INT	IW、QW、VW、MW、SMW、SW、LW、T、C、AC、AIW、*VD、*LD、*AC、常数

表 5-2 定时器号和分辨率

定时器类型	用毫秒（ms）表示的分辨率	用秒（s）表示的最大值	定时器号
TONR	1ms	32.767s	T0、T64
	10ms	327.67s	T1~T4、T65~T68
	100ms	3276.7s	T5~T31、T69~T95
TON、TOF	1ms	32.767s	T32、T96
	10ms	327.67s	T33~T36、T97~T100
	100ms	3276.7s	T37~T63、T101~T255

（1）延时接通定时器（TON）　TON 指令的梯形图格式为

每个定时器都有一个 16 位有符号的当前值寄存器及一个位的状态位。在图 5-11 所示的例子中，给出了程序对应的时序图、梯形图及语句表。当 I0.0 接通并保持时，T37 开始计数；计时到设定值 PT 时，T37 状态位置 1，其对应的常开触点闭合，驱动 Q0.0 有输出；其后当前值仍增加，但不影响状态位。当 I0.0 断开时，T37 复位，当前值清零，状态位清零，即回复到初始状态。若 I0.0 接通后未达到设定值时就断开，则 T37 跟随复位，即状态位为 0，当前值也清零，Q0.0 也不会有输出。对于 16 位的当前值寄存器，最大值是 2^{16}，即预设值最大为 32767。

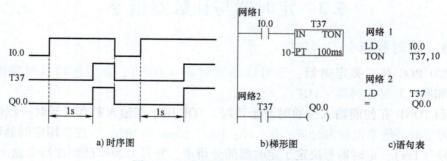

图 5-11 延时接通定时器应用示例

(2) 有记忆的延时接通定时器（TONR） 该类型的定时器应用示例如图 5-12 所示。当输入 I0.0 为 1 时，定时器开始计时；当 I0.0 为 0 时，当前值保持（不像 TON 一样清零）；当下次 I0.0 再为 1 时，T1 的当前值从上次保持值开始往上加，当达到预定值时，T1 状态位置 1，对应的常开触点闭合，驱动 Q0.0 有输出。以后即使 I0.0 再为 0，也不会使 T1 复位，要使 T1 复位必须用复位指令。I0.1 闭合，T1 及 Q0.0 都复位。

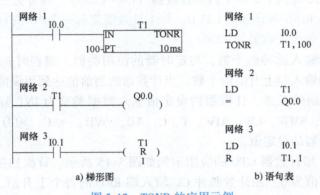

图 5-12 TONR 的应用示例

(3) 断电延时定时器（TOF） 断电延时定时器 TOF 用于断电后的单一时间间隔计时。输入端 IN 有效时，定时器位为 ON，当前值为 0，当输入端由接通到断开时，定时器从当前值 0 开始计时，定时器位仍为 ON，只有在当前值等于设定值时，输出位变为 OFF，当前值保持不变，停止计时。其应用示例如图 5-13 所示。

在本例中，其时序图如图 5-14 所示，定时时间 T = 10 × 10ms = 100ms，其工作过程如下：

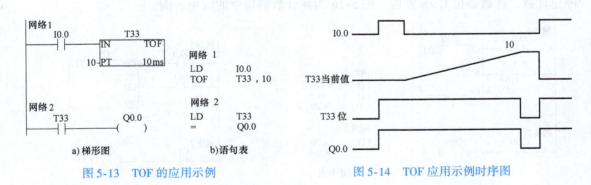

图 5-13 TOF 的应用示例　　　　图 5-14 TOF 应用示例时序图

1) I0.0 接通时，T33 为 ON，Q0.0 为 ON；
2) I0.0 断开时，T33 仍为 ON 并从当前值 0 开始计时；
3) 当前值等于设定值（PT = 10）时，当前值保持，T33 变为 OFF，常开触点断开，Q0.0 为 OFF；
4) I0.0 再次接通时，当前值复位清零，定时器为 ON。

5.3.2 计数器指令

S7-200 系列 PLC 的计数器分为内部计数器和高速计数器两大类。内部计数器用来累计输入脉冲的个数，其计数速度较慢，输入脉冲频率必须要小于 PLC 程序扫描频率，一般最高为几百赫兹，所以在实际应用中主要用来对产品进行计数等。高速计数器主要用于对外部高速脉冲输入信号进行计数，例如在定位控制系统中，编码器的位置反馈脉冲信号一般高达几千赫，有时甚至达几十千赫，远远高于 PLC 程序扫描频率，这时一般的内部计数器已经无能为力。本节只介绍内部计数器，高速计数器在后面章节有介绍。

S7-200 系列 PLC 提供了 256 个内部计数器（C0~C255），共分为三种类型：增计数器 CTU、减计数器 CTD 和增/减计数器 CTUD。每个计数器都有一个 16 位有符号的当前值寄存器和计数器状态位，最大计数值为 32767。

计数器用来累计输入脉冲的个数，与定时器的使用类似。编程时先设定计数器的预设值，计数器累计脉冲输入端上升沿的个数。当计数器的当前值达到预设值时，状态位被置位为 1，完成计数器控制的任务。计数器的设定值输入数据类型为 INT 型。寻址范围：VW、IW、QW、MW、SW、SMW、LW、AIW、T、C、AC、*VD、*AC、*LD 和常数。一般情况下使用常数作为计数器的设定值。

（1）增计数器　增计数器 CTU 的应用示例如图 5-15 所示。首次扫描时，计数器位为 OFF，当前值为 0。在计数脉冲 CU 输入端 I0.0 的每个上升沿，C20 计数 1 次，当前值增加 1。当前值达到预设值 PV=3 时，计数器状态位置 1，C20 常开触点闭合，线圈 Q0.0 有输出。当前值可继续计数到 32767 后停止计数。当复位（R）输入端 I0.1 接通或执行复位指令时，计数器 C20 复位，计数器状态位置 0，当前值清零，C20 触点复位，Q0.0 也复位。

（2）减计数器　减计数指令（CTD）从当前计数值开始，在每一个（CD）输入状态由低到高时递减计数。当 C×× 的当前值等于 0 时，计数器位 C×× 置位。当装载输入端（LD）接通时，计数器位被复位，并将计数器的当前值设为预置值 PV。当计数值到 0 时，计数器停止计数，计数器位 C×× 置位。图 5-16 为减计数器指令的应用示例。

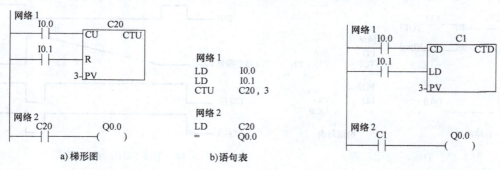

图 5-15　增计数器的应用示例　　　　图 5-16　减计数器指令的应用示例

（3）增/减计数器　增/减计数指令（CTUD），在每一个增计数输入（CU）由低到高时增计数，在每一个减计数输入（CD）由低到高时减计数。计数器的当前值 C×× 保存当前计数值。在每一次计数器执行时，预置值 PV 与当前值做比较。

当达到最大值（32767）时，在增计数输入端的下一个上升沿导致当前计数值变为最小值（-32768）。当达到最小值（-32768）时，在减计数输入端的下一个上升沿导致当前计数值变为最大值（32767）。当C××的当前值大于等于预置值PV时，计数器位C××置位。否则，计数器位关断。当复位端（R）接通或者执行复位指令后，计数器被复位。当达到预置值PV时，CTUD计数器停止计数。增/减计数器的应用示例如图5-17所示。其时序图如图5-18所示。

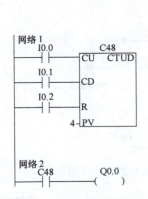

图5-17　增/减计数器的应用示例

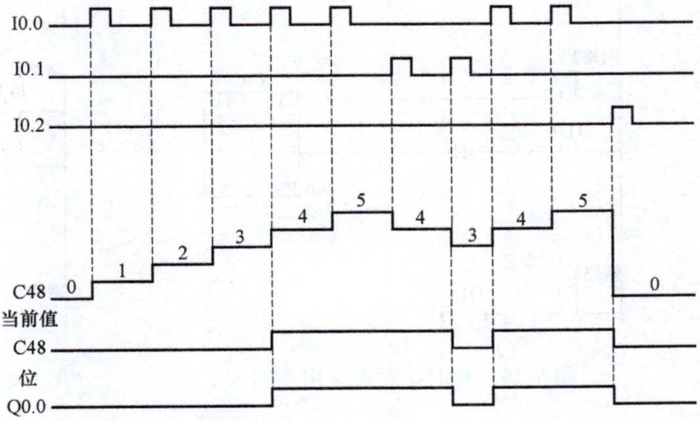

图5-18　增/减计数器的时序图

5.3.3　长时定时器与长计数器

（1）长时定时器　内部定时器都有一个16位的有符号当前值寄存器，所以其最长的定时时间是3276.7s，即不到1h。如果需要定时1h以上的时间，该如何实现呢？可以考虑将多个定时器串联起来使用，但当要求的延时时间更长的话（比如10h）这种做法就会使程序变得很冗长。因此，为了产生更长的延时时间，可以将多个定时器、计数器联合起来使用，以扩大延时时间。例如现在需要延时2h，图5-19是一种应用方法。

结合PLC的工作原理，具体分析如下：

第1周期：I1.0常开触点闭合，T37开始计时；C0复位端R有效，计数器复位，当前值为0；Q1.0无输出。

第2周期：T37继续计时，C0复位端R无效，但C0当前值仍为0；Q1.0无输出。

……

第N周期：当这个周期到来时，T37计时达到20s时，T37的常开触点闭合，产生正跳变，C0加1，当前值变为1；T37常闭触点断开，T37复位，当前值清零；Q1.0无输出。

第N+1周期：I1.0常开触点仍闭合，T37常闭触点复位，T37又从零开始计时，C0当前值为1；

……

当C0计数达到预设值后，C0常开触点闭合，Q1.0有输出，即定时时间为T37的定时时间×C0的计数值 = (200×100ms)×360 = 2h后，Q1.0有输出。

（2）长计数器　同定时器一样，计数器的最大计数值为32767。为了产生更长的计数值，可以将多个计数器连接。图5-20为长计数器的应用示例。具体的工作过程读者可自行分析。

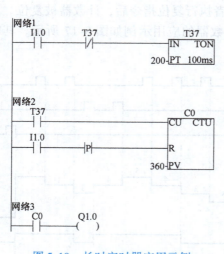

图 5-19 长时定时器应用示例

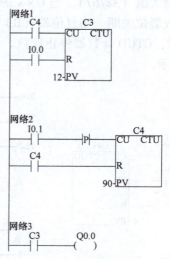

图 5-20 长计数器的应用示例

5.4 比较指令

5.4.1 比较指令的功能

比较指令用于比较两个数值 IN1 和 IN2 或字符串的大小，其功能是当比较数 IN1 和比较数 IN2 的关系符合比较符的条件时，比较触点闭合，后面的电路被接通；否则比较触点断开，后面的电路不接通。

5.4.2 比较指令的用法

1. 比较运算符

在梯形图中，对于数值比较，运算符有：等于（==）、大于（>）、小于（<）、不等于（<>）、大于等于（>=）、小于等于（<=）共六种；而字符串的比较指令只有等于（==）和不等于（<>）两种。

2. 比较指令类型

比较指令有 5 种类型：字节比较、整数比较、双字比较、实数比较和字符串比较，在触点中间分别用 B、I、D、R、S 表示。其中字节比较是无符号的，整数、双字、实数的比较是有符号的。

（1）字节比较 字节比较用于比较两个字节型整数值 IN1 和 IN2 的大小，字节比较是无符号的。

整数 IN1 和 IN2 的寻址范围：VB、IB、QB、MB、SB、SMB、LB、*VD、*AC、*LD 和常数。

（2）整数比较 整数比较用于比较两个一字长整数值 IN1 和 IN2 的大小，整数比较是有符号的（整数范围为 16#8000 ~ 16#7FFF）。整数 IN1 和 IN2 的寻址范围：VW、IW、QW、MW、SW、SMW、LW、AIW、T、C、AC、*VD、*AC、*LD 和常数。

（3）双字比较 双字比较用于比较两个双字长整数值 IN1 和 IN2 的大小，双字比较是有符号的（双字整数范围为16#80000000~16#7FFFFFFF）。双字整数 IN1 和 IN2 的寻址范围：VD、ID、QD、MD、SD、SMD、LD、HC、AC、*VD、*AC、*LD 和常数。

（4）实数比较　实数比较用于比较两个双字长实数值 IN1 和 IN2 的大小，实数比较是有符号的（负实数范围为 -1.175495E-38 ~ -3.402823E+38，正实数范围为 +1.175495E-38 ~ +3.402823E+38）。实数 IN1 和 IN2 的寻址范围：VD、ID、QD、MD、SD、SMD、LD、AC、*VD、*AC、*LD 和常数。

3. 比较指令的语句表格式

以 LD、A、O 开始的比较指令分别表示开始、串联和并联的比较触点。其应用如图 5-21 所示。

网络1：整数比较取指令，IN1 为计数器 C5 的当前值，IN2 为常数 16。当计数器 C5 的当前值大于或等于 16 时，比较触点闭合，M0.1 输出有效。

网络2：实数比较逻辑与指令，IN1 为双字存储单元 VD11 里的数据，IN2 为常数 120.1。当 I0.0 有效，且 VD11 里的数据小于 120.1 时，比较触点闭合，M0.2 输出有效。

网络3：字节比较逻辑或指令，IN1 为字节存储单元 VB11 里的数据，IN2 为字节存储单元 VB12 里的数据。

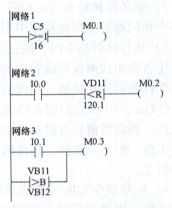

图 5-21　比较指令的应用举例

当 VB11 的数据大于 VB12 的数据，比较触点闭合，该触点与 I0.1 构成逻辑或，用于驱动 M0.3 输出。

5.5　程序控制类指令

程序控制类指令用于对程序流转的控制，可以控制程序的结束、分支、循环、子程序或中断程序调用等。通过程序控制类指令的合理应用，可以使程序结构灵活、层次分明，增强程序功能。它包括跳转、循环、结束、停止、看门狗、子程序及顺序控制等指令。由于顺序控制指令在工程中使用较多，且比较重要，所以本节予以重点介绍。

5.5.1　跳转指令

1. 指令格式

跳转指令 JMP 和标号指令 LBL 的梯形图指令格式如下：

```
    N                N
—( JMP )        —[ LBL ]
```

其中，JMP 与 LBL 指令中的操作数 N 为常数 0~255。

2. 指令功能

跳转指令 JMP：当条件满足时，使程序跳转到 N 所指定的相应标号处。

标号指令 LBL：标记跳转的目的地的位置。由 N 来标记与哪个 JMP 指令对应。

3. 指令应用举例

跳转指令应用示例如图 5-22 所示。

在 I0.0 闭合期间，程序会从 Network1 跳转到 Network8 的标号 1 处继续运行。在跳转发生过程中，被跳过的程序段 Network2～Network7 停止执行。

4. 指令说明

1）JMP 和 LBL 指令必须成对使用于主程序、子程序或中断程序中。主程序、子程序或中断程序之间不允许相互跳转。若在顺序控制程序中使用跳转指令，则必须使 JMP 和 LBL 指令在同一个 SCR 段中。

2）多条跳转指令可对应同一标号，但不允许一个跳转指令对应多个相同标号，即在程序中不能出现两个相同的标号。

3）执行跳转指令时，跳过的程序段中各元件的状态如下：

①各输出线圈保持跳转前的状态。

②计数器停止计数，当前值保持跳转之前的计数值。

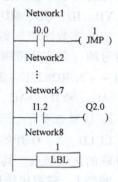

图 5-22　跳转指令应用示例

③1ms、10ms 定时器保持跳转之前的工作状态，原来工作的继续工作，到设置值后可以正常动作，当前值要累计到 32767 才停止。100ms 定时器在跳转时停止工作，但不会复位，当前值保持不变，跳转结束后若条件允许可继续计时，但已不能准确计时了。

4）标号指令 LBL 一般放置在 JMP 指令之后，以减少程序执行时间。若要放置在 JMP 指令之前，则必须严格控制跳转指令的运行时间，否则会引起运行瓶颈，导致扫描周期过长。

5.5.2　循环指令

1. 指令格式

循环指令主要用于反复执行若干次相同功能程序的情况。循环指令包括循环开始指令 FOR 和循环结束指令 NEXT。其梯形图指令格式如下：

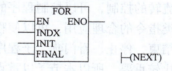

2. 指令功能

FOR 指令表示循环的开始，NEXT 指令表示循环的结束。当驱动 FOR 指令的逻辑条件满足时，反复执行 FOR 和 NEXT 之间的程序。在 FOR 指令中，需要设置指针或当前循环次数计数器（INDX）、初始值（INIT）和终值（FINAL）。

FOR 指令中 INDX 指定当前循环计数器，用于记录循环次数；INIT 指定循环次数的初值，FINAL 指定循环次数的终值。当 EN 端口执行条件存在时，开始执行循环体，当前循环计数器从 INIT 指定的初值开始，每执行 1 次循环体，当前循环计数器值增加 1。当前循环计数器值大于 FINAL 指定的终值时，循环结束。

INDX 操作数为 VW、IW、QW、MW、SW、SMW、LW、T、C、AC、*VD、*AC 和 *LD，属于 INT 型。

INIT 和 FINAL 操作数除上面所述外，再加上常数，也属于 INT 型。

3. 指令应用举例

循环指令的应用示例如图 5-23 所示，当 I0.0 接通时，将 INIT 指定的初值放入 VW100

中，开始执行循环体，VW100 中的值从 1 增加到 8，循环体执行 8 次，当 VW100 中的值变为 9（9>8）时，循环结束。

4. 指令说明

1）FOR、NEXT 指令必须成对使用。

2）初值大于终值时，循环指令不被执行。

3）每次 EN 端口执行条件满足时，自动复位各参数，同时将 INIT 指定初值放入当前循环计数器中，使循环指令可以重新执行。

4）循环指令可以进行嵌套编程，最多可嵌套 8 层，单个循环指令之间不能交叉。图 5-24 所示为两层嵌套使用。

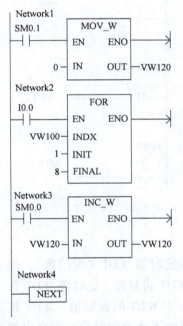

图 5-23 循环指令的应用示例

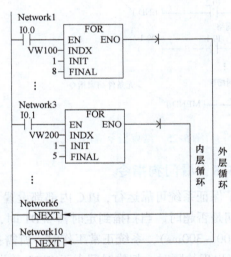

图 5-24 循环指令两层嵌套使用

5.5.3 结束指令

结束指令包括条件结束指令 END 和无条件结束指令 MEND。

（1）END 条件结束指令，执行条件成立（左侧逻辑值为 1）时结束主程序，返回主程序的第一条指令执行。在梯形图中，该指令不连在左侧母线上。

（2）MEND 无条件结束指令，结束主程序，返回主程序的第一条指令执行。在梯形图中，无条件结束指令直接连接左侧母线。编程时，用户必须以无条件结束指令结束主程序。在 STEP-7 Micro/MIN 编程软件中，主程序的结尾自动生成 MEND 指令，用户不得输入，否则编译出错。

结束指令只能用于主程序，不能用在子程序和中断程序中。条件结束指令用在无条件结束指令之前，其格式如图 5-25 所示。

5.5.4 停止指令

执行停止指令（STOP）可以将 S7-200 CPU 从 RUN 转换到 STOP 模式，从而终止程序执行。

如果在中断程序中执行 STOP 指令，该中断程序立即终止，并且忽略所有待执行的中断，继续扫描程序的剩余部分，完成当前周期的剩余动作，包括主用户程序的执行，并在当前扫描结束时，完成从 RUN 到 STOP 模式的转变。

在图 5-26 所示的程序中，当 I0.2 = 1 时，将 S7-200 CPU 从 RUN 转换到 STOP 模式，终止程序执行。

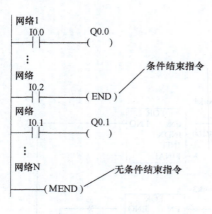

图 5-25 结束指令应用

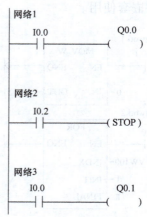

图 5-26 STOP 指令应用

5.5.5 看门狗指令

为了保证系统可靠运行，PLC 内部都设置了系统监控定时器 WDT（看门狗），用于监控扫描周期是否超时。当扫描到定时器 WDT 时，定时器 WDT 将复位。定时器 WDT 有一个设定值（100~300ms），系统正常工作时，所需扫描时间小于 WDT 的设定值，WDT 被及时复位。系统出现故障时，扫描时间大于 WDT 的设定值，WDT 不能及时复位，则会出现报警并停止 CPU 运行，同时复位输入、输出。这种故障称为 WDT 故障，以防止系统故障或程序进入死循环而引起扫描周期过长。

WDR 称为看门狗复位指令，它可以刷新监控定时时钟，即延长扫描周期，从而有效地避免 WDT 故障。当使能输入有效时，执行 WDR 指令，每执行一次，系统监控定时器就复位一次，WDR 指令在梯形图中以线圈形式编程，无操作数。其梯形图指令格式如下：

$$-(\text{WDR})$$

使用 WDR 指令时要小心，因为如果用循环指令去阻止扫描完成或过度地延迟扫描完成的时间，那么在终止本次扫描之前，下列操作过程将被禁止：

1) 通信（自由端口方式除外）。
2) I/O 更新（立即 I/O 除外）。
3) 强制更新。
4) SM 位更新（SM0、SM5~SM29 不能被更新）。

5)运行时间诊断。

6)由于扫描时间超过25s,10ms和100ms定时器将不会正确累计时间。

7)在中断程序中的STOP指令。

如果希望程序的扫描周期超过300ms,或者在中断事件发生时有可能使程序的扫描周期超过300ms时,应该使用看门狗复位指令WDR来重新触发看门狗定时器。每次使用看门狗复位指令,应该对每个扩展模块的某一个输出字节使用一个立即写指令来复位每个扩展模块的看门狗。

5.5.6 子程序指令

子程序在结构化程序设计中是一种方便有效的工具。S7-200 PLC 的指令系统具有简单、方便、灵活的子程序调用功能。与子程序有关的操作有建立子程序、子程序的调用和返回。

1. 建立子程序

可以选择编程软件"编辑"菜单中的"插入"子菜单下的"子程序"命令来建立一个新的子程序。默认的子程序名为 SBR _ N,编号 N 的范围为 0~63,从 0 开始按顺序递增,也可以通过重命名命令为子程序改名。每一个子程序在程序编辑区内都有一个单独的页面,选中该页面后就可以进行编辑了,其编辑方法与主程序完全一样。

2. 子程序调用指令 CALL 和子程序条件返回指令 CRET

(1)指令的梯形图格式

子程序调用指令:———| SBR_N EN | 子程序条件返回指令:———(RET)

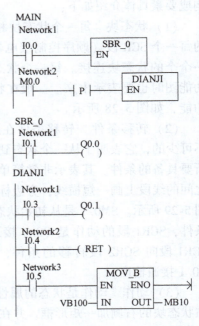

图 5-27 子程序调用指令应用

(2)指令功能

1)CALL:子程序调用指令,当 EN 端口执行条件存在时,将主程序转到子程序入口开始执行子程序。SBR _ N 是子程序名,标记子程序入口地址。在编程软件中,SBR _ N 随着子程序名称的修改而自动改变。

2)CRET:子程序条件返回指令,在其逻辑条件成立时,结束子程序执行,返回主程序中的子程序调用处继续向下执行。

(3)指令应用举例 子程序调用指令应用如图 5-27 所示。

在 I0.0 闭合期间,调用子程序 SBR _ 0,子程序所有指令执行完毕,返回主程序调用处,继续执行主程序。每个扫描周期子程序运行一次,直到 I0.0 断开。在子程序调用期间,若 I0.1 闭合,则线圈 Q0.0 接通。

在 M0.0 闭合期间,调用子程序 DIANJI,执行过程同子程序 SBR _ 0。在子程序 DIANJI 执行期间,若 I0.3 闭合,则线圈 Q0.1 接通;I0.4 断开且 I0.5 闭合,则 MOV _ B 指令执行;若 I0.4 闭合,则执行有条件子程序返回指令

CRET，程序返回主程序继续执行，MOV_B 指令不运行。

(4) 指令说明

1) CRET 用于子程序内部，在条件满足时起结束子程序的作用。在子程序的最后，编程软件将自动添加子程序无条件结束指令 RET。

2) 子程序可以嵌套运行，即在子程序内部又对另一子程序进行调用。子程序的嵌套深度最多为 8 层。在中断程序中仅能有一次子程序调用。可以进行子程序自身的递归调用，但使用时要慎重。

3) 子程序在调用时，可以带参数也可以不带，以上举例是不带参数的调用。带参数的子程序调用扩大了子程序的使用范围，增加了调用的灵活性，在这里我们就不再具体详述带参数的子程序调用。

5.5.7 顺序控制指令

在工业控制过程中，简单的逻辑或顺序控制可以用基本指令通过编程就可以解决。但在实际应用中，系统常要求具有并行顺序控制或程序选择控制能力。同时，多数系统都是由若干个功能相对独立但各部分之间又有相互联锁关系的工序构成，若以基本指令完成控制功能，其联锁部分编程较易出错，且程序较长。为方便处理以上问题，PLC 中专门设计了顺序控制指令来完成多程序块联锁顺序运行和多分支、多功能选择并行或循环运行的功能，绘制顺序功能图可用于辅助顺序控制程序的设计。

1. 顺序功能图（SFC）

顺序功能图也称为状态转移图，它使用图解方式描述顺序控制程序，属于一种功能说明性语言。顺序功能图的基本要素为"状态块""转移条件"和"动作"。合理运用各元素，就可得到顺序控制程序的静态表示图，再根据图形编辑为顺序控制程序即可。顺序功能图的构成要素具体介绍如下：

(1) 状态块 每一个状态块相对独立，拥有自己的编号或代码，表示顺序控制程序中的每一个 SCR 段（顺序控制继电器段）。顺序功能图往往以一个横线表示开始，下面就是一个个的状态块连接。每一个状态块在控制系统中都具有一定的动作和功能，在画顺序功能图时也要表示出来。一般在状态块的右端用线段连接一方框，描述该段内的动作和功能，如图 5-28 所示。

(2) 转移条件 转移条件在顺序功能图中是必不可少的，它表明了从一个状态到另一个状态转移时所要具备的条件。其表示非常简单，只要在各状态块之间的线段上画一短横线，旁边标注上条件即可，如图 5-29 所示。SM0.1 是从初始状态向 SCR1 段转移的条件，SCR1 段的动作是 Q0.0 接通输出；I0.0 是从 SCR1 段向 SCR2 段转移的条件，SCR2 段的动作是 Q0.1 接通输出。

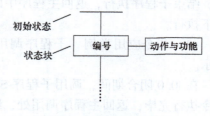

图 5-28 状态块的表示

(3) 动作 动作是状态的属性，是描述一个状态块需要执行的功能操作。动作说明是在状态块的右侧加一矩形框，并在框中加文字进行说明，如图 5-30 所示。

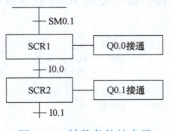
图 5-29 转移条件的表示

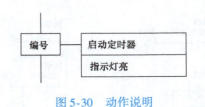
图 5-30 动作说明

2. LSCR、SCRT、SCRE 指令

顺序控制指令是实现顺序控制程序的基本指令，它由 LSCR、SCRT、SCRE 3 条指令构成，其操作数为顺序控制继电器（S）。

（1）指令的梯形图格式　其梯形图格式如图 5-31 所示。

（2）指令功能

1）LSCR：装载顺序控制继电器指令，标志一个顺序控制继电器段（SCR 段）的开始。LSCR 指令将 S 位的值装载到 SCR 堆栈和逻辑堆栈的栈顶，其值决定 SCR 段是否执行，值为 1 执行该 SCR 段，值为 0 不执行该段。

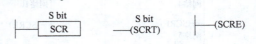
图 5-31 LSCR、SCRT、SCRE 指令的梯形图格式

2）SCRT：顺序控制继电器转换指令，用于执行 SCR 段的转换。SCRT 指令包含两方面功能：一是通过置位下一个要执行的 SCR 段的 S 位，使下一个 SCR 段开始工作；二是使当前工作的 SCR 段的 S 位复位，使该段停止工作。

3）SCRE：顺序控制继电器结束指令，使程序退出当前正在执行的 SCR 段，表示一个 SCR 段的结束。每个 SCR 段必须由 SCRE 指令结束。

（3）指令应用举例　顺序控制指令应用示例的梯形图、语句表及顺序功能图如图 5-32 所示。

1）本程序分为 3 个 SCR 段，分别为网络 2~4、网络 5~7、网络 8~10。每段均由 LSCR 起始，由 SCRE 结束。

2）使用初始化脉冲触点 SM0.1 在程序运行的第一个扫描周期置位 S0.1，使 S0.1 表示的 SCR 段开始运行。在该段中，接通线圈 Q0.0。

3）当 I0.0 有效时，由 SCRT 指令复位 S0.1 段，同时使 S0.2 表示的 SCR 段开始，在该段中，接通 Q0.1。

4）当 I0.1 有效时，由 SCRT 指令复位 S0.2 段，同时使 S0.3 表示的 SCR 段开始，在该段中，接通 Q0.2，起动定时器 T37。

5）3s 后，定时时间到，转到 S0.2 段，开始循环执行。

6）在程序中，由于输出线圈不能直接和左母线相连，所以一般要借助常开触点 SM0.0 进行过渡。

3. 顺序控制指令的编程要点

1）顺序控制指令的操作数为顺序控制继电器 S，也称为状态继电器，每一个 S 位都表示状态转移图中一个 SCR 段的状态。S 的范围是 S0.0~S31.7。各 SCR 段的程序能否执行取决于对应的 S 位是否被置位。若需要结束某个 SCR 段，需要使用 SCRT 指令或对该段对应的 S 位进行复位操作。

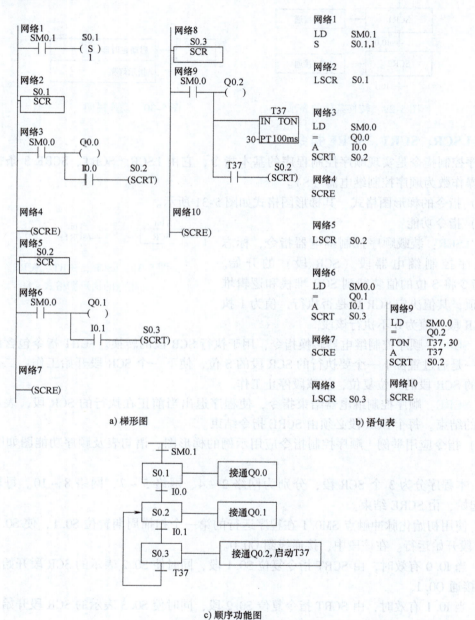

图 5-32 顺序控制指令应用示例

2）要注意不能把同一个 S 位在一个程序中多次使用。例如在主程序中使用了 S0.1，在子程序中就不能再次被使用。

3）状态图中的顺序控制继电器 S 位的使用不一定要遵循元件的顺序，即可以任意使用各 S 位。但编程时为避免在程序较长时各 S 位重复，最好做到分组、顺序使用。

4)每一个 SCR 段都要注意以下 3 个方面的内容:
①本 SCR 段要完成什么样的工作?
②什么条件下才能实现状态的转移?
③状态转移的目标是什么?

5)在 SCR 段中,不能使用 JMP 和 LBL 指令,即不允许跳入、跳出 SCR 段或在 SCR 段内跳转,也不能使用 FOR、NEXT 和 END 指令。

6)一个 SCR 段被复位后,其内部的元件(线圈、定时器等)一般也要复位,若要保持输出状态,则需要使用置位指令。

7)在所有 SCR 段结束后,要用复位指令 R 复位仍为运行状态的 S 位,否则程序会出现运行错误。

4. 多流程顺序控制

使用顺序控制指令可以方便地实现顺序控制、分支控制、循环控制及其组合控制。单流程的顺序控制在前面的例子中已介绍,下面具体介绍多流程控制的实现和注意事项。

(1)选择分支过程控制 在工业过程中,很多控制需要根据条件进行流程选择,即一个控制流可能转入多个控制流中的某一个,但不允许多个控制流同时执行,即根据条件进行分支选择。选择分支过程控制的梯形图、顺序功能图如图 5-33 所示。

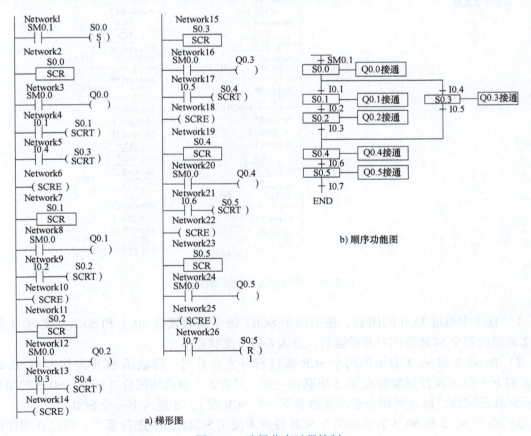

图 5-33 选择分支过程控制

(2) 并行分支合并过程控制　除了非此即彼的选择分支控制外，还有很多情况下，一个控制流需要分成两个或两个以上控制流同时动作，在完成各自工作后，所有控制流最终再次合并成一个控制流继续向下运行，这种运行方式称为并行分支合并过程控制。使用顺序控制指令完成该功能时要注意两个关键点：一是多分支的同时运行，需要在一个 SCR 段中同时激活多个 SCR 段；二是多分支合并，由于多个分支是同时执行的，合并时必须等到所有分支都执行完，才能共同进入下一个 SCR 段。并行分支合并过程顺序功能图、梯形图如图 5-34 所示。

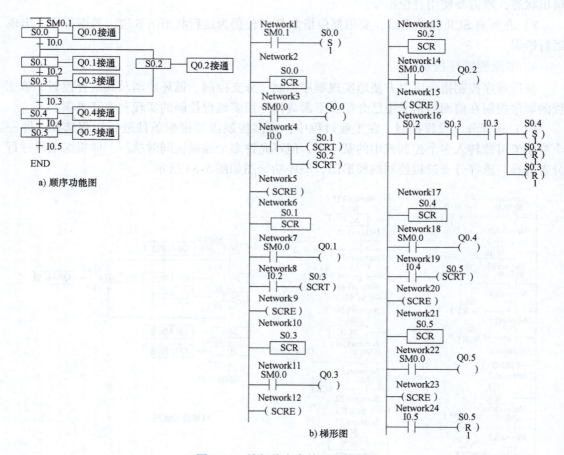

图 5-34　并行分支合并过程控制

1）程序中通过 I0.0 的闭合，使用两个 SCRT 指令同时置位 S0.1 和 S0.2，使 S0.1 和 S0.2 表示的两个 SCR 段同时开始运行，进入并行分支状态。

2）在 S0.2 和 S0.3 表示的两个 SCR 段进行分支合并时，将表示 SCR 段状态的 S0.2、S0.3 和下一个 SCR 段触发触点 I0.3 串联在一起，只有 3 个触点均闭合（S0.2、S0.3 的闭合表示 SCR 段完成，I0.3 的闭合表示要触发下一个 SCR 段），才进入下一个 SCR 段。

3）由于 S0.2 和 S0.3 表示的两个 SCR 段并未使用 SCRT 指令进行复位，所以在程序中需要使用复位指令（R）对 S0.2 和 S0.3 进行复位。

5.6 STEP 7 – Micro/WIN 编程软件介绍

STEP 7 – Micro/WIN 编程软件为用户开发、编辑和监控自己的应用程序提供了良好的编程环境。为了能快捷高效地开发应用程序，STEP 7 – Micro/WIN 软件为用户提供了三种程序编辑器，即梯形图、语句表、顺序功能图程序编辑器，在软件中三者之间可以方便地进行相互转化，以便有效地应用、开发、控制程序。以下简要介绍 STEP 7 – Micro/WIN 的使用方法。

5.6.1 STEP 7 – Micro/WIN 窗口介绍

双击桌面上的 STEP 7 – Micro/WIN 快捷方式图标，打开编程软件。选择工具菜单"Tools"选项下的"Options"，在弹出的对话框选中"Options"选项，在弹出的对话框中单击"General"项，然后在"Language"中选择"Chinese"。最后单击"OK"按钮，退出程序后重新起动。重新打开编程软件，此时为汉化界面。

主界面如图 5-35 所示，一般可以分为以下几个部分：浏览条、指令树、输出窗口、状态栏、程序编辑器、局部变量表。用户可以根据需要通过查看菜单和工具菜单决定其他窗口，如交叉参考、数据块、状态表、符号表等的取舍和样式的设置。

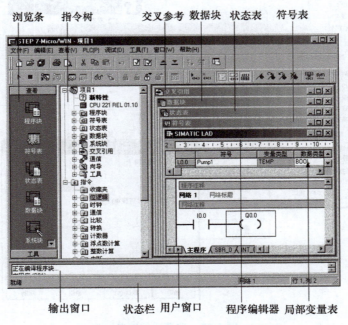

图 5-35　STEP 7 – Micro/WIN 窗口主界面

5.6.2 通信连接

西门子公司提供了多种方式连接 S7-200 PLC 和编程设备：通过 PPI 多主站电缆直接连接，或者通过带有 MPI 电缆的通信处理器（CP）卡连接，或者通过以太网通信卡连接。

使用 PPI 多主站电缆是将计算机连接至 S7-200 的最常用和最经济的方式。S7-200 可以通过两种不同类型的 PPI 多主站电缆进行通信，这些电缆允许通过 RS-232 或 USB 接口进行通信。本章中所有示例使用的 PC/PPI 电缆的 PC 端都是连在 RS-232 串口上的，也可称编程电缆为 RS232/PPI 电缆。

图 5-36 所示为 S7-200 与编程设备通过 RS-232/PPI 多主站电缆的连接。具体连接如下：

1）将 RS-232/PPI 多主站电缆的 RS-232 端（标志为 PC-RS232）连接到编程设备的通信端口（例如计算机的 RS-232 通信端口 COM1 或 COM2）上。

2）将 RS-232/PPI 多主站电缆的 RS-485 端（标志为"PPI-RS485"）连接到 S7-200 CPU 的通信端口 0 或端口 1 上。

图 5-36　编程设备与 S7-200 的连接

硬件设置好后，要按下面的步骤设置软件的通信参数等。

（1）为网络选择通信端口　选择 PPI 多主站电缆的方法很简单，如图 5-37 所示，只需执行以下步骤即可：

1）在通信设置窗口中双击"PC/PPI Cable（PPI）"图标。

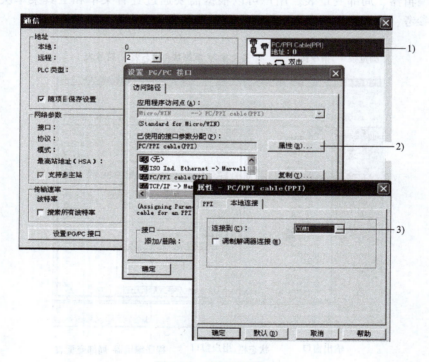

图 5-37　选择通信端口

2）为 STEP 7-Micro/WIN 选择接口参数。在"设置 PG/PC 接口"对话框中，单击"属性"按钮。

3）在"属性"对话框中，单击"本地连接"选项卡。选中所需的 COM 端口或 USB 口。

（2）为 STEP 7-Micro/WIN 设置波特率和站地址　必须为 STEP 7-Micro/WIN 设置波特率和站地址。其波特率必须与网络上其他设备的波特率一致，而且站地址必须唯一。通常不需要改变 STEP 7 – Micro/WIN 的默认站地址 0。在浏览条的操作栏中单击"设置 PG/PC 接口"图标，然后执行以下步骤（见图5-38）：

1）在"设置 PG/PC 接口"对话框中单击"属性"按钮。

2）在弹出的"属性"对话框的 PPI 选项卡中，为 STEP 7 – Micro/WIN 选择站地址。

3）为 STEP 7 – Micro/WIN 选择波特率。

（3）为 S7 – 200 设置波特率和站地址　S7 – 200 的波特率和站地址存储在系统块中。在为 S7 – 200 设置了参数之后，须将系统块下载至 S7 – 200 中。每一个 S7 – 200 通信口的波特率默认设置为 9.6kbit/s，站地址默认设置为 2。如图5-39所示，在浏览条的操作栏中单击系统块图标或者在命令菜单中选择"查看 > 组件 > 系统块"，然后执行以下步骤：

1）为 S7 – 200 选择站地址。
2）为 S7 – 200 选择波特率。
3）下载系统块到 S7 – 200。

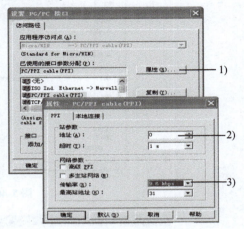

图 5-38　设置 STEP 7 – Micro/WIN

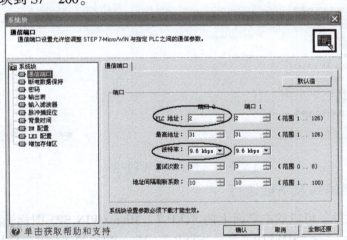

图 5-39　设置 S7 – 200 CPU

（4）设置远端地址　在将新设置下载到 S7 – 200 之前，必须进行 STEP 7 – Micro/WIN（本地）的通信口（COM）和 S7 – 200（远端）的地址设置，使它与远端 S7 – 200 的当前设置相匹配。在主界面左下角单击通信模块，系统将打开通信设置界面，如图5-40所示。

（5）在网络上寻找 S7 – 200 CPU　目前可以寻找并且识别连接在网络上的 S7 – 200。在搜索 S7 – 200 时，也可以寻找特定波特率上的网络或所有波特率上的网络。只有在使用 PPI 多主站电缆时，才能实现全波特率搜索。若在使用 CP 卡进行通信的情况下，该功能将无法实现。如图5-41所示，具体方法如下：

1）打开通信对话框并双击刷新图标开始搜寻。

141

2)要使用所有波特率搜寻,选中"搜索所有波特率"复选框。

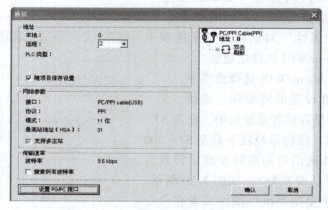

图 5-40 通信设置界面

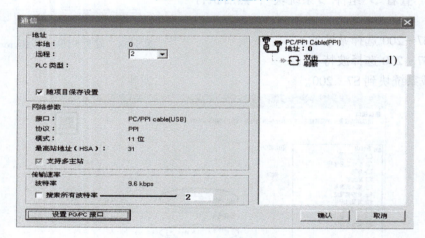

图 5-41 搜索网络上的 CPU

5.6.3 程序编制及下载运行

要打开编译软件,可以双击桌面上的 STEP 7 – Micro/WIN SP5 图标 ,也可以在命令菜单中选择"开始"→"SIMATIC"→"STEP 7 – MicroWIN 32 V4.0"。打开后进入 STEP 7 – Micro/WIN 的主界面,可以按下面步骤建立一个新项目:

1)选择"文件(File)"→"新建(New)"菜单命令。

2)在菜单栏中单击保存图标 ,在弹出的对话框中选择保存路径、编辑文件名,如图 5-42 所示。

3)然后在程序编辑器里输入指令来编制程序。

下面通过一个简单的例子来介绍程序编制和调试运行。

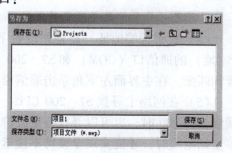

图 5-42 项目保存窗口

例：用开关S1、S2来控制红绿灯HL1、HL2的亮灭。假定S1、S2分别接PLC的输入端I0.0、I0.1；红灯HL1、绿灯HL2分别接PLC的输出端Q0.0、Q0.1。

1）编辑指令。从指令树中拖拽或者从指令输入栏上找到需要的指令，如图5-43所示。

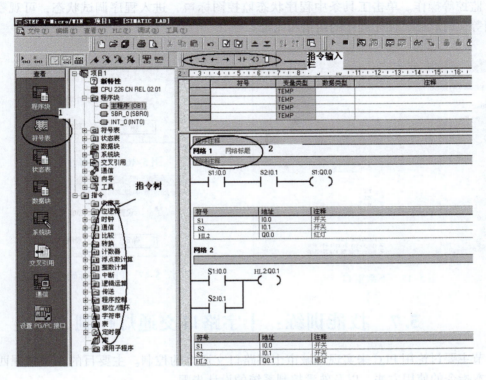

图5-43　程序的编制

注意：为了使程序的可读性增强，可以在符号表中定义和编辑符号名，使用户能在程序中用符号地址访问变量。单击图5-43中的符号表（标注圈1）即出现图5-44的内容，在此可以编辑所用的变量。同时，还可以在图5-43中标注圈2的部分为程序和网络添加注释，使程序更有可读性。

			符号	地址	注释
1			S1	I0.0	开关
2			S2	I0.1	开关
3			HL1	Q0.0	红灯
4			HL2	Q0.1	绿灯

图5-44　符号表的编辑框

2）程序编译。单击工具条中的编译图标，进行全部编译。如果程序在编辑层面上没有语法错误，将会在输出窗口显示“已编译的块有0个错误，0个警告，总错误数目：0”，这样接下来就可以进行程序的下载了。如果出现错误的话，输出窗口也会有出错提示，此时要修改完错误后才能下载。

3）下载程序。单击工具条中的下载图标，进行下载。如果通信正常，则弹出图5-45所示窗口，单击“下载”按钮，在弹出的对话框中单击“确定”按钮，将PLC设为STOP

模式，如图 5-46 所示；若通信错误，则可根据通信连接部分重新调整设置。

4) 程序运行。待下载完成后，在自动弹出的图 5-47 所示窗口中将 PLC 设为 RUN 模式即可，单击"确定"按钮。至此 PLC 的编译下载已经完成，接下来就可以进入 PLC 程序的调试、监控等操作。单击工具条中程序状态监控图标 ，进入程序调试状态，可观察触点及线圈等实时状态，便于程序的纠错和完善。

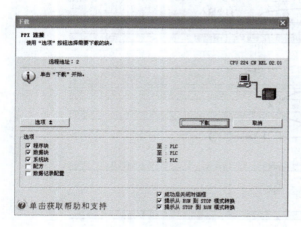

图 5-45 下载窗口

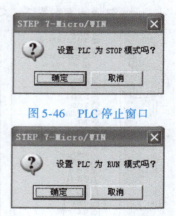

图 5-46 PLC 停止窗口

图 5-47 PLC 运行确定窗口

5.7 技能训练：十字路口交通灯控制

本节主要讨论用 PLC 来实现对城市十字路口交通灯的控制。主要目的在于掌握西门子 PLC 基本指令的使用方法，以及熟悉控制系统的设计步骤。

5.7.1 十字路口交通灯控制要求

图 5-48 所示是城市十字路口交通灯示意图，在十字路口的东南西北方向装设有红灯、绿灯、黄灯，它们按照一定时序轮流发亮。信号灯受一个起动开关控制，当启动开关接通时，信号灯系统开始工作，具体的控制要求如图 5-49 所示。当启动开关断开时，所有信号灯熄灭。其中，闪烁控制按亮灭各占一半时间计算，如闪烁 3s，则亮 0.5s，灭 0.5s，闪 3 次。

5.7.2 系统的硬件设计

1. 确定系统的输入/输出及 PLC 端口分配

根据十字交通灯的控制要求，该系统应有

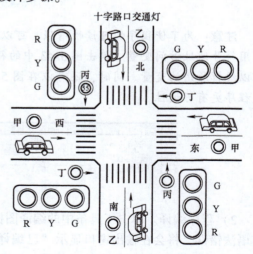

图 5-48 十字路口交通灯示意图

1 个启动开关，共 1 个输入点；12 盏灯，东西方向、南北方向的同一类灯可以共用 1 个输出点，故只需 6 个输出点。具体的 I/O 地址编号见表 5-3。

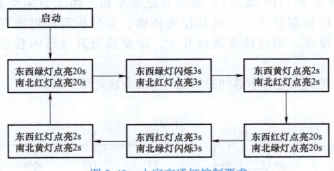

图 5-49 十字交通灯控制要求

表 5-3 端口分配功能表

序号	PLC 地址	电气符号	功能说明	序号	PLC 地址	电气符号	功能说明
1	I0.0	S	启动	5	Q0.3	NS_G	南北绿灯
2	Q0.0	EW_G	东西绿灯	6	Q0.4	NS_Y	南北黄灯
3	Q0.1	EW_Y	东西黄灯	7	Q0.5	NS_R	南北红灯
4	Q0.2	EW_R	东西红灯				

2. 控制系统接线

按照控制系统接线图连接控制电路，如图 5-50 所示。

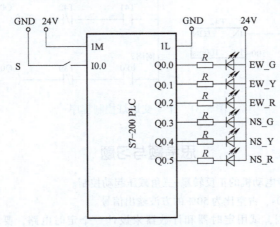

图 5-50 控制系统接线图

5.7.3 系统的软件设计

（1）程序设计流程图　在编写程序之前可以按图 5-49 来设计程序编制流程。

（2）编制程序　根据交通灯控制要求，采用基本指令编写的控制程序如图 5-51 所示。

5.7.4 系统调试运行

1）将编译无误的控制程序下载至 PLC 中，并将 PLC 模式选择开关拨至 RUN 状态。

2) 合上启动开关 S（ON 状态），观察并记录东西、南北方向交通灯的点亮状态，看是否满足交通灯的控制要求，并将其作为依据，来分析程序可能存在的问题。如果程序能够实现控制要求，则应该多运行几次，以便检查其运行的稳定性，然后进行程序优化。

3) 总结经验，把调试过程中遇到的问题、解决方法记录下来。

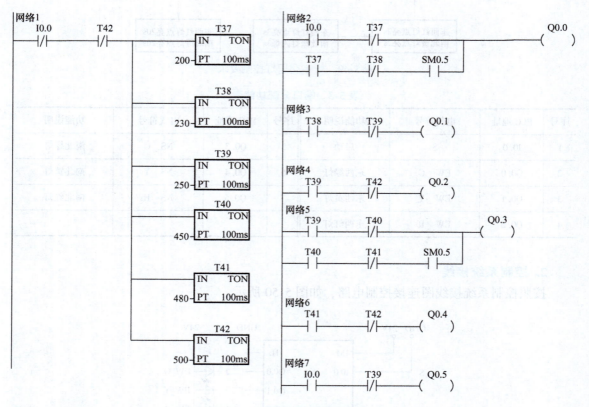

图 5-51 十字交通灯控制程序

思考题与习题

5-1 试用 PLC 实现异步电动机的正反转星-三角减压起动控制。

5-2 设计一个周期为 10s、占空比为 50% 的方波输出信号。

5-3 为了扩大延时范围，试用定时器和计数器来设计一个定时电路，要求在 I0.0 接通以后延时 14000s，再将 Q0.0 接通。

5-4 试用 PLC 设计一个控制系统，控制要求如下：

(1) 开机时，先起动 M_1 电动机，5s 后才能起动 M_2 电动机。

(2) 停止时，先停止 M_2 电动机，2s 后才能停止 M_1 电动机。

5-5 选择顺序控制功能图如图 5-52 所示，画出对应的梯形图和语句表。

5-6 如图 5-53 所示，小车开始停在左边，限位开关 I0.0 为 1 状态。按下起动按钮后，小车按图中的箭头方向运行，最后返回并停在限位开关 I0.0 处，画出顺序控制功能图和梯形图。

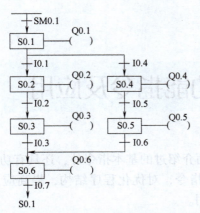
图 5-52　选择顺序控制功能图

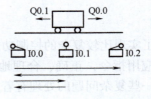
图 5-53　小车运行示意图

第 6 章

S7-200 PLC的功能指令及应用

PLC 为了实现比较复杂的控制功能，除前面介绍过的基本指令外，还具有功能指令。功能指令也叫应用指令，正确、合理地使用功能指令，对优化程序结构，提高应用系统的功能，简化对一些复杂问题的处理有着重要的作用。

本章介绍传送指令、算术和逻辑运算指令、移位指令、表功能指令及特殊功能指令的格式和梯形图编程方法。

6.1 传送指令

1. 数据传送指令

数据传送指令包括字节传送（MOVB）、字传送（MOVW）、双字传送（MOVD）和实数传送（MOVR）指令。不同的数据类型应采用不同的传送指令，其梯形图格式如图 6-1 所示。

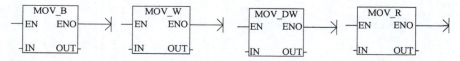

图 6-1　数据传送指令

（1）字节传送指令 MOVB　在字节传送指令中，EN 为使能控制输入端，IN 为传送数据输入端，OUT 为数据输出端，ENO 为指令和能流输出端。本节中的 EN、ENO、IN、OUT 功能同上，只是 IN 和 OUT 的数据类型不同。

MOVB 指令的功能是在使能输入端 EN 有效时，在不改变原值的情况下将由 IN 指定的一个 8 位字节数据传送到 OUT 指定的字节单元中。图 6-2 所示为 MOVB 指令的应用示例，当 I0.0 闭合时，将 16#07 传送到 VB0 中。

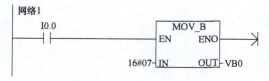

图 6-2　MOVB 指令的应用示例

（2）字/双字传送指令 MOVW/MOVD　其应用示例如图 6-3 所示。在本例中，当 I0.0 闭合时，将 VW100 中的字数据传送到 VW200 中；当 I0.1 闭合时，将 VD100 中的双字数据传送到 VD200 中。

（3）实数传送指令 MOVR　实数传送指令以 32 位实数双字作为数据传送单元，应用示例如图 6-4 所示。在图中，当 I0.0 有效时，将常数 2.23 传送到双字单元 VD200 中。

2. 数据块传送指令

数据块传送指令包括字节块传送（BMB）、字块传送（BMW）和双字块传送（BMD）

指令，其 LAD 格式分别如图 6-5 所示。

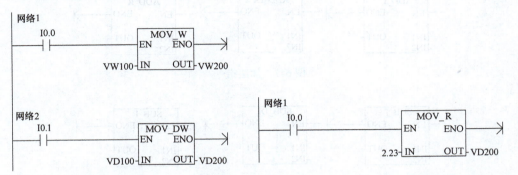

图 6-3　MOVW/MOVD 指令的应用示例　　图 6-4　MOVR 指令应用示例

图 6-5　数据块传送指令

字节块传送指令 BMB 功能是当使能端 EN 有效时，把以 IN 为字节起始地址的 N 个字节型数据传送到以 OUT 为起始地址的 N 个字节存储单元。N 的范围为 1~255。如图 6-6 所示，当 I0.0 闭合，将以 VB10 为首地址的四个单元（即 VB10、VB11、VB12、VB13）中的字节型数据依次传送到 VB100、VB101、VB102、VB103 中。

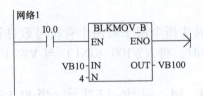

图 6-6　字节块传送指令举例

6.2　算术和逻辑运算指令

6.2.1　算术运算指令

1. 加法和减法指令

当使能端 EN 有效时，将输入 IN1、IN2 中的数据进行加法（减法）运算，结果存储在 OUT 指定的存储单元中。加法指令包括整数加法指令（ADD_I）、双整数加法指令（ADD_DI）和实数加法指令（ADD_R）。减法指令包括整数减法指令（SUB_I）、双整数减法指令（SUB_DI）和实数减法指令（SUB_R），其梯形图指令格式如图 6-7 和图 6-8 所示。

（1）整数加法指令 ADD_I　当 EN 有效时，将两个 16 位的有符号整数 IN1 和 IN2 相加，产生的结果送到单字存储单元 OUT 中，其应用示例如图 6-9 所示。

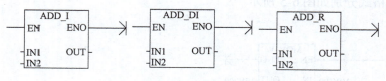

图6-7 加法指令

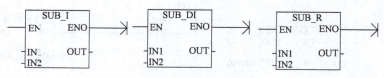

图6-8 减法指令

图6-9中,当I0.0有效时,将VW100和VW120中的整数相加,结果送到VW120(OUT)中。

(2) 双整数加法指令 ADD_DI 如图6-10所示,当I0.0有效时,将VD110中的双字数据与VD200中的双字数据相加,结果送到VD320中。

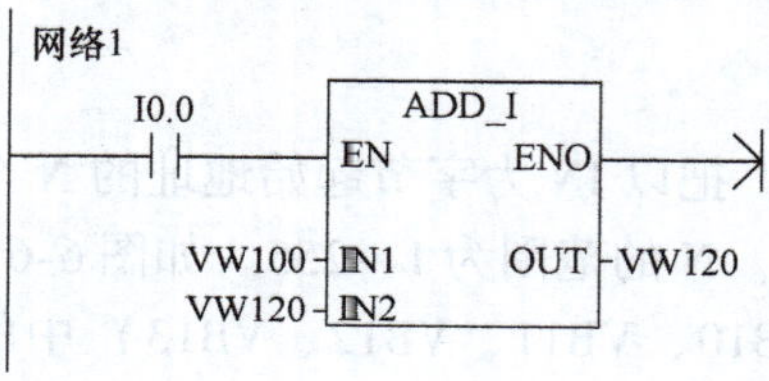

图6-9 ADD_I指令的应用示例

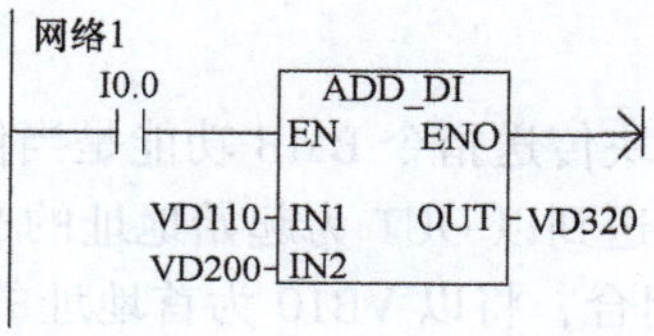

图6-10 ADD_DI指令的应用示例

(3) 减法指令 SUB_I 减法指令用于对两个有符号数进行减操作,与加法指令类似。如图6-11所示,当I0.0有效时,将VW100(IN1)与VW110(IN2)相减,其差值送到VW110(OUT)中。

(4) 双整数减法指令 SUB_DI 如图6-12所示,当I0.1有效时,将VD100(32位整数)与VD110(32位整数)相减,其差值送到VD200(OUT)中。

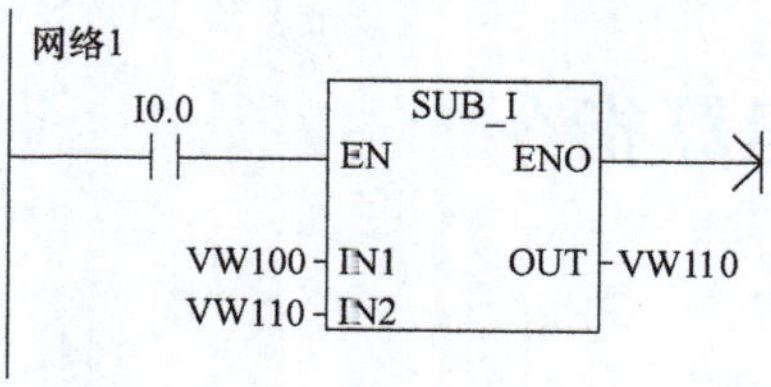

图6-11 SUB_I指令的应用示例

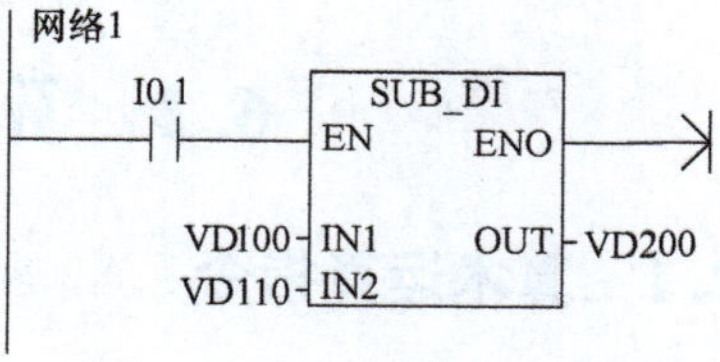

图6-12 SUB_DI指令的应用示例

2. 乘法指令

当使能端EN有效时,将输入IN1、IN2中的数据进行乘法运算,结果存储在OUT指定的数据中,其梯形图指令格式见表6-1。

(1) 整数乘法指令 MUL-I 如图6-13所示,当I0.1有效时,将VW100(16位单字长整数)与VW110(16位单字长整数)相乘,结果仍为16位单字长整数,送到VW200(OUT)中。如果运算结果超过16位二进制数表示的有符号数的范围,则产生溢出。

表 6-1 乘法指令

指令格式	整数乘法	双整数乘法	实数乘法	相乘指令	执行结果
LAD 格式	MUL_I EN ENO IN1 OUT IN2	MUL_DI EN ENO IN1 OUT IN2	MUL_R EN ENO IN1 OUT IN2	MUL EN ENO IN1 OUT IN2	IN1 * IN2 = OUT
指令功能	2个16位整数相乘,结果为16位整数	2个32位整数相乘,结果为32位整数	2个32位实数相乘,结果为32位实数	2个16位整数相乘,结果为32位整数	

(2) 相乘指令 MUL 相乘指令将两个16位单字长的有符号数 IN1 与 IN2 相乘,运算结果为32位的整数,保存在 OUT 中。其应用示例如图6-14 所示,当 I0.1 有效时,将 VW100 与 VW110 相乘,结果为32位数据,送到 VD200 中。

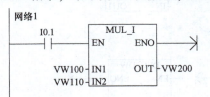

图 6-13 MUL-I 指令的应用示例

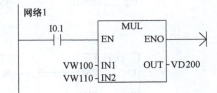

图 6-14 MUL 的应用示例

3. 除法指令

当使能端 EN 有效时,将输入 IN1、IN2 中的数据进行除法运算,结果存储在 OUT 指定的数据中,其 LAD 指令格式见表6-2。

表 6-2 除法指令

指令格式	整数除法指令	双整数除法指令	实数除法指令	相除指令	执行结果
LAD 格式	DIV_I EN ENO IN1 OUT IN2	DIV_DI EN ENO IN1 OUT IN2	DIV_R EN ENO IN1 OUT IN2	DIV EN ENO IN1 OUT IN2	IN1/IN2 = OUT
指令功能	2个16位整数相除,结果为16位整数(商),不保留余数	2个32位整数相除,结果为32位整数(商),不保留余数	2个32位实数相除,结果为32位实数(商),不保留余数	2个16位整数相除,结果为16位余数(高位)和16位商(低位)	

(1) 整数除法指令 其应用示例如图6-15 所示,在 I0.1 有效时,将 VW120 (IN1,16位整数)除以10 (IN2,16位整数),结果为16位数据,送到 VW200 (OUT)中。

(2) 相除指令 其应用示例如图6-16 所示,当 I0.1 有效时,将 VW110 (16位整数)除以 VW120 (16位整数),结果为32位数据,送到 VD200 中。

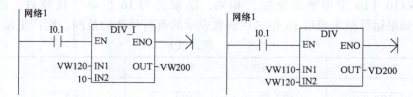

图 6-15　整数除法指令的应用示例　　图 6-16　相除指令的应用示例

4. 增、减指令

增、减指令是在输入数据 IN 上加 1 或减 1，结果输出到 OUT 中，其 LAD 格式如图 6-17 和图 6-18 所示。字节递增（INC_B）和字节递减（DEC_B）操作是无符号的。字递增（INC_W）和字递减（DEC_W）、双字递增（INC_DW）和双字递减（DEC_DW）操作是有符号的。

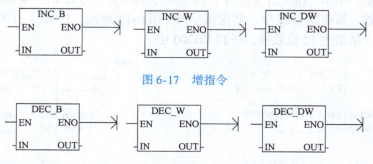

图 6-17　增指令

图 6-18　减指令

6.2.2　逻辑运算指令

将输入数据 IN1、IN2 对应位进行与（或、异或、取反）运算，结果输出到 OUT 中去，指令格式说明见表 6-3。

表 6-3　逻辑运算指令

梯形图格式	与运算	或运算	异或运算	取反运算
字节运算	WAND_B EN　ENO IN1　OUT IN2	WOR_B EN　ENO IN1　OUT IN2	WXOR_B EN　ENO IN1　OUT IN2	INV_B EN　ENO IN　OUT
字运算	WAND_W EN　ENO IN1　OUT IN2	WOR_W EN　ENO IN1　OUT IN2	WXOR_W EN　ENO IN1　OUT IN2	INV_W EN　ENO IN　OUT
双字运算	WAND_DW EN　ENO IN1　OUT IN2	WOR_DW EN　ENO IN1　OUT IN2	WXOR_DW EN　ENO IN1　OUT IN2	INV_DW EN　ENO IN　OUT
指令功能	IN1 和 IN2 按位与	IN1 和 IN2 按位或	IN1 和 IN2 按位异或	IN 按位取反

逻辑运算指令应用举例如图 6-19 所示。

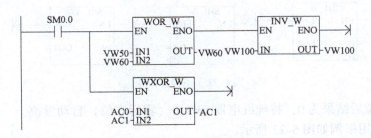

图 6-19　逻辑运算指令应用举例

程序运行后，各存储单元的值如下：

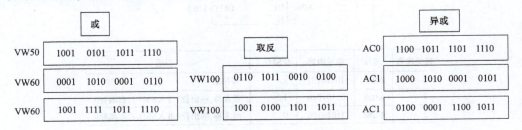

6.3　移位指令

6.3.1　右移位和左移位指令

（1）右移位指令　当使能端 EN 有效时，把输入端（IN）指定的数据右移 N 位，结果存入 OUT。

右移位指令分为字节右移位指令（SHR_B）、字右移位指令（SHR_W）和双字右移位指令（SHR_DW），其梯形图格式如图 6-20 所示。

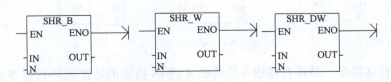

图 6-20　右移位指令

（2）左移位指令　当使能端 EN 有效时，把输入端（IN）指定的数据左移 N 位，结果存入 OUT。

左移位指令分为字节左移位指令（SHL_B）、字左移位指令（SHL_W）和双字左移位指令（SHL_DW），其梯形图格式如图 6-21 所示。

移位指令注意事项：

1）特殊继电器 SM1.1 与溢出端相连，最后一次被移出的位进入 SM1.1，另一端自动补 0。允许移位的位数由移位类型决定，即字节型为 8 位，字型为 16 位，双字为 32 位。如果移位的位数超过允许的位数，则实际移位为最大允许值。

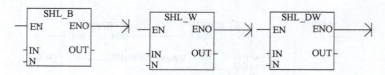

图 6-21　左移位指令

2）如果移位后结果为 0，特殊继电器 SM1.0（零标志位）自动置位。
移位指令应用举例如图 6-22 所示。

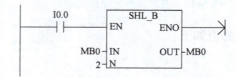

移位次数	地址	单元内容	位SM1.1	说明
0	MB0	10110101	×	移位前
1	MB0	01101010	1	数左移,移出位1进入SM1.1,右端补0
2	MB0	11010100	0	数左移,移出位0进入SM1.1,右端补0

图 6-22　移位指令应用举例

6.3.2　循环移位指令

（1）循环左移指令　循环左移指令是将输入端 IN 指定的数据循环左移 N 位，结果存入输出 OUT 中。循环左移分为字节循环左移指令（ROL_B）、字循环左移指令（ROL_W）和双字循环左移指令（ROL_DW）。其梯形图格式如图 6-23 所示。

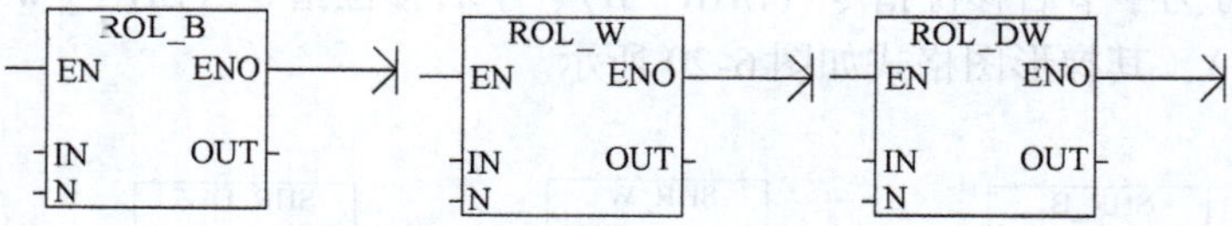

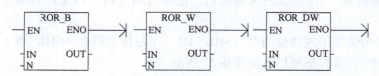

图 6-23　循环左移指令

（2）循环右移指令　循环右移指令是将输入端 IN 指定的数据循环右移 N 位，结果存入输出 OUT 中。循环右移分为字节循环右移指令（ROR_B）、字循环右移指令（ROR_W）和双字循环右移指令（ROR_DW）。其梯形图格式如图 6-24 所示。

图 6-24　循环右移指令

循环移位指令的应用举例如图 6-25 所示。

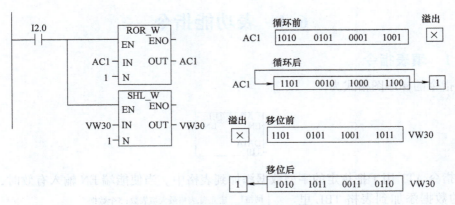

图 6-25 循环移位指令的应用举例

6.3.3 移位寄存器指令

移位寄存器指令 SHRB 的梯形图格式为

移位寄存器指令把输入的 DATA 数据移入移位寄存器。每次使能输入有效时，整个移位寄存器移动 1 位。

1. 移位寄存器的长度取决于操作数 S_BIT 和 N

其中，S_BIT 指定移位寄存器的最低位；N 指定移位寄存器的长度和移位方向，可指定的最大长度为 64 位，可正也可负。

当 N 为负值时，数据反向移动，输入数据从最高位移入，从最低位（S_BIT）移出，移出的数据放在溢出标志位（SM1.1）中。

当 N 为正值时，数据正向移动，输入数据从最低位（S_BIT）移入，从最高位移出，移出的数据放在溢出标志位（SM1.1）中。

2. 移位寄存器指令应用举例

移位寄存器指令的应用例如图 6-26 所示。

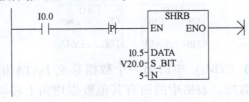

I0.0的脉冲数	I0.5值	VB20内容	位SM1.1	说明
0	×	101 10101	×	移位前状态
1	1	101 01011	1	1移入SM1.1,I0.5的值进入右端
2	1	101 10111	0	0移入SM1.1,I0.5的值进入右端
3	0	101 01110	1	1移入SM1.1,I0.5的值进入右端

图 6-26 移位寄存器指令的应用例

6.4 表功能指令

6.4.1 填表指令

填表指令的梯形图格式为

填表指令 ATT 用于把指定的字型数据添加到表格中。当使能端 EN 输入有效时，将 DATA 指定的数据添加到表格 TBL 里面。表格中的第一个数值是表格的最大填表数（TL），第二个数值是实际填表数（EC），指已填入表格的数据个数，新的数据增加在表中的上一个数据之后，每次向表格中增加新数据后，计数器自动加 1。要建立表格，最大填表数 TL 必须大于或等于 1，而且，表格读取和表格写入指令必须用边沿触发指令激活。表格中数据除了参数 TL 和 EC 外，还可以最多有 100 个填表数据。表格溢出时，SM1.4 被置 1。

填表指令的应用举例如图 6-27 所示。

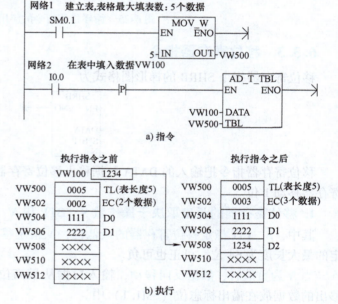

图 6-27 填表指令的应用举例

6.4.2 先进先出指令（FIFO）、后进先出指令（LIFO）

先进先出指令、后进先出指令的梯形图格式为

先进先出指令是将表格（TBL）中的第一个数据移至 DATA 指定的寄存器，移除表格（TBL）中最先进入的一个数据。表格中的所有其他数据均向上移动一个位置。每次执行指令时，表格中的数据计数（EC）减 1。

后进先出指令是将表格（TBL）中的最新（或最后进入）的一个数据移至 DATA 指定的寄存器，移除表格（TBL）中的最后进入的一个数据。每次执行指令时，表格中的数据计数减 1。

先进先出指令、后进先出指令的应用举例如图 6-28 所示。

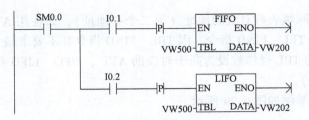

图 6-28 FIFO、LIFO 指令的应用举例

先进先出指令（FIFO）的执行：

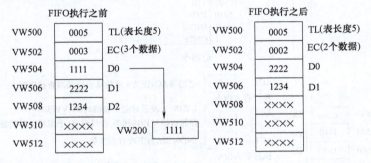

后进先出指令（LIFO）的执行：

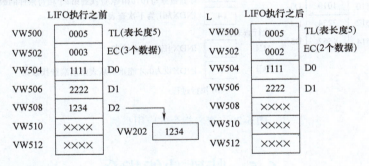

6.4.3 查表指令

查表指令的梯形图格式为

查表（TBL_FIND）指令在表格（TBL）中搜索符合条件的数据在表中的位置（用数据编号表示，编号范围为 0~99）。

激活 TBL_FIND 指令后，从 INDX 指定的表格条目开始，寻找与 CMD 定义的搜索标准相匹配的数据数值 PTN。将 INDX 的值设为 0，则从表格的顶端开始搜索。命令参数 CMD 被指定一个 1~4 的数值，分别代表 =、<>、<和>。如果找到匹配条目，则 INDX 指向表格中的匹配条目。要查找下一个匹配条目，再次激活查表指令之前必须在 INDX 上加 1。如果未找到匹配条目，INDX 的数值等于实际填表数 EC。一个表格最多可有

100个数据。

TBL 为表格的实际填表数对应的地址（第二个字地址），如在用 ATT、LIFO 和 FIFO 指令生成的表格中使用 TBL_FIND 指令，因 TBL_FIND 指令并不要求最大条目数，因此应当将 TBL_FIND 指令的 TBL 操作数设为高于对应的 ATT、FIFO、LIFO 指令 TBL 操作数的一个字地址（两个字节）。

查表指令的应用举例如图 6-29 所示。

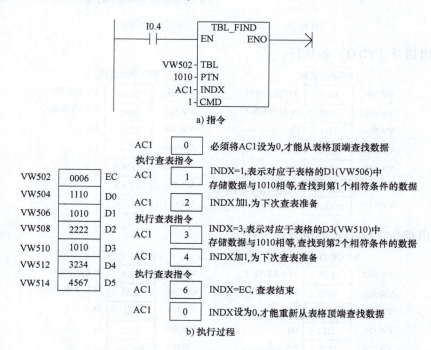

图 6-29 查表指令的应用举例

6.5 特殊功能指令

6.5.1 中断指令

在 S7-200 PLC 中，中断服务程序的调用和处理由中断指令来完成。

1. 中断程序的创建

可以采用下列方法创建中断程序：在"编辑"菜单中选择"插入"→"中断"命令；或在程序编辑器视窗中单击鼠标右键，从弹出的菜单中选择"插入"→"中断"命令；或用鼠标右键单击指令树上的"程序块"图标，并从弹出的菜单中选择"插入"→"中断"命令。创建成功后程序编辑器将显示新的中断程序，程序编辑器底部出现标有新的中断程序的标签，可以对新的中断程序编程。

2. 中断事件与中断指令

（1）中断事件　S7-200 支持通信口中断、I/O 中断和时基中断三种中断类型，其中通信口中断为最高级。三种中断类型共有 34 种事件，名称及其优先级见表 6-4。

表 6-4 中断事件及其优先级

中断号	中断描述	优先级分组	按组排列的优先级	中断号	中断描述	优先级分组	按组排列的优先级
8	端口 0：接收字符	通信口中断（最高）	0	15	HSC1 外部复位	I/O 中断（中等）	15
9	端口 0：传输完成		0	16	HSC2 CV = PV		16
23	端口 0：接收信息完成		0	17	HSC2 输入方向改变		17
24	端口 1：接收信息完成		1	18	HSC2 外部复位		18
25	端口 1：接收字符		1	19	PTO 0 完成中断		0
26	端口 1：传输完成		1	20	PTO 1 完成中断		1
0	上升沿，I0.0	I/O 中断（中等）	2	27	HSC0 输入方向改变		11
1	下降沿，I0.0		6	28	HSC0 外部复位		12
2	上升沿，I0.1		3	29	HSC4 CV = PV		20
3	下降沿，I0.1		7	30	HSC4 方向改变		21
4	上升沿，I0.2		4	31	HSC4 外部复位		22
5	下降沿，I0.2		8	32	HSC3 CV = PV		19
6	上升沿，I0.3		5	33	HSC5 CV = PV		23
7	下降沿，I0.3		9	10	定时中断 0	时基中断（最低）	0
12	HSC0 CV = PV		10	11	定时中断 1		1
13	HSC1 CV = PV		13	21	定时器 T32 CT = PT 中断		2
14	HSC1 输入方向改变		14	22	定时器 T96 CT = PT 中断		3

1) 通信口中断。PLC 的串行通信口可由 LAD 或 STL 程序来控制。通信口的这种操作模式称为自由端口模式。在自由端口模式下，用户可用程序定义波特率、每个字符位数、奇偶校验和通信协议。利用接收和发送中断可简化程序对通信的控制。对于更多信息，参考发送和接收指令。

2) I/O 中断。I/O 中断包含了上升沿或下降沿中断、高速计数器（HSC）中断和脉冲串输出（PTO）中断。S7-200 CPU 可用输入 I0.0～I0.3 的上升沿或下降沿产生中断。上升沿事件和下降沿事件可被这些输入点捕获。这些上升沿/下降沿事件可被用于指示当某个事件发生时必须引起注意的条件。高速计数器中断允许响应诸如当前值等于预置值、相应于轴转动方向变化的计数方向改变和计数器外部复位等事件而产生的中断。每种高速计数器可对高速事件实时响应，而 PLC 扫描速率对这些高速事件是不能控制的。脉冲串输出中断给出了已完成指定脉冲数输出的指示。脉冲串输出中断的一个典型应用是对步进电动机进行控制。

3) 时基中断。时基中断包括定时中断和定时器 T32/T96 中断。可以用定时中断指定一个周期性的活动。周期以 1ms 为增量单位，周期时间为 1ms～255ms。对定时中断 0，必须把周期时间写入 SMB34；对定时中断 1，必须把周期时间写入 SMB35。每当定时器溢出时，定时中断事件把控制权交给相应的中断程序，如可用定时中断以固定的时间间隔去控制模拟量输入的采样或者执行一个 PID 回路。

当把某个中断程序连接到一个定时中断事件上时，如果该定时中断被允许，那就开始计时。在连接期间，系统捕捉周期时间值，因而后来对 SMB34 和 SMB35 的更改不会影响周期。为改变周期时间，首先必须修改周期时间值，然后重新把中断程序连接到定时中断事件上。当重新连接时，定时中断功能清除前一次连接时的任何累计值，并用新值重新开始计时。

一旦允许，定时中断就连续地运行，指定时间间隔的每次溢出时执行被连接的中断程序。如果退出 RUN 模式或分离定时中断，则定时中断被禁止。如果执行了全局中断禁止指令，定时中断事件会继续出现，每个出现的定时中断事件将进入中断队列（直到中断允许或队列满）。

定时器 T32/T96 中断允许及时地响应一个给定的时间间隔。这些中断只支持 1ms 分辨率的延时接通定时器（TON）T32 和延时断开定时器（TOF）T96。T32 和 T96 定时器在其他方面工作正常。一旦中断允许，当有效定时器的当前值等于预置值时，在 CPU 的正常 1ms 定时刷新中，执行被连接的中断程序。首先把一个中断程序连接到 T32/T96 中断事件上，然后允许该中断。

(2) 中断指令 中断指令包括中断连接指令（ATCH）、中断分离指令（DTCH）、清除中断事件指令（CLR_EVNT）、中断允许指令（ENI）、中断禁止指令（DISI）和中断条件返回指令（CRETI），其梯形图格式如图 6-30 所示。

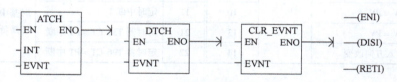

图 6-30 中断指令 LAD 格式

1) 中断连接指令 ATCH 将中断事件 EVNT 与中断服务程序号相联系，并启动中断事件。

2) 中断分离指令 DTCH 将中断事件 EVNT 与中断服务程序之间的关联切断，并禁止该中断事件。

3) 清除中断事件指令 CLR_EVNT 用来从中断队列中清除所有 EVNT 类型的中断事件。使用此指令应从中断队列中清除不需要的中断事件。如果此指令用于清除假的中断事件，在从队列中清除事件之前要首先分离事件；否则，在执行清除事件指令之后，新的事件将被增加到队列中。

4) 中断允许指令 ENI 全局地允许所有被连接的中断事件。

5) 中断禁止指令 DISI 全局地禁止处理所有中断事件。当进入 RUN 模式时，初始状态为禁止中断。在 RUN 模式，可以执行全局中断允许指令（ENI）允许所有中断。全局中断禁止指令（DISI）不允许处理中断服务程序，但中断事件仍然会排队等候。

6) 中断条件返回指令 CRETI 用于根据前面的逻辑操作的条件，从中断服务程序中返回。

(3) 中断优先级和中断队列 中断优先级是指多个中断事件同时发出中断请求时，CPU 对中断事件响应的优先次序。S7-200 规定的中断优先级由高到低依次是通信中断、I/O 中断和定时中断。每类中断中不同的中断事件又有不同的优先级，见表 6-4。S7-200 在各自的优先级组内按照先来先服务的原则为中断提供服务。在任何时刻，只能执行一个中断程序。一旦一个中断程序开始执行，则一直执行至完成，不能被另一个中断程序打断，即使是更高优先级的中断程序。

中断程序执行中，新的中断请求按优先级排队等候。中断队列能保存的中断个数有限，若超出，则会产生溢出。中断程序应用举例如图6-31所示。

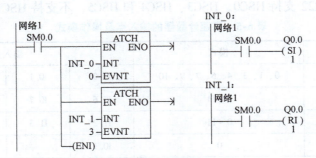

图6-31 中断程序应用举例

说明：在网络1中，我们使用中断连接指令ATCH，分别将中断事件EVNT0与中断服务号INT_0、中断事件EVNT3与中断服务号INT_1相连。由于中断事件EVNT0与EVNT3分别是由I0.0的上升沿和I0.1的下降沿来触发，因此当I0.0的上升沿到来时，启动中断INT_0，使得Q0.0立即置位；当I0.1的下降沿到来时，启动中断INT_1，使得Q0.0立即复位。

6.5.2 高速计数器指令

PLC的普通计数器的计数过程与扫描工作方式有关，CPU通过每一扫描周期读取一次被测信号的方法来捕捉被测信号的上升沿，当被测信号的频率较高时，会丢失计数脉冲，因为普通计数器的工作频率很低，一般仅有几十赫兹。高速计数器可以对普通计数器无能为力的事件进行计数，S7-200有6个高速计数器HSC0~HSC5，可以设置多达12种不同的操作模式。

一般来说，高速计数器被用作驱动鼓式计时器，该设备有一个安装了增量轴式编码器的轴，以恒定的速度转动。轴式编码器每圈提供一个确定的计数值和一个复位脉冲。来自轴式编码器的时钟和复位脉冲作为高速计数器的输入。

高速计数器装入一组预置值中的第一个值，当前计数值小于当前预置值时，希望的输出有效。计数器设置成在当前值等于预置值和有复位时产生中断。随着每次当前计数值等于预置值的中断事件的出现，一个新的预置值被装入，并重新设置下一个输出状态。当出现复位中断事件时，设置第一个预置值和第一个输出状态，这个循环又重新开始。

对于操作模式相同的高速计数器，其计数功能是相同的。高速计数器共有四种基本类型：带有内部方向控制的单向计数器（模式0~2）、带有外部方向控制的单向计数器（模式3~5）、带有增减计数时钟的双向计数器（模式6~8）和A/B相正交计数器（模式9~11）。高速计数器可以被配置为12种模式中的任意一种，参见表6-5。

每一个计数器都有时钟、方向控制、复位、启动的特定输入。对于双向计数器，两个时钟都可以运行在最高频率。在正交模式下,可以选择1倍速(1×)或者4倍速(4×)的计数速率。所有计数器都可以运行在最高频率下而互不影响。表6-5中给出了与高速计数器相关的时钟、方向控制、复位和启动输入点。同一个输入点不能用于两个不同的功能,但是任何一个没有被高速计数器的当前模式使用的输入点,都可以被用作其他用途。

提示:

CPU221和CPU222支持HSC0、HSC3、HSC4和HSC5,不支持HSC1和HSC2。

表6-5 高速计数器的输入点及操作模式

高速计数器	模式	输入点			
HSC0	0、1、3、4、6、7、9、10	I0.0	I0.1	I0.2	
HSC1	0~11	I0.6	I0.7	I1.0	I1.1
HSC2	0~11	I1.2	I1.3	I1.4	I1.5
HSC3	0	I0.1			
HSC4	0、1、3、4、6、7、9、10	I0.3	I0.4	I0.5	
HSC5	0	I0.4			
带有内部方向控制的单向计数器	0	时钟			
	1	时钟		复位	
	2	时钟		复位	启动
带有外部方向控制的单向计数器	3	时钟	方向		
	4	时钟	方向	复位	
	5	时钟	方向	复位	启动
带有增减计数时钟的双向计数器	6	增时钟	减时钟		
	7	增时钟	减时钟	复位	
	8	增时钟	减时钟	复位	启动
A/B相正交计数器	9	时钟A	时钟B		
	10	时钟A	时钟B	复位	
	11	时钟A	时钟B	复位	启动

CPU224、CPU224XP和CPU 226全部支持6个高速计数器:HSC0~HSC5。

1. 与高速计数器相关的寄存器

与高速计数器相关的寄存器是控制字寄存器、初始值寄存器、预置值寄存器、当前值寄存器和状态字寄存器。

(1)控制字寄存器 系统为每个高速计数器都安排了一个特殊寄存器SMB作为控制字,可通过对控制字指定位的设置,确定高速计数器的工作模式。各个位的含义见表6-6。在执行高速计数器选择指令HDEF前,必须把这些控制位设定到希望的状态。否则,计数器对计数模式的选择取默认设置。一旦HDEF指令被执行,就不能再更改计数器的设置,除非先进入STOP模式。

表 6-6　高速计数器的控制字寄存器

HSC0	HSC1	HSC2	HSC3	HSC4	HSC5	描　述
SM37.0	SM47.0	SM57.0	SM137.0	SM147.0	SM157.0	0 = 复位信号高电平有效，1 = 低电平有效
SM37.1	SM47.1	SM57.1	SM137.1	SM147.1	SM157.1	0 = 启动信号高电平有效，1 = 低电平有效
SM37.2	SM47.2	SM57.2	SM137.2	SM147.2	SM157.2	0 = 4 倍频模式，1 = 1 倍频模式
SM37.3	SM47.3	SM57.3	SM137.3	SM147.3	SM157.3	0 = 减计数，1 = 加计数
SM37.4	SM47.4	SM57.4	SM137.4	SM147.4	SM157.4	写入计数方向：0 = 不更新，1 = 更新
SM37.5	SM47.5	SM57.5	SM137.5	SM147.5	SM157.5	写入预置值：0 = 不更新，1 = 更新
SM37.6	SM47.6	SM57.6	SM137.6	SM147.6	SM157.6	写入当前值：0 = 不更新，1 = 更新
SM37.7	SM47.7	SM57.7	SM137.7	SM147.7	SM157.7	高速计数控制：0 = 禁止，1 = 允许

（2）初始值、预置值和当前值寄存器　每个高速计数器都有一个 32 位的初始值和一个 32 位的预置值。初始值和预置值都是有符号整数。为了向高速计数器装入新的初始值和预置值，必须先设置控制字节，并且把初始值和预置值存入特殊存储器中，然后执行高速计数器启动指令 HSC 指令，从而将新的值传送到高速计数器。表 6-7 中对保存新的初始值和预置值寄存器做了说明。

表 6-7　高速计数器的新初始值和预置值寄存器

高速计数器	HSC0	HSC1	HSC2	HSC3	HSC4	HSC5
新的初始值	SMD38	SMD48	SMD58	SMD138	SMD148	SMD158
新的预置值	SMD42	SMD52	SMD62	SMD142	SMD152	SMD162

除去控制字、初始值与预置值寄存器外，每个高速计数器都有一个 32 位的当前值寄存器，该当前值只能使用数据格式 HCx（x = 0，1，2，3，4，5）进行读取。

所有计数器模式都支持在 HSC 的当前值等于预置值时产生一个中断事件，使用外部复位端的计数模式支持外部复位中断。除去模式 0、1 和 2 之外，所有计数器模式支持计数方向改变中断。每种中断条件都可以分别使能或者禁止。

（3）状态字寄存器　每个高速计数器都有一个状态字寄存器，用于监视高速计数器的工作状态，执行由高速计数器产生的中断。表 6-8 给出了每个高速计数器状态位的定义。只有在执行中断服务程序时，状态位才有效。

表 6-8　高速计数器的状态字寄存器

HSC0	HSC1	HSC2	HSC3	HSC4	HSC5	描　述
SM36.5	SM46.5	SM56.5	SM136.5	SM146.5	SM156.5	计数方向：0 = 减计数；1 = 加计数
SM36.6	SM46.6	SM56.6	SM136.6	SM146.6	SM156.6	0 = 当前值不等于预置值；1 = 等于
SM36.7	SM46.7	SM56.7	SM136.7	SM146.7	SM156.7	0 = 当前值小于预置值；1 = 大于

2. 高速计数器相关指令

高速计数器的指令包括高速计数器选择指令 HDEF 和高速计数器启动指令 HSC，其梯形图格式如图 6-32 所示。

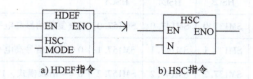

图 6-32 高速计数器指令的 LAD 格式

1) 高速计数器选择指令 HDEF，为指定的高速计数器（HSC×）选择操作模式。对于每一个高速计数器使用一条高速计数器选择指令。

2) 高速计数器启动指令 HSC，用于启动标号为 N 的高速计数器。

3) 高速计数器的编程。在 STEP 7 – Micro/WIN 软件中可以使用指令向导来配置计数器。向导程序使用下列信息：计数器的类型和模式、计数器的预置值、计数器的初始值和计数的初始方向。要启动 HSC 指令向导，可以在命令菜单中选择"Tools"→"Instruction Wizard"，然后在向导窗口中选择 HSC 指令。

使用高速计数器进行编程，必须完成下列基本操作：

① 定义计数器和模式。

② 设置控制字寄存器。

③ 设置初始值。

④ 设置预置值。

⑤ 指定并使能中断服务程序。

⑥ 激活高速计数器。

由于中断事件产生的速率远低于高速计数器的计数速率，用高速计数器可实现精确控制，而与 PLC 整个扫描周期的关系不大。采用中断的方法允许在简单的状态控制中用独立的中断程序装入一个新的预置值。

在使用高速计数器之前，应该用 HDEF 指令为计数器选择一种计数模式。使用初次扫描存储器位 SM0.1（该位仅在第一次扫描周期接通，之后断开）来调用一个包含 HDEF 指令的子程序。

3. 高速计数器应用举例：包装生产线产品累计和包装的 PLC 控制

控制要求：某产品包装生产线应用高速计数器对产品进行累计和包装，要求每检测到 1000 个产品时，自动起动包装机进行包装，计数方向由外部信号控制。

(1) 方案设计 选择高速计数器 HSC0，因为计数方向可由外部信号控制，并且不要求复位信号输入，确定工作模式为 3。采用当前值等于设定值时执行中断事件，中断事件号为 12，当 12 号事件发生时，启动包装机工作子程序 SBR_2。高速计数器的初始化采用子程序 SBR_1。

调用高速计数器初始化子程序的条件是采用 SM0.1 初始脉冲信号。

HSC0 的当前值存入 SMD38，设定值 1000 写入 SMD42。

(2) 程序编写 自动包装机计数程序如图 6-33 所示。

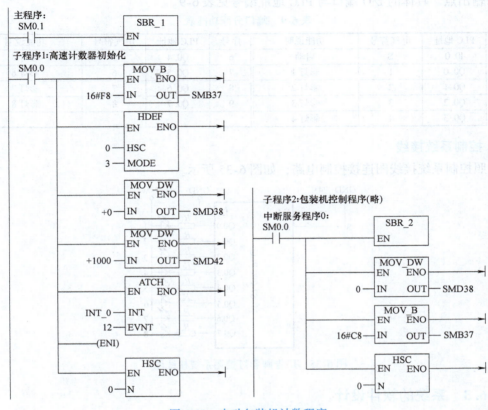

图 6-33　自动包装机计数程序

6.6　技能训练：广告牌彩灯的 PLC 控制

本节主要讨论用 PLC 来实现对广告牌彩灯的控制。主要目的在于熟悉 PLC 功能指令的用法，重点掌握西门子 PLC 数据传送及移位指令的使用方法。

6.6.1　广告牌彩灯的 PLC 控制要求

图 6-34 所示是广告牌彩灯示意图。该广告牌共有 8 个彩灯，8 个彩灯受一个起动开关控制。当启动开关接通时，广告牌彩灯系统开始工作，具体的控制要求为：第 1 号灯亮→第 2 号灯亮→第 3 号灯亮……第 8 号灯亮，即每隔 1s 依次点亮，全亮 1s 后灭 1s，再次全亮 1s 后按 8→7→6→5→4→3→2→1 反序熄灭，时间间隔仍为 1s。全灭后，停 1s，再从第 1 号灯点亮，开始循环；当启动开关断开时，所有彩灯熄灭。

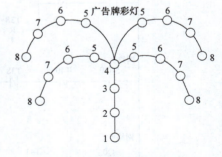

图 6-34　广告牌彩灯示意图

6.6.2　系统的硬件设计

1. 确定系统的输入/输出及 PLC 端口分配

根据广告牌彩灯的控制要求，该系统应有 1 个启动开关，共 1 个输入点；8 个彩灯，共有 8 个输出点。具体的 I/O 端口与 PLC 地址编号见表 6-9。

表 6-9　端口分配功能表

序号	PLC 地址	电气符号	功能说明	序号	PLC 地址	电气符号	功能说明
1	I0.0	S	启动	6	Q0.4	5	彩灯 5
2	Q0.0	1	彩灯 1	7	Q0.5	6	彩灯 6
3	Q0.1	2	彩灯 2	8	Q0.6	7	彩灯 7
4	Q0.2	3	彩灯 3	9	Q0.7	8	彩灯 8
5	Q0.3	4	彩灯 4				

2. 控制系统接线

按照控制系统接线图连接控制电路，如图 6-35 所示。

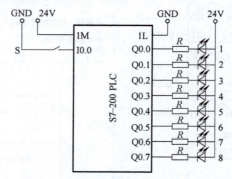

图 6-35　广告牌彩灯控制系统接线图

6.6.3　系统的软件设计

按照广告牌彩灯控制要求，采用数据传送及移位指令设计的控制程序如图 6-36 所示。

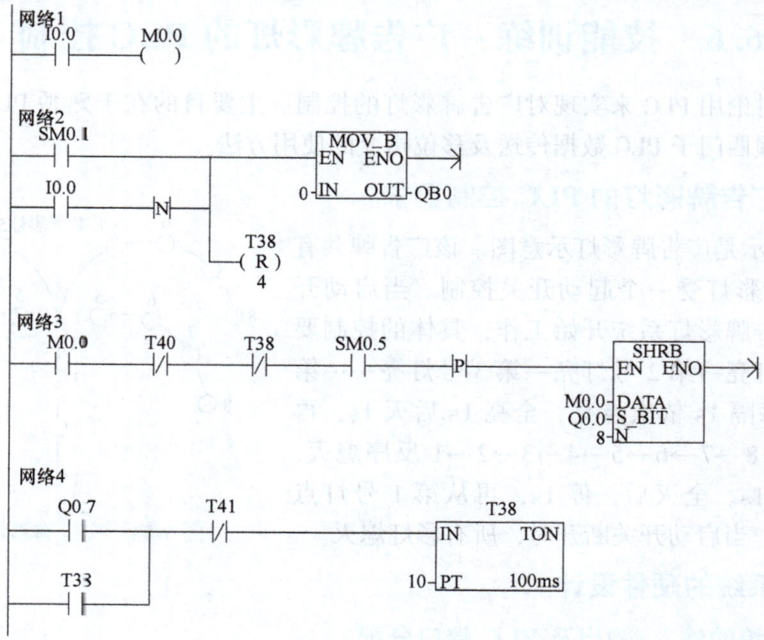

图 6-36　广告牌彩灯控制程序

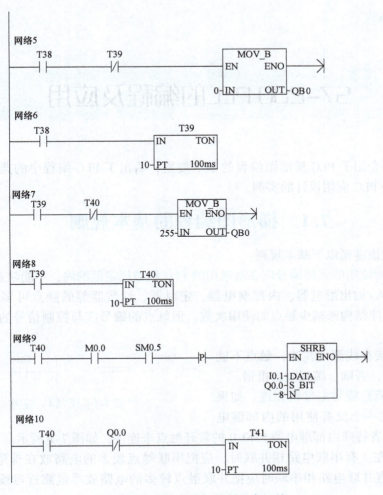

图 6-36 广告牌彩灯控制程序（续）

6.6.4 调试运行

1）将编译无误的控制程序下载至 PLC 中，并将 PLC 模式选择开关拨至 RUN 状态。

2）合上启动开关 S（ON 状态），观察并记录广告牌彩灯的点亮状态，并依此来分析程序可能存在的问题。如果程序能够实现控制要求，则应该多运行几次，以便检查其运行的稳定性，然后进行程序优化。

3）总结经验，把调试过程中遇到的问题、解决方法记录下来。

思考题与习题

6-1 试用传送指令设计程序：当 I0.0 动作时，Q0.0~Q0.7 全部输出为 1。

6-2 编写一段程序，检测传输带上通过的产品数量，当产品数达到 100 时，停止传输带，进行包装。

6-3 试设计程序：当 I0.1 动作时，使用 0 号中断，在中断程序中将 0 送入 VB0。

6-4 用定时器 T32 进行中断定时，控制接在 Q0.0~Q0.7 上的 8 个彩灯循环左移，每秒移动一次，请设计程序。

6-5 编写一段程序，用定时中断 0 实现每隔 4s 时间 VB0 加 1。

第7章

S7-200 PLC的编程及应用

本章中主要介绍了PLC梯形图编程的基本规则,给出了PLC编程中的典型控制程序,并且给出了一些PLC应用设计的实例。

7.1 梯形图编程的基本规则

PLC编程应该遵循以下基本规则:

1)梯形图所使用的元件编号应在所选用的PLC机型规定范围内,不能随意选用。

2)外部输入/输出继电器、内部继电器、定时器、计数器等的触点可多次重复使用,无需用复杂的程序结构来减少触点的使用次数。但触点的编号应与控制信号的输入/输出端号一致。

3)触点应接在线圈的左边,触点不能放在线圈的右边,否则,编程时会报错。

4)线圈不能直接与左母线相连。如果需要,可以通过一个没有使用的内部继电器的常闭触点或者特殊内部继电器SM0.0的常开触点来连接,如图7-1所示。

图7-1 规则4)说明

5)多上串左。有串联电路相并联时,应把串联触点较多的电路放在梯形图上方,如图7-2a所示。有并联电路相串联时应把并联触点较多的电路放尽量靠近母线,如图7-2b所示。

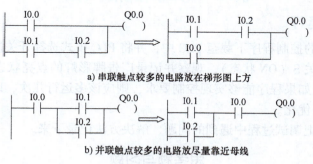

a)串联触点较多的电路放在梯形图上方

b)并联触点较多的电路放尽量靠近母线

图7-2 规则5)说明

6)应使梯形图的逻辑关系尽量清楚,便于阅读检查和输入程序。图7-3a中的逻辑关系就不够清楚,给编程带来不便。

改画为图7-3b后的程序虽然指令条数增多,但逻辑关系清楚,便于阅读和编程。

7)梯形图程序必须符合顺序执行的原则,即从左到右,从上到下地执行,不符合执行顺序的电路不能直接编程，图 7-4a 所示的桥式电路就不能直接编程。这样的电路必须按逻辑功能进行等效变换后才能编程，如图 7-4b 所示。

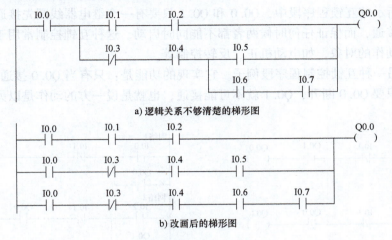

图 7-3　规则 6）说明

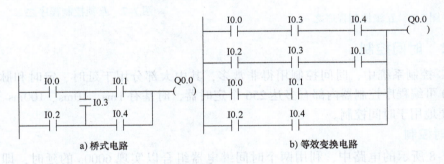

图 7-4　规则 7）说明

7.2　PLC 典型控制程序

在实际工作中，许多工程控制程序都是由一些典型、简单的基本程序段组成。如果能掌握一些常用的基本程序段的设计和编程技巧，就相当于建立了编程的基本"程序库"，在编制大型和复杂的程序时，可以随意调用，从而大大缩短编程的时间。下面介绍一些典型程序段。

7.2.1　自锁、互锁控制

1. 自锁控制

自锁控制是控制电路中最基本的环节，常用于输入开关和输出继电器的控制电路。在图 7-5 所示的程序中，I0.0 闭合使线圈通电，随之 Q0.0 触点闭合，此后即使 I0.0 触点断开，Q0.0 线圈仍然保持通电，只有当常闭触点 I0.1 断开时，Q0.0 才断电，Q0.0 触点断开。若想再启动继电器 Q0.0，只有重新闭合 I0.0。这种自锁控制常用于以按钮作为启动开关，

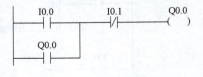

图 7-5　自锁控制程序

或用一个短时接通的触点去启动一个持续动作的控制电路。

2. 互锁控制（联锁控制）

在图 7-6 所示的互锁程序段中，Q0.0 和 Q0.1 只要有一个继电器线圈先接通，另一个继电器就不能再接通，而保证任何时候两者都不能同时启动。这种互锁控制常用于被控的是一组不允许同时动作的对象，如电动机正、反转控制等。

图 7-7 是另一种互锁控制程序段例子。它实现的功能是：只有当 Q0.0 接通时，Q0.1 才有可能接通，只要 Q0.0 断开，Q0.1 就不可能接通，也就是说一方的动作是以另一方的动作为前提的。

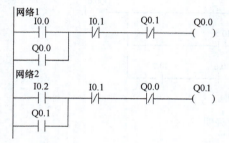

图 7-6 互锁控制程序之一

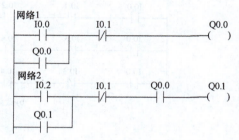

图 7-7 互锁控制程序之二

7.2.2 时间控制

在 PLC 控制系统中，时间控制用得非常多，其中大部分用于延时、定时和脉冲控制。在 S7-200 可编程序控制器内部有多达 256 个定时器，时基有 1ms、10ms、100ms 三种，用户可以方便地用于时间控制。

1. 延时控制

在图 7-8 所示的电路中，利用两个时间继电器组合以实现 6000s 的延时，即 Q0.0 在 I0.0 闭合 6000s 后得电。

也可以利用定时器和计数器组合以实现长定时控制，见第 5 章图 5-19。

2. 脉冲电路

利用定时器可以方便地产生脉冲序列，而且可根据需要通过改变定时器的时间常数来灵活地调节方波脉冲的周期和占空比。图 7-9 所示电路为用两个定时器产生方波的电路，周期为 10s。

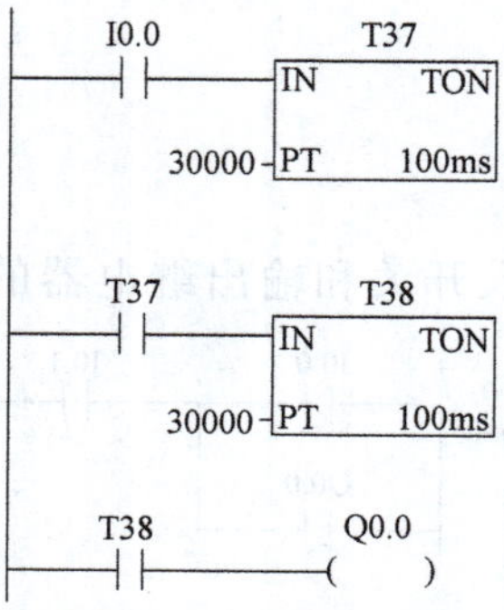

图 7-8 两个定时器组成的延时电路 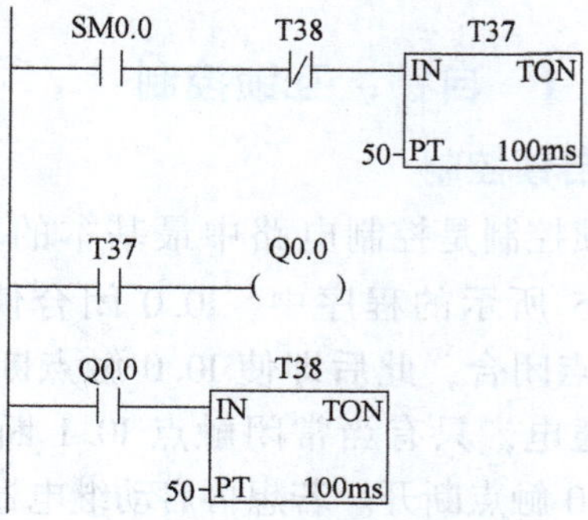　　图 7-9 脉冲发生器

7.2.3 顺序控制

顺序控制在继电-接触器控制系统中应用十分广泛，但只能进行一些简单控制，且整个系统十分笨重复杂，接线复杂，故障率高，有些更复杂的控制可能根本实现不了。而用 PLC 进行顺序控制则变得轻松，可以使用定时器、计数器及移位等指令，编写出形式多样，简洁清晰的控制程序。图 7-10 所示是用定时器实现顺序控制的例子。

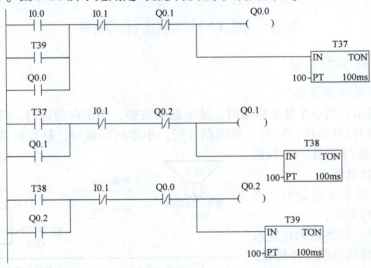

图 7-10　用定时器实现顺序控制的程序

使用顺序控制指令（LSCR、SCRT、SCRE）也可以更加方便地编写顺序控制程序，编写方法参照 5.5.7 节。

7.2.4 多地点控制

在实际中常需要在不同地点实现对同一对象的控制，即多地点控制问题，这也是继电-接触器控制系统中常见的问题。对这一问题 PLC 可以有许多种解决方法，下面的小程序可以给大家一些启发。

如要求在三个不同的地方独立控制一盏灯，任何一地的开关动作都可以使灯的状态发生改变，即不管开关是开还是关，只要有开关动作，则灯的状态就发生改变。按此要求可分配 I/O 如下：

输入点：I0.0　　A 地开关 S1
　　　　I0.1　　B 地开关 S2
　　　　I0.2　　C 地开关 S3

输出点：Q0.0　　灯

根据控制要求可设计图 7-11 所示的梯形图程序。

这里举的例子是三地控制一盏灯，读者从这个程序中可以发现其编程规律，并很容易地把它

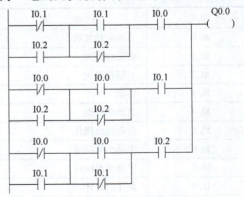

图 7-11　三地控制一盏灯的梯形图

扩展到四地、五地甚至更多地点的控制。

由上面介绍的例子可以看出，由于 PLC 具有丰富的指令集，所以其编程十分灵活，这是以往的继电-接触器控制系统无法比拟的。而且因为 PLC 融入了许多计算机的特点，所以其编程的思路也与继电-接触器控制的设计思路有许多不同之处，如果只拘泥于继电-接触器控制的思路，则不可能编出好的程序，特别是功能指令和诸如移位、码变换及各种运算指令，其功能十分强大，在编程中应注意和善于使用。

7.3 PLC 应用设计举例

7.3.1 送料小车控制

1. 送料小车的控制要求

如图 7-12 所示，当小车处于后端时，按下起动按钮，小车向前运行，行至前端压下前限位开关，翻斗门打开装货，7s 后，关闭翻斗门，小车向后运行，行至后端，压下后限位开关，打开小车底门卸货，5s 后底门关闭，完成一次动作。

要求控制送料小车的运行，并具有以下几种运行方式：

1) 手动操作：用各自的控制按钮，一一对应地接通或断开各负载。

2) 单周期操作：按下起动按钮，小车往返运行一次后，停在后端等待下次起动。

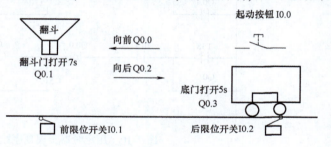

图 7-12 送料小车控制示意图

3) 连续操作：按下起动按钮，小车自动连续往返运动。

2. PLC 选型及 I/O 分配

根据送料小车的控制要求，经过分析，共需输入点 10 个、输出点 4 个，故决定选用 SIEMENS S7-200 的 CPU224 型 PLC 作为控制系统的核心。该 PLC 本机共有 14 个输入点、10 个输出点。PLC 的各点功能分配见表 7-1。

表 7-1 PLC 的各点功能分配表

输入	功能	输出	功能
I0.0	自动起动按钮	Q0.0	小车向前运行
I0.1	前限位开关	Q0.1	翻斗门打开
I0.2	后限位开关	Q0.2	小车向后运行
I0.3	手动	Q0.3	底门打开
I0.4	自动单周期		
I0.5	自动连续操作		
I0.6	手动小车向前		
I0.7	手动小车向后		
I1.0	翻斗门打开		
I1.1	底门打开		

PLC 的外部接线图如图 7-13 所示。

3. 程序结构

总的程序结构如图 7-14 所示，其中包括手动程序和自动程序两个程序块，由跳转指令选择执行。当工作方式选择开关接通手动操作方式时（见图 7-13），I0.3 输入映像寄存器置位为 1，I0.4 和 I0.5 输入映像寄存器置位为 0。在图 7-14 中，I0.3 常闭触点断开，执行手动程序；I0.4 和 I0.5 常闭触点均为闭合状态，跳过自动程序不执行。当工作方式选择开关接通单周期或连续操作方式时，图 7-14 中的 I0.3 触点闭合，I0.4、I0.5 触点断开，使程序跳过手动程序而选择执行自动程序。

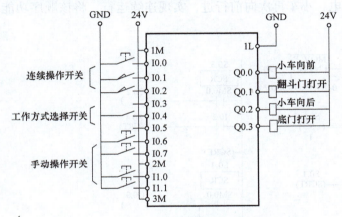

图 7-13 外部接线图

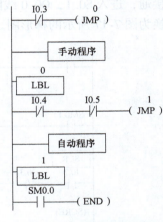

图 7-14 总程序结构图

手动操作方式的梯形图程序如图 7-15 所示。

自动运行方式的顺序功能图如图 7-16 所示。当 PLC 进入 RUN 状态前就选择了单周期

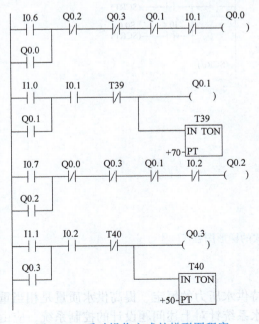

图 7-15 手动操作方式的梯形图程序

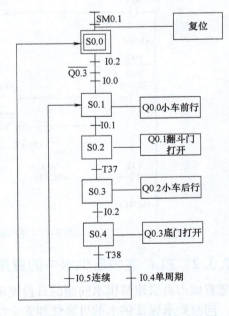

图 7-16 自动运行方式的顺序功能图

或连续操作方式时,程序开始运行,初始化脉冲 SM0.1 使 S0.0 置位为 1,此时若小车在后限位开关处,且底门关闭,I0.2 常开触点闭合,Q0.3 常闭触点闭合,按下起动按钮,I0.0 触点闭合,则进入 S0.1,关断 S0.0,Q0.0 线圈得电,小车向前运行;小车行至前限位开关处,I0.1 触点闭合,进入 S0.2,关断 S0.1,Q0.1 线圈得电,翻斗门打开装料,7s 后,T37 触点闭合进入 S0.3,关断 S0.2(关闭翻斗门),Q0.2 线圈得电,小车向后行进;小车行至后限位开关处,I0.2 触点闭合,关断 S0.3(小车停止),进入 S0.4,Q0.3 线圈得电,底门打开卸料,5s 后 T38 触点闭合。若为单周期运行方式,I0.4 触点接通,再次进入 S0.0,此时如果按下起动按钮,I0.0 触点闭合,则开始下一周期的运行;若为连续操作方式,I0.5 触点接通,进入 S0.1,Q0.0 线圈得电,小车再次向前行进,实现连续运行。将该顺序功能图转换为图 7-17 所示的梯形图。

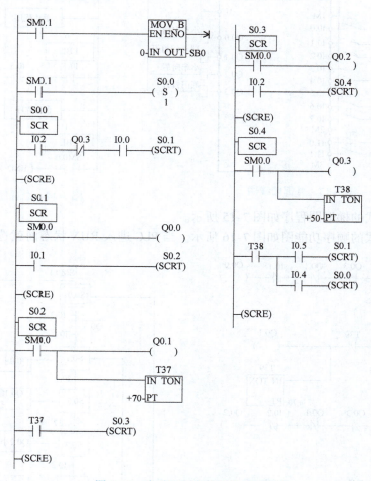

图 7-17　自动运行方式的梯形图程序

7.3.2　PLC 在恒压供水中的应用

随着城市高层建筑供水问题的日益突出,保持供水压力的恒定、提高供水质量是相当重要的,同时要求保证供水的可靠性和安全性。供水系统针对上述问题设计的控制系统,应由主供水回路、备用回路、一个设在负一层的清水池及泵房组成。其控制的工艺要求如下:

1）供水压力要求恒定，波动一定要小，尤其在换泵时，泵的供水功率为 7kW 左右。

2）使用三台水泵进行供水，三台泵根据压力的设定，采用"先开先停"的原则。

3）为了防止一台泵长时间运行，需设定运行时间。当时间到时，自动切换到下一台泵，以防止泵长时间不用而锈死。

4）要有完善的保护和报警功能。

5）为了检修和应急要设有手动功能。

6）需具有水池防抽空功能。

7）系统要求尽量采用节能设计。

1. 系统控制方案设计

根据系统在提高供水质量和节能方面的要求和功能，本例采用以 PLC 和变频器为中心组成的恒压供水控制系统。在恒压供水系统中，泵的流量要根据压力能够进行调节，如果水泵的效率一定，当要求调节流量下降时，转速 n 可成比例地下降，而此时轴输出功率 P 成三次方关系下降，使用变频器控制可以满足以上要求，从而达到节能要求。采用 PLC，则可以很好地满足恒压供水系统的控制要求。系统控制框图如图 7-18 所示。在该控制系统中，为了节省成本，采用具有压力显示的 PID 调节器，将压力变送器的信号（4~20mA 或 0~5V）送给 PID 调节器，PID 调节器再将模拟量输出给变频器进行频率调节。

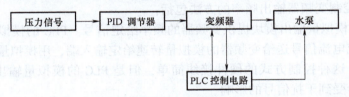

图 7-18 系统控制框图

根据系统控制框图进行供水系统原理图设计，如图 7-19 所示。泵房装有 1 号~3 号共 3

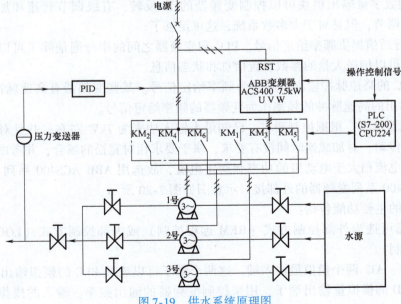

图 7-19 供水系统原理图

台电动机，用于主供水回路、备用回路，还有多个电动闸阀或电动蝶阀控制各供水回路和水流量。接触器 KM_2、KM_4、KM_6 可用于手动控制，接触器 KM_1、KM_3、KM_5 的主触点用于同变频器的 U、V、W 相连。为防止系统给变频器反送电，造成变频器损坏，KM_1 和 KM_2、KM_3 和 KM_4、KM_5 和 KM_6 必须进行机械互锁。

2. 变频器简介及其选型

（1）变频器简介　由电动机学基本原理可知，改变频率即可改变转速 n，而变频器就是用于改变电源频率的装置。通过使用变频器，使得交流电动机的调速变得简单方便。

随着技术的发展和价格的降低，变频器在工业控制中的应用越来越广泛。变频器在控制系统中主要作为执行机构来使用，有的变频器还有闭环 PID 控制和时间顺序控制的功能。PLC 和变频器都是以计算机技术为基础的现代工业控制产品，将二者有机地结合起来，用 PLC 来控制变频器，是当代工业控制中经常遇到的方案。常见的控制要求包括：

1）用 PLC 控制变频电动机的旋转方向、转速和加速、减速时间。

2）实现电动机的工频电源和变频电源之间的切换。

3）实现变频器与多台电动机之间的切换控制。

4）通过通信实现 PLC 对变频器的控制，将变频器纳入工厂自动化通信网络。

常见的 PLC 控制变频器输出频率的方法包括：

1）用 PLC 的模拟量输出模块提供变频器的频率给定信号。PLC 的模拟量输出模块输出的直流电压或直流电流信号送给变频器的模拟量转速给定输入端，用模拟量输出信号控制变频器的输出频率。这种控制方式的硬件接线简单，但是 PLC 的模拟量输出模块价格较高，模拟量信号可能会受到干扰信号的影响。

2）用 PLC 的数字量输出信号有级调节变频器的输出频率。PLC 的数字量输出/输入点一般可以与变频器的数字量输入/输出点直接相连，这种控制方式的接线简单，抗干扰能力强。用 PLC 的数字量输出模块可以控制变频器的正/反转，有级调节转速和加/减速时间。虽然只能有级调节，但是对于大多数系统，这也足够了。

3）用串行通信提供频率给定信号。PLC 和变频器之间的串行通信除了可以提供频率给定信号外，还可以传送大量的参数设置信息和状态信息。

4）用 PLC 的高速脉冲输出信号作为频率给定信号。某些变频器有高速脉冲输入功能，可以用 PLC 输出的高速脉冲的频率作为变频器的频率给定信号。

（2）变频器选型　根据控制要求，已知最大输入功率为 7kW 左右，并且对速度精度要求不高，单体传动，对加减速时间没有要求，属于要求相对宽松的场合，并考虑到变频器输出功率和额定电流稍大于电动机的功率和额定电流，故选用 ABB ACS400 系列 7.5kW 变频器。ABB ACS400 系列变频器的外部接口示意图如图 7-20 所示。

该变频器的主要功能包括：

1）变频器可选为外部控制方式（REM 远程控制）或内部控制方式（LOC 本地控制，由操作面板控制）。

2）有 AI1、AI2 两个模拟量输入端，这两个端子可以连接 PLC 的模拟输出模块的输出端子或连接 PID 的模拟量输出端子，用来控制变频器的输出频率。输入的模拟信号为 0~10V 的模拟电压或 4~20mA 的模拟电流。

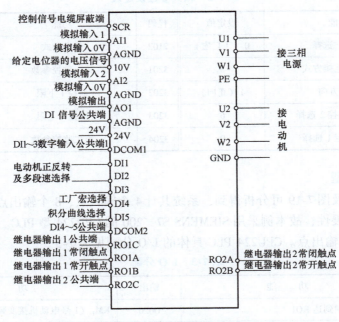

图 7-20　ABB ACS400 系列变频器的外部接口示意图

3）电动机正反转及多段速选择功能。DI1、DI2、DI3 三个端子可以用来进行最多 7 种恒速有级调速。另外，DI4、DI5 也可以进行有级调速控制。这些控制端子都可以与 PLC 相连接。不使用多段速选择功能时，DI1、DI2、DI3 三个端子可以用于电动机的正反转控制。

4）具有可编程序继电器输出接口，可用于限幅、故障报警等控制。

5）应用宏（FACTORY）。应用宏是预先编好的参数集。应用宏将使用过程中所需设定的参数数量减少到最小。

6）串行通信。ACS400 有两个串行通道：通道 0 和通道 1。其中通道 1 是标准的 RS485 接口，出厂设定的通信协议是 MODBUS。

(3) 变频器的技术参数　ABB ACS400 是具有多种功能的变频器，在本例中由于已选 PID 调节器，因此就不用变频器的内部 PID 调节，而只用变频器的工厂宏 FACTORY（0）（具体参照《ABB ACS400 变频器用户手册》）就可以了。压力变送器将压力信号传给 PID 调节器，PID 调节器根据压力设定，输出 4~20mA 给变频器以调节电动机的速度，变频器的运行要根据可编程序控制器输出 Q1.0（DCOM1 - DI2）是否闭合来确定，变频器的停止要根据可编程序控制器输出 Q0.7（DCOM1 - DI1）是否闭合来确定。

可利用变频器的两个可编程序继电器输出端口 RO1 和 RO2 进行功能设定。将变频器的内部可编程序继电器 RO1 和 RO2 设定成频率到达。当变频器达到最高频率时，RO1 的常开触点 RO1B - RO1C 闭合；当变频器达到最低频率时，RO2 的常开触点 RO2B - RO2C 闭合。可以此作为 PLC 的输入信号，判断是否进行加泵和切泵。相关参数设定见表 7-2。

表7-2 相关参数设定表

代码	功能	设定值	代码	功能	设定值
9902	应用宏选择	0（工厂宏）	2102	停车方式	1（惯性）
1001	外控1连接方式	3	3201	第一监控参数	0103
1003	旋转方向	1（正向）	3202	监控1下限	15Hz
1102	外控1/外控2选择	6	3203	监控1上限	50Hz
1103	外部给定1选择	0	3204	第二监控参数	0103

3. PLC的选型

根据控制方案及图7-19可分析得到，系统共计4个输入点、8个输出点，考虑到系统将来应具有一定的扩展性，故本例采用SIEMENS S7-200的CPU224型PLC。该PLC本机共有14个输入点、10个输出点。CPU224 PLC具体的I/O分配见表7-3。

表7-3 I/O分配

输入	功能	输出	功能
I0.0	变频器高频到达RO1	Q0.0	KM$_1$（1号电动机接变频器）
I0.1	变频器低频到达RO2	Q0.1	KM$_2$（1号电动机接工频电源）
I0.3	起动	Q0.2	KM$_3$（2号电动机接变频器）
		Q0.3	KM$_4$（2号电动机接工频电源）
		Q0.4	KM$_5$（3号电动机接变频器）
		Q0.5	KM$_6$（3号电动机接工频电源）
I0.7	水池水位下限信号	Q0.7	DCOM1 – DI1
		Q1.0	DCOM1 – DI2

4. 电气控制系统原理图

（1）主电路图　电气控制系统主电路如图7-21所示。图中，M$_1$、M$_2$、M$_3$为三台电动机，交流接触器KM$_1$~KM$_6$控制三台电动机的运行，FR$_1$、FR$_2$、FR$_3$为电动机M$_1$、M$_2$、M$_3$过载保护用的热继电器，QF$_1$、QF$_2$、QF$_3$、QF$_4$、QF$_5$分别为主电路、变频器和三台电动机的工频运行低压断路器。其他电动阀在这里就不画出了。

（2）PLC的接线图　本例的接线图如图7-22所示。CPU224的传感器电源（DC 24V）可以输出600mA电流，通过核算在本例中容量满足要求，CPU224的输出继电器触点容量为2A，电压范围为5~30V（DC）或5~250V（AC），如果用在较大容量的系统中，一定要注意PLC的输出保护。101~106接电气控制电路图（见图7-23）中点画线框内相对应的控制线，201接变频器的DCOM1，202~203接变频器的DI1~DI2，变频器RO1的常开触点接到PLC的I0.0，RO2的常开触点接到PLC的I0.1。

（3）控制电路图　本系统的电气控制电路如图7-23所示。图中，SA为手动/自动转换开关，打在右位为手动状态，打在左位为自动状态，KA为手动/自动中间继电器。在手动状态，可以按动 SB_1~SB_6 控制三台电动机的起停。在自动状态时，系统根据 PLC 的程序运行，自动控制电动机的起停。HL_1~HL_8 为各种运行指示灯。中间继电器 KA 的常开触点接 I0.3，控制自动状态时的起动。中间继电器 KA 的三个常闭触点接在三台电动机的手动控制电路上，控制三台电动机的手动运行。在自动状态时，三台电动机在 PLC 的控制下能够有序而平稳地切换、运行。FR_1、FR_2、FR_3 为三台电动机的热继电器的常闭触点，可对电动机进行过电流保护。

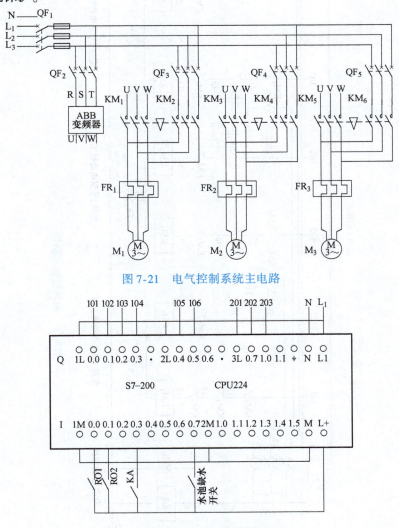

图 7-21　电气控制系统主电路

图 7-22　PLC 接线图

5. 系统程序设计

本系统运行的关键是 PLC 程序的合理性、可行性问题。本系统控制梯形图程序如图 7-24 所示，其中图 7-24a 为主程序，图 7-24b 为起动子程序，现说明如下：

系统程序包括主程序和起动子程序，主程序内包括参数调节程序和电动机切换程序；电动机切换程序又包括加电动机程序和减电动机程序。起动子程序实际上是清零程序，在 PLC 上电时，先将 VB200、VB201、VD260 赋值为零，作为中继的 M 复位。

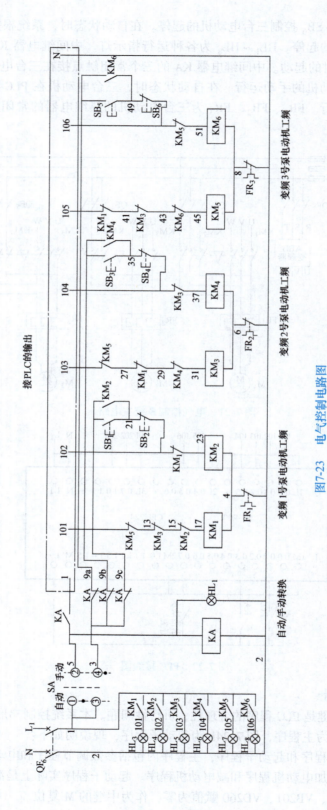

图7-23 电气控制电路图

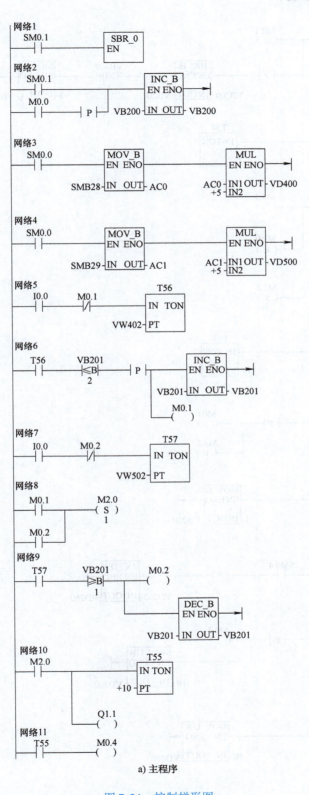

图 7-24　控制梯形图

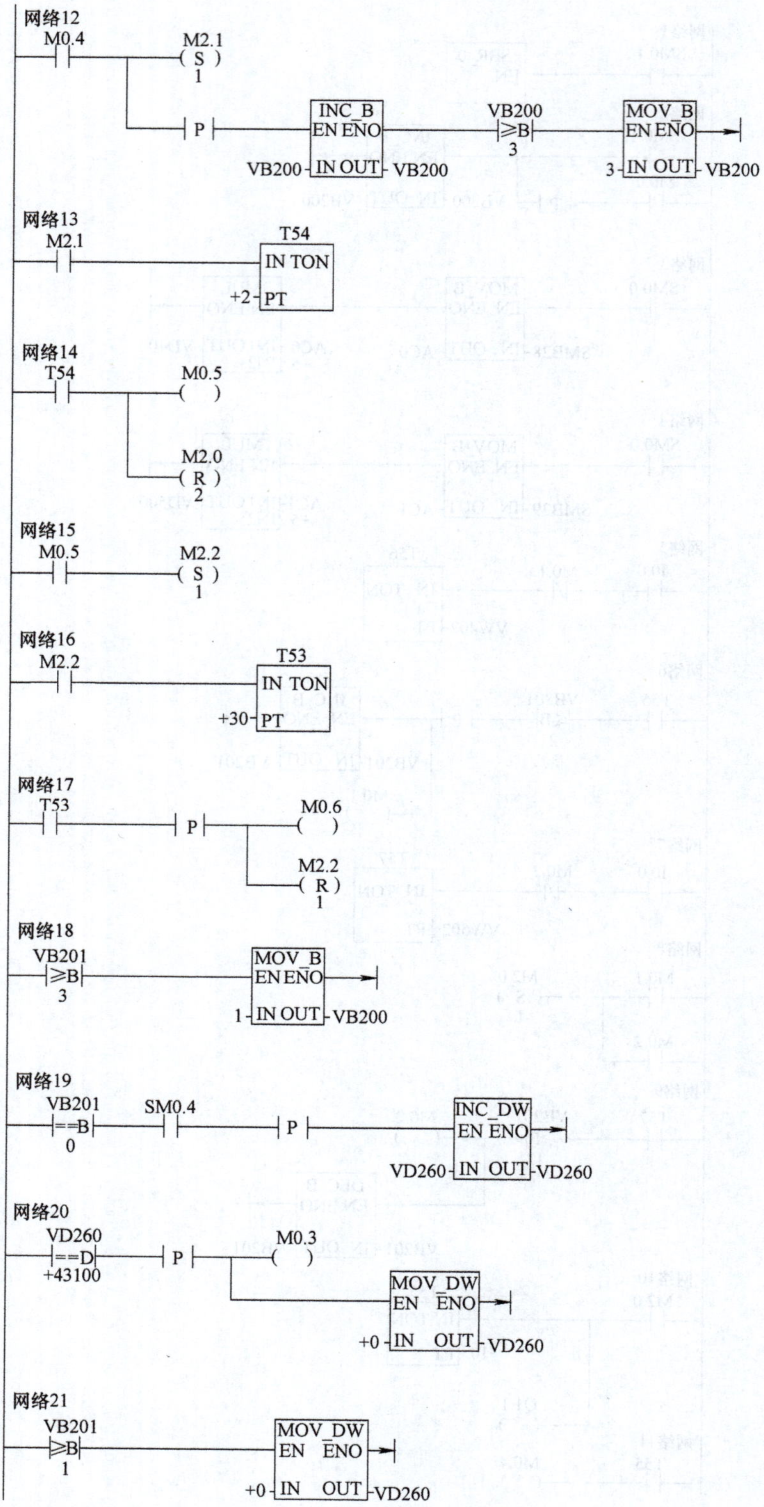

电气控制与PLC(S7-200) 第2版

网络12
M0.4 ──┤├──┬──(S) M2.1
                    1
       └──┤P├──┬── INC_B ── VB200 ──┬── MOV_B
                    EN ENO   ≥B   EN ENO
              VB200─IN OUT─VB200 3   3─IN OUT─VB200

网络13
M2.1 ──┤├── T54
           IN TON
       +2─PT

网络14
T54 ──┤├──┬──( ) M0.5
          └──(R) M2.0
                2

网络15
M0.5 ──┤├──(S) M2.2
              1

网络16
M2.2 ──┤├── T53
           IN TON
       +30─PT

网络17
T53 ──┤├──┤P├──┬──( ) M0.6
              └──(R) M2.2
                    1

网络18
VB201
≥B ── MOV_B
3   EN ENO
    1─IN OUT─VB200

网络19
VB201   SM0.4
==B ──┤├──┤P├── INC_DW
0   EN ENO
            VD260─IN OUT─VD260

网络20
VD260   M0.3
==D ──┤P├──┬──( )
+43100   └── MOV_DW
               EN ENO
           +0─IN OUT─VD260

网络21
VB201 ── MOV_DW
≥B   EN ENO
1   +0─IN OUT─VD260

a) 主程

图 7-24 控制

182

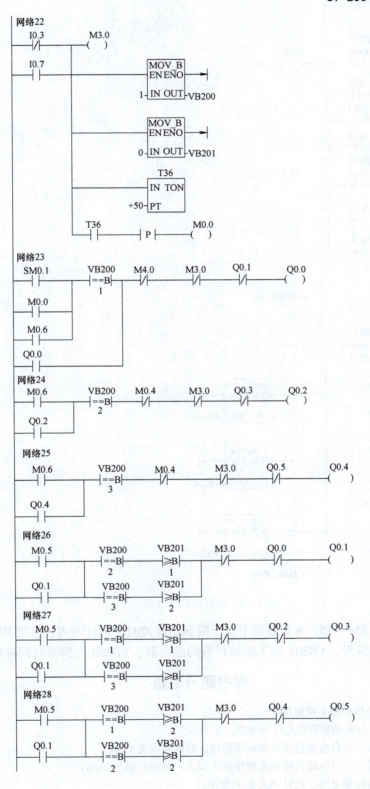

序（续）

梯形图（续一）

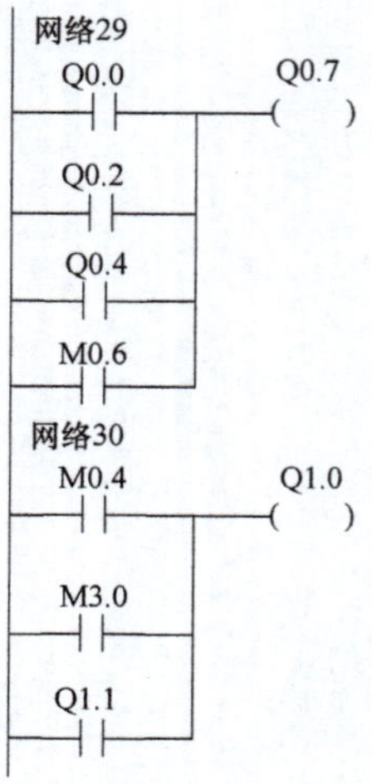

a) 主程序(续)

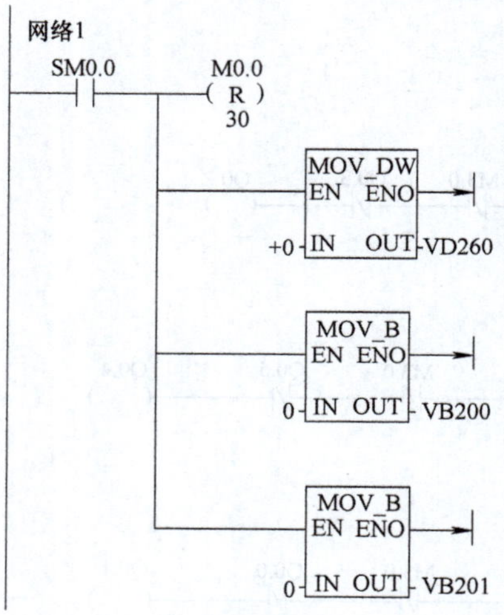

b) 起动子程序

图 7-24　控制梯形图（续二）

在主程序中，T56、T57 为变频器上、下限到达滤波时间的计时器，主要用于稳定系统。VB200 为变频泵的泵号，VB201 为工频运行泵的总台数，VD260 为倒泵时间存储器。

思考题与习题

7-1　列举常见的 PLC 基本控制程序。

7-2　设计实现三台电动机顺序起停的电路，要求如下：

1）按起动按钮后，三台电动机依次按顺序起动，时间间隔为 1min。

2）按停止按钮后，三台电动机按相反顺序依次停止，时间间隔为 2min。

3）画出主电路和控制电路，设计 PLC 控制程序。

7-3　在制药厂生产车间，人或物进入这些场合前首先需要进行除尘处理，为了保证除尘操作的严格进

行,避免人为因素对除尘要求的影响,必须用 PLC 对除尘室的门进行有效控制。控制要求如下:

1) 除尘室有两道门,两道门之间有两台风机,用来对人或物除尘。第二道门上有电磁锁,该锁在系统控制下自动锁上或打开。

2) 人进入车间时必须先打开第一道门进入除尘室,除尘后方可进入室内。当第一道门打开时,开门传感器动作,第一道门关上时关门传感器动作,第二道门打开时相应的开门传感器动作。

3) 第一道门关上后,风机开始吹风,电磁锁把第二道门锁上,延时 20s 后风机自动停止,电磁锁自动打开,此时可打开第二道门进入室内。

4) 人从室内出来时,第二道门的开门传感器先动作后,第一道门开门传感器才动作。

关门传感器与进入时动作相同,但由于此时不需除尘,所以风机、电磁锁均不动作。试设计其控制程序。

7-4 怎样控制变频器的输出频率?

7-5 根据 7.3.1 节及 7.3.2 节的应用举例总结出设计 PLC 应用系统的一般步骤。

第8章

S7-200 PLC的通信与网络

随着计算机通信网络技术的日益成熟及企业对工业自动化程度要求的提高,自动控制系统也从传统的集中式控制向多级分布式控制方向发展,这就要求构成控制系统的 PLC 必须要有通信及联网的功能,能够相互连接,远程通信,以构成网络。根据市场的需求,各 PLC 生产厂家相继研制开发出自己的 PLC 网络,给自己的产品增加通信及联网的功能。各 PLC 生产厂家的网络不尽相同,通信与网络技术的内容也都十分丰富,本章除介绍数字通信基础知识外,将着重对西门子 S7-200 PLC 通信与网络系统进行介绍。通过本章的学习,读者可以掌握 PLC 通信与网络的基础知识,以便今后参考有关的技术手册对 PLC 网络进行设计和应用。

8.1 数据通信简介

无论计算机还是 PLC,它们都是数字设备。它们之间交换的信息是由"0"和"1"表示的数字信号。通常把具有一定编码、格式和位长的数字信号称为数字信息。数字通信就是将数字信息通过适当的传输电路,从一台机器传输到另一台机器。这里的机器可以是计算机、PLC 或是有数字通信功能的其他数字设备,把地理位置不同的计算机和 PLC 及其他数字设备连接起来,构建起能够高效率地完成数据传输、信息交换和通信处理等任务的系统就是数据通信系统。数据通信系统一般由传输设备、传输控制设备、传输协议及通信软件等组成。组成数据通信系统的设备之间的数字传输方式称为数据通信方式。

8.1.1 数据的传输与通信方式

1. 并行传输与串行传输

按照传输数据的时空顺序分,数据通信的传输方式可以分为并行传输和串行传输两种。

(1)并行传输 并行传输是将一条信息的各位数据同时传送的传输方式,其特点是传输速度快。但由于一个并行数据有多少位二进制位,就需要有多少根传输线,因而成本较高。通常并行传输用于传输速率较高的近距离传输。

(2)串行传输 串行传输是将一条信息的各个二进制位依次在一个信道上进行传输的方式。串行传输通常只需要一根到两根传输线,因此通信电路简单、成本低,在远距离传输时尤其明显,但与并行传输相比传输速度慢,故常用于远距离传输且速度要求不高的场合。

图 8-1 为串行传输与并行传输的示意图。在

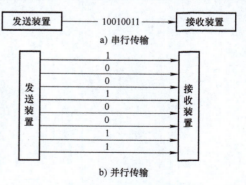

图 8-1 串行传输与并行传输示意图

本章中主要讨论串行传输方式。

2. 异步传输和同步传输

在异步传输中，信息以字符为单位进行传输，每个字符都具有自己的起始位和停止位，一个字符中的各个位是同步的，但字符与字符之间的间隔是不确定的。

在同步传输中，信息以数据块为单位进行传输，通信系统中有专门使发送装置和接收装置同步的时钟脉冲，使发送和接收双方以同一频率连续工作，并且保持一定的相位关系。在一组数据或一个报文之内不需要启停标志，因此可获得较高的传输速度。

3. 单工通信、半双工通信和全双工通信方式

按照通信双方数据在通信电路上交互方式，有以下几种方式：单工通信、半双工通信和全双工通信方式。

（1）单工通信方式　单工通信是指信息始终保持一个方向传输，而不能进行反向传输，如无线电广播、电视广播等就属于这种类型。

（2）半双工通信方式　半双工通信是指数据流可以在两个方向上流动，但同一时刻只限于一个方向流动，又称双向交替通信。

（3）全双工通信方式　全双工通信方式下通信双方能够同时进行数据的发送和接收。

4. 传输速率

传输速率是指单位时间内通过信道的信息量，单位是 bit/s（比特/秒），常用的标准波特率为 300~38400bit/s。不同的串行通信网络的传输速率差别很大，有的只有数百比特/秒，高速串行通信网络的传输速率可达 1Gbit/s。

8.1.2　传输介质

目前在分散控制系统中普遍使用的传输介质有同轴电缆、双绞线和光缆，而其他介质如无线电、红外线、微波等，在 PLC 网络中应用很少。在使用的传输介质中双绞线（带屏蔽）成本较低、安装简单；而光缆尺寸小、重量轻、传输距离远，但成本高、安装维修需专用仪器。它们的具体性能见表 8-1。

表 8-1　传输介质性能比较

性　能	传 输 介 质		
	双绞线	同轴电缆	光缆
传输速率	9.6kbit~2Mbit/s	1~450Mbit/s	10~500Mbit/s
连接方法	(1) 点到点 (2) 多点 (3) 1~5km 不用中继器	(1) 点到点 (2) 多点 (3) 10km 不用中继器（宽带），1~3km 不用中继器（基带）	(1) 点到点 (2) 50km 不用中继器
传输信号	数字调制信号、纯模拟信号（基带）	调制信号：数字（基带），数字、声音、图像（宽带）	调制信号：数字（基带），数字、声音、图像（宽带）
支持网络	星形、环形、小型交换机	总线型、环形	总线型、环形
抗干扰	好（需外屏蔽）	很好	极好
抗恶劣环境	好（需外屏蔽）	好，但必须将电缆与腐蚀物隔开	好，耐高温和其他恶劣环境

8.1.3 串行通信接口标准

目前,几种常用串行通信的接口标准是 RS-232、RS-485 和 RS-422。这三种接口形式主要区别在于电平形式和物理接口。

(1) RS-232 串行接口标准 RS-232 在 1962 年发布,命名为 EIA-232-E,是目前 PC 与通信工业中应用最广泛的一种串行接口。RS-232 采取不平衡传输方式,即所谓单端通信。RS232 共模抑制能力差,再加上双绞线上的分布电容,其传输距离最大约为 15m,最高速率为 20kbit/s。

RS-232 是为点对点(即只用一对收、发设备)通信设计的,其驱动器负载为 3~7kΩ,所以 RS-232 适合本地设备之间的通信。

(2) RS-485 串行接口标准 1983 年,EIA 制定了 RS-485 标准,增加了多点、双向通信能力,即允许多个发送器连接到同一条总线上,同时增加了发送器的驱动能力和冲突保护特性,扩展了总线共模范围,后命名为 TIA/EIA-485-A 标准。RS-485 采用平衡传输方式,可以采用二线与四线制方式,二线制可实现真正的多点双向通信;而采用四线制连接时,只能实现点对多的通信,即只能有一个主(Master)设备,其余为从设备。但无论四线制还是二线制连接方式,总线上最多可接到 32 个设备。RS-485 最大传输距离约为 1219m,最大传输速率为 10Mbit/s。RS-485 需要两个终端电阻,其阻值要求等于传输电缆的特性阻抗。在短距离传输时可不需要终端电阻,即一般在 300m 以下不需要终端电阻。

8.1.4 工业局域网

将地理位置不同而又具有各自独立功能的多个计算机,通过通信设备和通信电路相互连接起来构成的计算机系统称为计算机网络。网络中每个计算机或交换信息的设备称为网络的站或节点。

按站间距离大小可将网络分为全域网、广域网及局域网三类:

全域网(Global Area Network,GAN):它通过卫星通信连接各大洲不同国家,覆盖面积极大,范围在 1000km 以上,如美国 ARPA 网。

广域网(又称远程网):它的站点分布范围很广,从几千米到几千千米。单独建造一个广域网,价格昂贵,常借用公共电报、电话网实现。此外,网络的分布不规则,使网络的通信控制比较复杂,尤其是使用公共传输网,要求连到网上的用户必须严格遵守各种规程,限制比较死。

局域网:地理范围有限,通常在几十米到几千米,数据通信传输速率高,误码率低,网络拓扑结构比较规则,网络的控制一般趋于分布式,以减少对某个节点的依赖,避免或减少了一个节点故障对整个网络的影响,比较廉价。

工业局域网是一种专门应用于工业控制领域的局域网,它拥有一般局域网所具有的基本组成要素,拓扑结构一般采用现场总线形式,可靠性要求更高。

1. 局域网 4 大要素

局域网 4 大要素包括网络拓扑结构、介质访问控制、通道利用方式和传输介质。

(1) 网络拓扑结构 网络拓扑结构是指网络中的通信电路和节点间的几何布置,用以表示网络的整体结构外貌,它反映了各个模块间的结构关系,对整个网络的设计、功能、可靠性和成本都有影响。常见的拓扑结构形式有星形网络、环形网络及总线型网络 3 种。

1) 星形网络是以中央节点为中心与各节点连接组成的，网络中任何两个节点要进行通信都必须经过中央节点控制，其网络结构如图 8-2a 所示。星形网络的特点是：结构简单，便于管理控制，建网容易，线路可用性强，效率高，网络延迟时间短，误码率较低，能够实现程序集中开发和资源共享。但系统花费大，网络共享能力差，负责通信协调工作的上位计算机负荷大，通信电路利用率不高，且系统对上位计算机的依赖性也很强，一旦上位机发生故障，整个网络通信就得停止。在小系统、通信不频繁的场合可以应用。星形网络常用双绞线作为传输介质。

上位计算机（也称主机、监控计算机、中央处理机）通过点到点的方式与各现场处理机（也称从机）进行通信，就是一种星形结构。各现场机之间不能直接通信，若要进行相互间数据传输，就必须通过作为中央节点的上位计算机协调。

2) 环形网络是各个节点通过环路通信接口或适配器连接成一条首尾相连的闭合环形通信电路，环路上任何节点均可以请求发送信息。请求一旦被批准，便可以向环路发送信息。环形网络中的数据主要是单向传输，也可以是双向传输。由于环线是公用的，一个节点发出的信息必须穿越环中所有的环路接口，信息中目的地址与环上某节点地址相符时，数据信息被该节点的环路接口所接收，而后信息继续传向环路的下一个接口，一直到流回发送该信息的环路接口节点为止。环形网络结构如图 8-2b 所示。

环形网络的特点是：结构简单，挂接或摘除节点容易，安装费用低；由于在环形网络中数据信息在网中是沿固定方向流动的，节点之间仅有一个通路，大大简化了路径选择控制；某个节点发生故障时，可以自动旁路，系统可靠性高。所以，工业上的信息处理和自动化系统常采用环形网络的拓扑结构。但节点过多时，会影响传输效率，整个网络响应时间变长。

3) 总线型网络结构如图 8-2c 所示，其利用总线把所有的节点连接起来，这些节点共享总线，对总线有同等的访问权。

总线型网络由于采用广播方式传输数据，任何一个节点发出的信息经过通信接口（或适配器）后，沿总线向相反的两个方向传输，因此可以使所有节点接收到，各节点将目的地址是本站站号的信息接收下来。这样就无需进行集中控制和路径选择，其结构和通信协议比较简单。

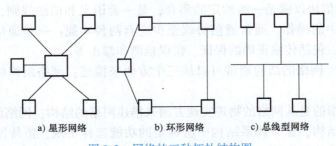

a) 星形网络　　b) 环形网络　　c) 总线型网络

图 8-2　网络的三种拓扑结构图

在总线型网络中，所有节点共享一条通信传输链路，因此，在同一时刻，网络上只允许一个节点发送信息，一旦两个或两个以上节点同时发送信息就会发生冲突。在不使用通信指挥器（HTD）的分散通信控制方式中，常需规定一定的防冲突通信协议。常用的有令牌总线网（Token-passing-bus）和冲突检测载波监听多路存取控制协议 CSMA/CD。

总线型网络结构简单、易于扩充、设备安装和修改费用低、可靠性高、灵活性好、可连接多种不同传输速率和不同数据类型的节点、也易获得较宽的传输频带、共享资源能力强，常用同轴电缆或光缆作为传输介质，特别适合于工业控制应用，是工业控制局域网中常用的拓扑结构。

（2）介质访问控制　介质访问控制是指对网络通道占有权的管理和控制。介质访问控制主要有令牌传输方式和争用方式两种方式。

1）令牌传输方式对介质访问的控制权是以令牌为标志的。令牌是一组二进制码，网络上的节点按某种规则排序，令牌被依次从一个节点传到下一个节点，只有得到令牌的节点才有权控制和使用网络。已发送完信息或无信息发送的节点将令牌传给下一个节点。在令牌传输网络中，不存在控制站，不存在主从关系。这种控制方式结构简单、便于实现、成本低，可在任何一种拓扑结构上实现，但一般常用总线和环形结构，即"Token Bus"和"Token Ring"。其中，尤以"Token Bus"颇受工业界青睐，因这种结构便于实现集中管理、分散式控制，很适合工业现场。

2）争用方式允许网络中的各节点自由发送信息。但当两个以上的节点同时发送信息时，则会出现冲突，故需要做些规定加以约束。目前常用的是 CSMA/CD 规约（以太网规约），即带冲突检测的载波监听多路存取协议。这种协议要求每个节点要"先听后发、边听边发"，即发送前先监听。在监听时，若总线空则可发送，忙则停止发送。发送的过程中还应随时监听，一旦发现电路冲突则停止发送，已发送的内容则全部作废。这种控制方式在轻负载时优点突出，具有控制分散、效率高的特点；但重负载时冲突增加，传输效率大大降低。而令牌方式恰恰在重负载时效率高。

（3）通道利用方式　常用的通道利用方式有两种：基带方式和频带方式。

（4）传输介质　可以用同轴电缆、光缆。

2. 局域网的网络通信协议和体系结构

（1）网络通信协议　不同系列、不同型号的计算机和 PLC 通信方式各有差异，造成了通信软件需要依据不同的情况进行开发。这不仅涉及数据的传输，而且还涉及 PLC 网络的正常运行，因此在网络系统中，为确保数据通信双方能正确而自动地进行通信，应针对通信过程中的各种问题，制定一整套的约定，这就是网络系统的通信协议，又称为网络通信规程（Protocol）。所以通信协议就是一组约定的集合，是一套语义和语法规则，用来规定有关功能部件在通信过程中的操作。通常通信协议至少应有两种功能：一是通信，包括识别和同步；二是信息传输，包括传输正确的保证、错误检测和修正等。

（2）体系结构　网络的结构通常可以从三个方面来描述：网络组织结构、网络体系结构和网络配置。

网络组织结构指的是从网络的物理实现方面来描述网络的结构；网络体系结构是指从功能上来描述网络的结构，至于体系结构中所确定的功能怎样实现，留待网络生产厂家来解决；网络配置指的是从网络的应用来描述网络的布局、硬件、软件等。

网络的体系结构，通常是以高度结构化的方式来设计的，一个 PLC 控制系统的控制问题是比较复杂的，常将其分解成一个个相对独立、又有一定联系的层面。这样就可以将网络系统进行分层，各层执行各自承担的任务，层与层可以设有接口。

3. 现场总线

现场总线始于20世纪80年代，到20世纪90年代技术日趋成熟，受到世界各自动化设备制造商和用户的广泛关注，PLC的生产厂商也将现场总线技术应用于各自的产品之中构成工业局域网的最底层，给传统的工业控制技术带来了一次革命。

现场总线技术是实现现场级设备数字化通信的一种工业现场层的网络通信技术。按照国际电工委员会IEC61158的定义，现场总线是"安装在过程区域的现场设备/仪表与控制室内的自动控制装置/系统之间的一种串行、数字式、多点通信的数据总线"。也就是说基于现场总线的系统是以单个分散的、数字化、智能化的测量和控制设备，如传感器、调节器、变送器、执行器作为网络的节点，用总线相连，而不用将这些位于生产现场的设备和装置等都通过信号电缆与计算机、PLC相连的，不但实现了信息的相互交换，使得不同网络、不同现场设备之间可以信息共享，现场设备的各种运行参数、状态信息及故障信息等通过总线传输到远离现场的控制中心，而控制中心又可以将各种控制、维护、组态命令送往相关的设备，从而建立起具有自动控制功能的网络，实现设备状态故障、参数信息的一体化传输。

目前国际上有数十种现场总线，它们各有各的特点，应用的领域和范围也各不相同。国际上几种主要的现场总线见表8-2。本章主要讲述PROFIBUS总线在PLC控制系统中的应用。

表8-2　几种主要的现场总线

现场总线的类型	研发公司	标准	投入市场时间	应用领域	速率	最大长度	站点数
PROFIBUS	德国 SIEMENS	EN5170 IEC61158-3	1990年	工厂自动化 过程自动化 楼宇自动化	9.6kbit/s~12Mbit/s	100km	126
ControlNet	美国 RochWell	SBI,DD241 IEC61158-2	1997年	汽车、化工、发电	5Mbit/s	30km	99
AS-Interface	德国由11个公司联合研发	EN50295	1993年	过程自动化	168kbit/s	100m,可用中继器加长	31
CAN Bus	德国 Bosch	ISO11898	1991年发布技术规范	汽车制造、机器人液压系统	125kbit/s~1Mbit/s	10km	

PROFIBUS是世界上第一个开放式现场总线标准，已于2006年被批准成为中华人民共和国工业自动化领域首个现场总线标准。PROFIBUS连接的系统由主站和从站组成，除了支持主/从模式，还支持多主/多从的模式。对于多主站的模式，在主站之间按令牌传递顺序决定对总线的控制权。取得控制权的主站，可以向从站发送、获取信息，实现点对点的通信。

PROFIBUS由三个相互兼容的部分组成，即PROFIBUS-DP、PROFIBUS-PA及PROFIBUS-FMS。

（1）PROFIBUS-DP（Decentralized Periphery）　PROFIBUS-DP是制造业自动化主要应用的通信协议内容，是满足用户快速通信的最佳方案，每秒可传输12Mbit，扫描1000个I/O

点的时间少于 1ms。它可以用于设备级的高速数据传输，位于这一级的 PLC 或工业控制计算机可以通过 PROFIBUS-DP 同分散的现场设备进行通信。

（2）PROFIBUS-PA（Process Automation） 主要用于过程自动化的信号采集及控制，它是专为过程自动化所设计的通信协议，可用于安全性要求较高的场合。

（3）PROFIBUS-FMS（Fiddbus Message Specification） 主要用于非控制信息的传输，可以用于车间级监控网络。PROFIBUS-FMS 提供了大量的通信服务，用以完成以中等级传输速度进行的循环和非循环的通信服务。对于 PROFIBUS-FMS 而言，它考虑的主要是系统功能而不是系统响应时间，应用过程中通常要求的是随机的信息交换，如改变设定参数。PROFIBUS-FMS 服务向用户提供了广泛的应用范围和更大的灵活性，通常用于大范围、复杂的通信系统。

8.2　S7-200 PLC 的通信部件

S7-200 PLC 通信的有关部件包括通信端口、PPI 多主站电缆、CP 通信卡、网络连接器、PROFIBUS 网络电缆、网络中继器以及 EM277 PROFIBUS-DP 模块等。

8.2.1　通信端口

在每个 S7-200 的 CPU 上都有一个与 RS-485 兼容的 9 针 D 形端口，该端口也符合欧洲标准 EN50170 中的 PROFIBUS 标准。通过该端口可以把每个 S7-200 连到网络总线。S7-200 CPU 上的通信端口外形如图 8-3 所示。

在进行调试，将 S7-200 接入网络时，该端口一般是作为端口 1 出现的，作为端口 1 时端口各个引脚的名称及其表示的意义见表 8-3。端口 0 为所连接的调试设备的端口引脚信号。

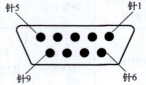

图 8-3　S7-200 CPU 上的通信端口外形

表 8-3　S7-200 通信端口各引脚名称

引　脚	PROFIBUS 名称	端口 0/端口 1
1	屏蔽	机壳地
2	24V 返回	逻辑地
3	RS-485 信号 B	RS-485 信号 B
4	发送申请	RTS(TTL)
5	5V 返回	逻辑地
6	5V	5V,100Ω 串联电阻
7	24V	24V
8	RS-485 信号 A	RS-485 信号 A
9	不用	10 位协议选择(输入)
连接器外壳	屏蔽	机壳接地

8.2.2 PPI 多主站电缆

PPI（点对点接口）多主站电缆用于计算机与 S7-200 之间的通信。S7-200 的通信接口为 RS-485，计算机可以使用 RS-232C 或 USB 通信接口，因此有 RS232C/PPI 和 USB/PPI 两种电缆。多主站电缆的价格便宜，使用方便，但是通信速率较低。

1. PPI 多主站电缆上 DIP 开关的设置

PPI 多主站电缆（见图 8-4）上有 8 个 DIP 开关，通信的波特率用 DIP 开关的 1~3 位设置（见表 8-4）。第 4 位和第 8 位未用。第 5 位为 1 和 0，分别选择 PPI 和 PPI/自由端口模式。第 6 位为 1 和 0，分别选择远程模式和本地模式。第 7 位为 1 和为 0，分别对应于调制解调器的 10 位模式和 11 位模式。

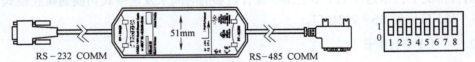

图 8-4 PPI 多主站电缆

表 8-4 开关设置与波特率的对应关系

开关 1、2、3	传输速率/(bit/s)	转换时间/ms	开关 1、2、3	传输速率/(bit/s)	转换时间/ms
000	38400	0.5	100	2400	7
001	19200	1	101	1200	14
010	9600	2	110	115200	0.15
011	4800	4	111	57600	0.3

使用 PPI 多主站电缆和自由端口模式，可以实现 S7-200 CPU 与 RS-232C 标准兼容的设备的通信。自由端口模式用于 S7-200 与西门子 SIMODRIVE MicroMaster 驱动设备通信的 USS 协议和 S7-200 与其他设备通信的 Modbus 协议。

（1）RS-232C/PPI 多主站电缆用于 STEP 7-Micro/WIN 或自由端口操作 如果用 PPI 电缆将 S7-200 直接连接到计算机，DIP 开关的第 5 位为 0（PPI/自由端口模式），第 6 位为 0（本地模式），第 7 位为 0（11 位模式）；如果 S7-200 连接到调制解调器，DIP 开关的第 5 位为 0，第 6 位为 1（远程模式），根据调制解调器每个字符是 10 位还是 11 位来设置第 7 位开关。

（2）RS-232C/PPI 多主站电缆用于 STEP 7-Micro/WIN V3.2.4 或更高的版本 如果用 PPI 电缆将 S7-200 直接连接到计算机，DIP 开关的第 5 位设为 1（PPI 模式），第 6 位设为 0（本地模式）；如果 S7-200 连接到调制解调器，DIP 开关的第 5 位为 1，第 6 位为 1（远程模式）。

2. PPI 多主站电缆上的 LED

"Tx"和"Rx"LED 分别指示 RS-232C 或 USB 发送数据和接收数据。"PPI"LED 用来指示 RS-485 发送数据。

3. 切换时间

当数据从 RS-232C 传送到 RS-485 端口时，PPI 电缆是发送模式。当数据从 RS-485

传送到 RS-232C 口时，电缆是接收模式。检测到 RS232C 的发送线有字符时，电缆立即从接收模式切换到发送模式。RS-232C 发送线处于闲置的时间超过电缆切换时间时，电缆又切换到接收模式。电缆切换时间与波特率有关。

如果在使用自由端口模式的系统中使用 PPI 电缆，对于下面的情况，必须在 S7-200 CPU 的用户程序中考虑电缆的切换时间。

（1）S7-200 CPU 响应 RS-232C 设备发送给它的报文（Message） 在接收到 RS-232C 设备的请求报文后，S7-200 CPU 发送响应报文的延迟时间必须大于等于电缆的切换时间。

（2）RS-232C 设备响应 S7-200 CPU 发送给它的报文 在接收到 RS-232C 设备的响应报文后，S7-200 CPU 发出下一次请求报文的延迟时间必须大于等于电缆的切换时间。

在两种情况下，延迟使 PPI 多主站电缆有足够的时间从发送模式切换到接收模式，使数据从 RS-485 口传到 RS-232C 口。

8.2.3 CP 通信卡

CP 通信卡作为 PG/PC 的系统接口，是一个重要网络组件。在运行 Windows 操作系统的个人计算机（PC）上安装了 STEP 7-Micro/WIN 编程软件后，PC 作为网络中的主站。CP 通信卡的价格较高，但是可以获得相当高的通信速率。台式计算机与便携式计算机使用不同的通信卡。

表 8-5 给出了可以供用户选择的 STEP 7-Micro/WIN 支持的通信硬件和波特率。S7-200 还可以通过 EM277 PROFIBUS-DP 模块连接到 PROFIBUS-DP 现场总线网络，各通信卡提供一个与 PROFIBUS 网络相连的 RS-485 通信端口。

表 8-5 STEP 7-Micro/WIN 支持的 CP 通信卡和协议

配 置	波特率/(kbit/s)	协 议
RS-232C/PPI 和 USB/PPI 多主站电缆	9.6～187.5	PPI
CP 5511 类型Ⅱ、CP 5512 类型Ⅱ PCMCIA 卡,适用于便携式计算机	9.6～12000	PPI、MPI 和 PROFIBUS
CP 5611（版本 3 以上）PCI 卡	9.6～12000	PPI、MPI 和 PROFIBUS
CP 1613、CP 1612、SoftNet7 PCI 卡	10000 或 100000	TCP/IP
CP 1512、SoftNet7 PCMCIA 卡,适用于便携式计算机	10000 或 100000	TCP/IP

8.2.4 网络连接器

利用西门子公司提供的两种网络连接器可以把多个设备很容易地连到网络中。两种连接器都有两组螺钉端子，可以连接网络的输入和输出。通过网络连接器上的选择开关可以对网络进行偏置和终端匹配。两个连接器中的一个连接器仅提供连接到 CPU 的接口，而另一个连接器增加了一个编程接口（见图 8-5）。带有编程接口的连接器可以把 SIMATIC 编程器或操作面板增加到网络中，而不用改动现有的网络连接。编程接口连接器把 CPU 传来的信号传到编程接口（包括电源引线）。这个连接器对于连接从 CPU 取用电源的设备（例如 TD200 或 OP3）比较适用。

进行网络连接时，当所连接的设备的参考点不是同一参考点时，在连接电缆中会产生电流，这些电流会造成通信故障或损坏设备。要消除这些电流就要确保通信电缆连接的所有设备共享一个共同的参考点，或者将通信电缆所连接的设备进行隔离，以防止不必要的电流。

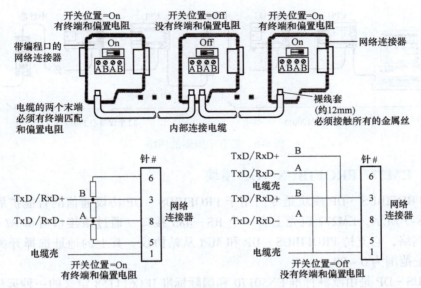

图 8-5　网络连接器

8.2.5　PROFIBUS 网络电缆

当通信设备相距较远时，可使用 PROFIBUS 电缆进行连接，表 8-6 列出了 PROFIBUS 网络电缆的性能指标。

表 8-6　PROFIBUS 网络电缆的性能指标

指　标	规　范	指　标	规　范
导线类型	屏蔽双绞线	电缆电容	<60pF/m
导体截面积	24AWG（0.22mm²）或更粗	阻抗	100～200Ω

PROFIBUS 网络的最大长度取决于波特率和所用电缆的类型。表 8-7 列出了采用满足表 8-6 中列出的规范电缆时网络段的最大长度。

表 8-7　PROFIBUS 网络段的最大电缆长度

传输速率/(kbit/s)	网络段的最大电缆长度/m	传输速率/(kbit/s)	网络段的最大电缆长度/m
9.6～19.2	1 200	187.5	1 200

8.2.6　网络中继器

西门子公司提供连接到 PROFIBUS 网络环的网络中继器，如图 8-6 所示。利用中继器可以延长网络通信距离，允许在网络中加入设备，并且提供了一个隔离不同网络环的方法。在波特率是 9600bit/s 时，PROFIBUS 允许在一个网络环上最多有 32 个设备，这时通信的最长距离是 1200m。每个中继器允许加入另外 32 个设备，而且可以把网络再延长 1200m。在网络中最多可以使用 9 个中继器。每个中继器为网络环提供偏置电阻和终端匹配。

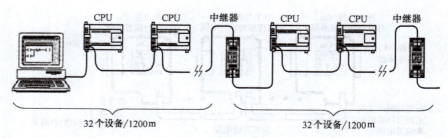

图 8-6 带有中继器的网络

8.2.7 EM277 PROFIBUS–DP 模块

EM277 PROFIBUS–DP 模块是专门用于 PROFIBUS–DP 协议通信的智能扩展模块。它的外形如图 8-7 所示。EM277 机壳上有一个 RS–485 接口，通过该接口可将 S7–200 系列 CPU 连接至网络，它支持 PROFIBUS–DP 和 MPI 从站协议。其上的地址选择开关可进行地址设置，地址范围为 0～99。

PROFIBUS–DP 是由欧洲标准 EN50170 和国际标准 IEC611158 定义的一种远程 I/O 通信协议。遵守这种标准的设备，即使是由不同公司制造的，也是兼容的。DP 表示分布式外围设备，即远程 I/O。PROFIBUS 表示过程现场总线。EM277 模块作为 PROFIBUS–DP 协议下的从站，实现通信功能。

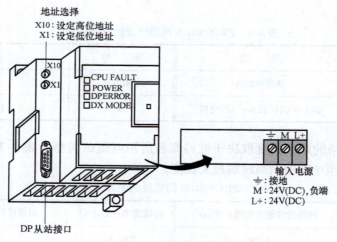

图 8-7 EM277 模块外形图

除以上介绍的通信模块外，还有其他的通信模块，如用于本地 I/O 扩展的 CP243–2 通信处理器，利用该模块可增加 S7–200 系列 CPU 的输入/输出点数。

8.3　S7–200 PLC 网络

8.3.1　S7–200 的网络通信协议

S7–200 CPU 可支持多种网络通信协议（见表 8-8），如点到点（Point-to-Point）的协议（PPI）、多点协议（MPI）及 PROFIBUS 协议。这些协议的结构模型都是基于开放系统互联参考模型（OSI）的 7 层通信结构。PPI 协议和 MPI 协议通过令牌环网实现。令牌环网遵守欧洲标准 EN50170 中的过程现场总线（PROFIBUS）标准。它们都是异步、基于字符的协议，传输的数据带有起始位、8 位数据、奇校验和一个停止位。每组数据都包含特殊的起始和结束标志、源站地址和目的站地址、数据长度、数据完整性检查几部分。只要相互的波特率相同，三个协议可在同一网络上运行而不互相影响。

表 8-8 S7-200 支持的网络通信协议

协议类型	端口位置	接口类型	传输介质	传输速率/(kbit/s)	说 明
PPI	EM24 模块	RJ11	电话线	33.6	
	CPU 口 0/1	DB-9 针	RS-485	9.6、19.2、187.5	主、从站
MPI				192、187.5	从站
PROFIBUS-DP	EM227	DB-9 针	RS-485	19.2~12000	通信速率自适应，仅作从站
				19.2~12000	
S7	CP243-1/IT	RJ45	以太网	10000 或 100000	通信速率自适应
AS-i	CP243-2	接线端子	AS-i 网	循环周期 5/10ms	主站
USS	CPU 端口 0	DB-9 针	RS-485	1200~115.2	主站、自由端口
Modbus RTU					主/从站、自由端口
	EM241	RJ11	电话线	33.6	
自由端口	CPU 口 0/1	DB-9 针	RS-485	1200~115.2	

协议定义了主站和从站，网络中的主站向网络中的从站发出请求，从站必须对主站发出的请求做出响应，自己不能发出请求。主站也可以对网络中的其他主站的请求做出响应。从站不能访问其他从站。安装了 STEP 7-Micro/WIN 软件的计算机和 HMI 是通信主站，与 S7-200 通信的 S7-300/400 往往也作为主站。多数情况下，S7-200 在网络中作为从站。

协议支持一个网络中的 127 个地址（0~126），最多支持 32 个主站，网络中各设备的地址不能重叠。运行 STEP 7-Micro/WIN 软件的计算机的默认地址为 0，操作面板默认地址为 1，PLC 默认地址为 2。

8.3.2 利用 PPI 协议进行网络通信

PPI 是一个主/从协议。在这个协议中，主站（其他 CPU、SIMATIC 编程器或 TD200）给从站发送申请，从站进行响应。从站不能初始化它本身，只有当主站发出申请或查询时，从站才响应。在 PPI 协议下 S7-200 进行通信时可以建立一定数目的逻辑连接，在 9.6kbit/s、19.2kbit/s、187.5kbit/s 三种波特率下只能建立 4 个逻辑连接。

S7-200 CPU 在 RUN 模式下才可以作为 PPI 主站。一旦进入 PPI 主站模式，就可以利用网络读（NETR）和网络写（NETW）指令读写其他 CPU。作为 PPI 主站的 S7-200 CPU 还可以响应其他主站的请求。对于任何一个从站有多少个主站和它通信，PPI 协议没有限制，但是在网络中最多只能有 32 个主站。

图 8-8 是一台 PC 采用 PPI 协议与几个 S7-200 CPU 通信的示意图。图中 PC 和 TD200（文本显示器）均作为网络的主站，S7-200 CPU 作为网络的从站。在该种连接下 STEP 7-Micro/WIN 每次与一个 CPU 进行通信，但可以访问网络中的任何一个 CPU。

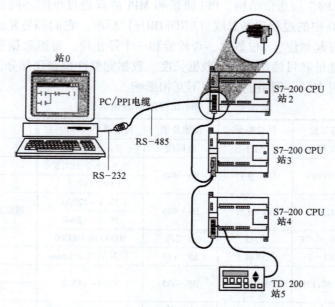

图 8-8 PC 采用 PPI 协议与 S7-200 进行通信

8.3.3 利用 MPI 协议进行网络通信

MPI 协议允许主/主和主/从两种通信方式。选择何种方式依赖于设备类型，如果设备是 S7-300 CPU，那么就进行主/主通信方式，因为所有的 S7-300 CPU 都必须是网络主站。如果设备是 S7-200 CPU，那么就进行主/从通信方式，因为 S7-200 CPU 是从站。MPI 协议总是在两个相互通信的设备之间建立逻辑连接。一个逻辑连接可能是两个设备之间的非公用连接。另一个主站不能干涉两个设备之间已经建立的逻辑连接。主站可以短时间建立一个逻辑连接，或者无限地保持逻辑连接断开。

由于设备之间的逻辑连接是非公用的，并且需要 CPU 中的资源，每个 CPU 只能支持一定数目的逻辑连接，每个 CPU 最多可支持 4 个逻辑连接。但每个 CPU 在应用中要保留 2 个逻辑连接，一个给 SIMATIC 编程器或计算机，另一个给操作面板。这些保留的连接不能由其他类型的主站（如 CPU）使用。

图 8-9 显示了一个采用 MPI 协议进行通信的网络，计算机通过 CP 通信卡连接至 MPI 网

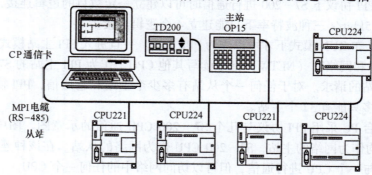

图 8-9 采用 MPI 协议进行联网

络电缆。进行通信时，PC 与 TD200 和 OP15 建立主/主连接，而与 S7－200 建立主/从连接。两个 S7－200 CPU 进行通信时，通过主站进行协调。

8.3.4 利用 PROFIBUS 协议进行网络通信

1. PROFIBUS 介质存取协议

PROFIBUS 通信规程采用了统一的介质存取协议，此协议由 OSI 参考模型的第二层来实现。在 PROFIBUS 协议设计时充分考虑了满足介质存取控制的两个要求，即在主站间通信时，必须保证在分配的时间间隔内，每个主站都有足够的时间来完成它的通信任务；在 PLC 与从站（PLC 或其他设备）间通信时，必须快速、简捷地完成循环，进行实时的数据传输。为此，PROFIBUS 提供了两种基本的介质存取控制：令牌传递方式和主/从方式。

令牌传递方式可以保证每个主站在事先规定的时间间隔内能获得总线的控制权。令牌是一种特殊的报文，它在主站之间传递着总线控制权，每个主站均能按次序获得一次令牌，传递的次序是按地址升序进行的。

主/从方式允许主站在获得总线控制权时，可以与从站通信，每一个主站均可以向从站发送或获得信息。

PROFIBUS 可以实现 3 种系统配置：①纯主—从系统（单主站）；②纯主—主系统（多主站）；③以上两种配置的组合系统（多主—多从）。

图 8-10 是一个由 3 个主站和 7 个从站构成的 PROFIBUS 系统结构示意图。由图可以看出，3 个主站构成了一个令牌传递的逻辑环，在这个环中，令牌按照系统预先确定的地址升序从一个主站传递给下一个主站。当一个主站得到了令牌后，它就能在一定的时间间隔内执行该主站的任务，可以按照主/从关系与所有从站通信，也可以按照主/主关系与所有主站通信。在总线系统建立的初期阶段，主站介质存取控制（MAC）的任务是决定总线上的站点分配并建立令牌逻辑环。在总线的运行期间，损坏的或断开的主站必须从环中撤除，新接入的主站必须加入逻辑环。MAC 的其他任务是检测传输介质和收发器是否损坏、检查站点地址是否出错以及令牌是否丢失或有多个令牌。

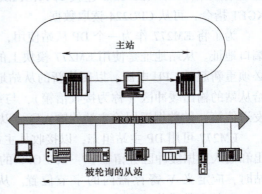

图 8-10 PROFIBUS 系统结构示意图

PROFIBUS 第二层的另一个重要作用是保证数据的安全性。它按照国际标准 IEC870－5－1 的规定，通过使用特殊的起始位和结束位、无间距字节异步传输及奇偶校验来保证传输数据的安全。

PROFIBUS 第二层按照非连接的模式操作，除了提供点对点通信功能外，还提供多点通信的功能，即广播通信和有选择的广播、组播。所谓广播通信，即主站向所有站点（主站和从站）发送信息，不要求回答。所谓有选择的广播、组播是指主站向一组站点（从站和主站）发送信息，不要求回答。

2. S7－200 CPU 接入 PROFIBUS 网络

S7－200 CPU 不能直接接入 PROFIBUS 网络进行通信，它必须通过 PROFIBUS－DP 模块 EM277 连接到网络。EM277 经过串行 I/O 总线连接到 S7-200 CPU。PROFIBUS 网络经过其 DP 通信端口，连接到 EM277 模块。这个端口支持 9600～12Mbit/s 之间的任何传输速率。EM277 模块在 PROFIBUS 网络中只能作为 PROFIBUS 从站出现。作为 DP 从站，EM277 模块接受从主站来的多种不同的 I/O 配置，向主站发送和接收不同数量的数据。这种特性使用户能修改所传输的数据量，以满足实际应用的需要。与许多 DP 站不同的是，EM277 模块不仅仅传输 I/O 数据，而且能读写 S7-200 CPU 中定义的变量数据块。这样，使用户能与主站交换任何类型的数据。通信时，首先将数据移到 S7-200CPU 中的变量寄存器，就可将输入、计数值、定时器值或其他计算值传输到主站。类似地，从主站来的数据存储在 S7-200 CPU 中的变量寄存器内，进而可移到其他数据区。

EM277 模块的 DP 端口可连接到网络中的一个 DP 主站上，但仍能作为一个 MPI 从站与同一网络上如 SIMATIC 编程器或 S7-300/S7-400 CPU 等其他主站进行通信。图 8-11 显示了一个 PROFIBUS 网络。图中，CPU224 通过 EM277 模块接入 PROFIBUS 网络。在这种场合，S7-300

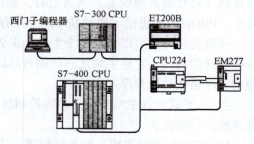

图 8-11　PROFIBUS 网络

CPU 是 DP 主站，该主站已通过一个带有 STEP 7-Micro/WIN 编程软件的 SIMATIC 编程器进行组态。CPU224 是 S7-300 CPU 所拥有的一个 DP 从站，ET200B I/O 模块也是 S7-300 CPU 的从站。S7-400 CPU 连接到 PROFIBUS 网络，并且借助 S7-400 CPU 用户程序中的 XGET 指令，可从 CPU224 读取数据。

为了将 EM277 作为一个 DP 从站使用，用户必须设定与主站组态中的地址相匹配的 DP 端口地址。从站地址是使用 EM277 模块上的旋转开关设定的。在转换旋转开关之后，用户必须重新起动 CPU 电源，以便使新的从站地址起作用。主站通过将其输出区来的信息发送给从站的输出缓冲区（称为接收信箱），与每个从站交换数据。从站将其输入缓冲区（称为发送信箱）的数据返回给主站的输入区，以响应从主站来的信息。

EM277 可用 DP 主站组态，以接收从主站来的输出数据，并将输入数据返回给主站。输出和输入数据缓冲区驻留在 S7-200 CPU 的变量寄存器（V 寄存器）内。当用户组态 DP 主站时，应定义 V 寄存器内的字节位置。从这个位置开始为输出数据缓冲区，它应作为 EM277 的参数赋值信息的一个部分。用户也要定义 I/O 配置，它是写入到 S7-200 CPU 的输出数据总量和从 S7-200 CPU 返回的输入数据总量。EM277 从 I/O 配置确定输入和输出缓冲区的大小。DP 主站将参数赋值和 I/O 配置信息写入到 EM277 模块，然后，EM277 将 V 寄存器地址和输入及输出数据长度传输给 S7-200CPU。

输入和输出缓冲区的地址可配置在 S7-200 CPU V 寄存器中的任何位置。输入和输出缓冲区的默认地址为 VB0。输入和输出缓冲地址是主站写入 S7-200 CPU 赋值参数的一部分。用户必须组态主站以识别所有的从站及将需要的参数和 I/O 配置写入每一个从站。

一旦 EM277 模块已用一个 DP 主站成功地进行了组态，EM277 和 DP 主站就进入数据交换模式。在数据交换模式中，主站将输出数据写入到 EM277 模块，然后，EM277 模块响应最新的 S7-200 CPU 输入数据。EM277 模块不断地更新从 S7-200 CPU 来的输入，以便向 DP 主站提供最新的输入数据。然后，该模块将输出数据传输给 S7-200 CPU。从主站来的输出数据放在 V 寄存器（输出缓冲区）中由某地址开始的区域内，而该地址是在初始化期间，由 DP 主站提供的。传输到主站的输入数据取自 V 寄存器存储单元（输入缓冲区），其地址是紧随输出缓冲区的。

在建立 S7－200 CPU 用户程序时，必须知道 V 寄存器中数据缓冲区的开始地址和缓冲区大小。从主站来的输出数据必须通过 S7－200 CPU 中的用户程序，从输出缓冲区转移到其他所用的数据区。类似地，传输到主站的输入数据也必须通过用户程序从各种数据区转移到输入缓冲区，进而发送到 DP 主站。

从 DP 主站来的输出数据，在执行程序扫描后立即放置在 V 寄存器内。输入数据（传输到主站）从 V 寄存器复制到 EM277 中，以便同时传输到主站。当主站提供新的数据时，则从主站来的输出数据才写入到 V 寄存器内。在下次与主站交换数据时，将送到主站的输入数据发送到主站。

SMB200～SMB249 提供有关 EM277 从站模块的状态信息（如果它是 I/O 链中的第 1 个智能模块）。如果 EM277 是 I/O 链中的第 2 个智能模块，那么，EM277 的状态是从 SMB200～SMB299 获得的。如果 DP 尚未建立与主站的通信，那么，这些 SM 存储单元显示默认值。当主站已将参数和 I/O 组态写入到 EM277 模块后，这些 SM 存储单元显示 DP 主站的组态集。用户应检查 SMB224，并确保在使用 SMB225～SMB229 或 V 寄存器中的信息之前，EM277 已处于与主站交换数据的工作模式。

图 8-12 为 CPU224 通信的梯形图程序。这个程序使用 SMW226 确定 DP 缓冲区的地址，由 SMB228 和 SMB229 确定 DP 缓冲区的大小。程序使用这些信息以复制 DP 输出缓冲区中的数据到 CPU224 的输出映像寄存器。与此相似，在 CPU224 输入映像寄存器中的数据可被复制到 V 寄存器的输入缓冲区。

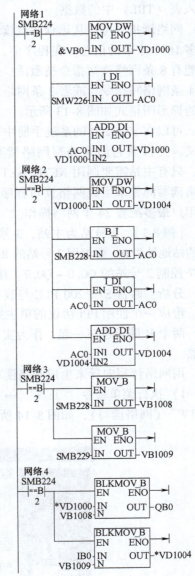

图 8-12　CPU224 通信的梯形图程序

8.4　S7－200 PLC 通信指令

西门子 PLC 的通信指令包括用于 S7－200 PLC 之间通信的网络读写指令以及用于自由端口模式的发送和接收指令。

8.4.1　网络读（NETR）和网络写指令（NETW）

网络读指令（NETR）用于初始化一个通信操作，通过指定端口（PORT0 或 PORT1）从远程设备上采集数据并保存在表（TBL）中。

网络写指令（NETW）用于初始化一个通信操作，根据定义，通过指定端口向远程设备写入表（TBL）中的数据。

网络读指令可以从远程站点读取最多 16 个字节的信息，网络写指令可以向远程站点写最多 16 个字节的信息。在程序中，可以使用任意条网络读写指令，但是在同一时间，最多只能有 8 条网络读写指令被激活。例如，在所给的 S7-200 CPU 中，可以有 4 条网络读指令和 4 条网络写指令，或者 2 条网络读指令和 6 条网络写指令在同一时间被激活。网络读写指令的梯形图格式如图 8-13 所示。

可以在 S7-200 的系统手册中查找到 TBL 表中各参数的定义，并根据它们来编写网络读写程序。在网络读写通信中，只有主站需要调用 NETR/NETW 指令。用编程软件中的网络读写向导来生成网络读写程序更为简单方便，该向导允许用户最多配置 24 个网络操作。

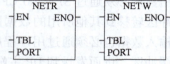

图 8-13　网络读写指令的梯形图格式

【例 8-1】　2 号站为主站，3 号站为从站，编程用的计算机的站地址为 0。要求用 2 号站的 I0.0 ~ I0.7 控制 3 号站的 Q0.0 ~ Q0.7，用 3 号站的 I0.0 ~ I0.7 控制 2 号站的 Q0.0 ~ Q0.7。用指令向导实现上述网络读写功能。

分析：两台 S7-200 PLC 与装有编程软件的计算机通过 RS-485 通信接口和网络连接器，组成一个使用 PPI 协议的单主站通信网络。用双绞线分别将连接器的两个 A 端子连在一起，两个 B 端子连在一起，作为实验使用，也可以用标准的 9 针 DB 型连接器来代替网络连接器。

用网络读写向导来生成网络读写程序的步骤如下：

1）执行菜单命令"工具"→"指令向导"，在出现的对话框的第一页选择"NETR/NETW"（网络读写），如图 8-14 所示。每一页的操作完成后单击"下一步"按钮。

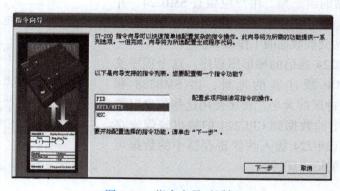

图 8-14　指令向导对话框

2）在第 2 页设置网络操作的项数为 2，如图 8-15 所示。

在第 3 页选择使用 PLC 的通信端口 0，采用默认的子程序名称"NET_EXE"，如图 8-16 所示。

3）在第 4 页设置第 1 项操作为"NETR"，要读取的字节数为 1，从地址为 3 的远程 PLC 读取它的 IB0，并存储在本地 PLC 的 QB0 中，如图 8-17 所示。

图 8-15　网络读/写项数设置对话框

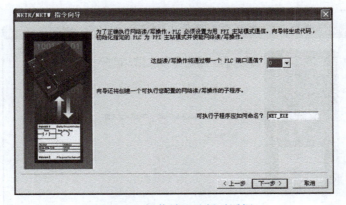

图 8-16　通信端口选择对话框

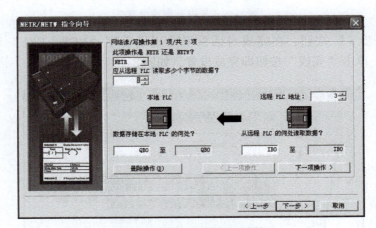

图 8-17　字节读取设置对话框

4）单击"下一项"按钮，设置第 2 项操作为"NETW"，将本地 PLC 的 IB0 写到地址为 3 的远程 PLC 的 QB0，如图 8-18 所示。

5）单击"下一步 >"按钮，在第 5 页设置子程序使用的 V 寄存器的起始地址，如图 8-19 所示。

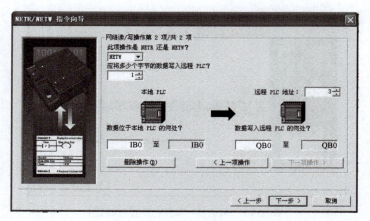

图 8-18 字节写入设置对话框

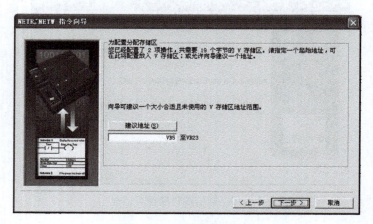

图 8-19 V 寄存器的设置

单击"下一步>"按钮,在完成对话框里出现子程序"NET_EXE"和全局符号表"NET_SYMS"。单击"完成"按钮即完成设置,如图 8-20 所示。

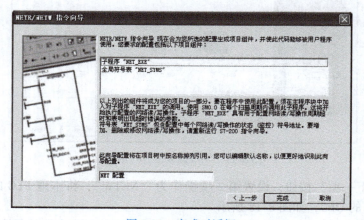

图 8-20 完成对话框

向导中的设置完成后,在编程软件指令树最下面的"调用子程序"文件夹中将会出现子程序"NET_EXE",如图 8-21 所示。在指令树的文件夹"符号表\向导"中,自动生成了名为"NET_SYMS"的符号表,如图 8-22 所示,它给出了第 1 项操作和第 2 项操作的状态字节的地址和超时错误标志的地址。

图 8-21 调用子程序文件夹

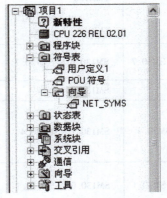

图 8-22 符号表\向导

6)在 2 号站的主程序中调用 NET_EXE,如图 8-23 所示,该子程序执行用户在 NETR/NETW 向导中设置的网络读写功能。INT 型参数"Timeout"(超时)为 0 表示不设置超时定时器,为 1~32767 则是以秒为单位的定时器时间。

每次完成所有的网络操作时,都会触发 BOOL(布尔)变量"Cycle"(周期)。BOOL 变量"Error"(错误)为 0 表示没有错误,为 1 时有错误,错误代码在 NETR/NETW 的状态字节中。

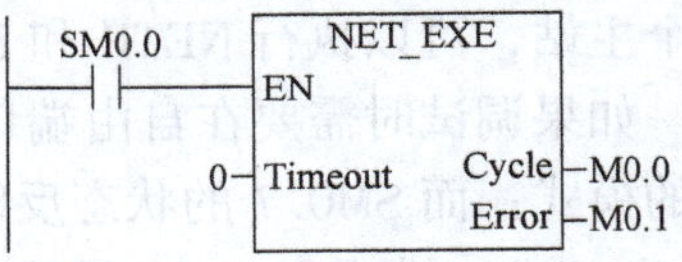

图 8-23 主程序中调用 NET_EXE

7)将程序下载到 2 号站的 CPU 模块(主站)中,设置另一台 PLC 的站号为 3,将系统块下载到它的 CPU 模块。将两台 PLC 上的工作方式开关置于 RUN 位置,改变两台 PLC 的输入信号的状态,可以用 2 号站的 I0.0~I0.7 控制 3 号站的 Q0.0~Q0.7,用 3 号站的 I0.0~I0.7 控制 2 号站的 Q0.0~Q0.7。

8.4.2 发送指令与接收指令

1. 自由端口模式

CPU 的串行通信接口可以由用户程序控制,这种操作模式称为自由端口模式。可以用发送指令、接收指令、接收完成中断、字符接收中断和发送完成中断来控制通信过程。STEP 7-Micro/Win 软件的 USS 和 Modbus RTU 指令库就是用自由端口模式编程实现的。

可以用 PC/PPI 电缆进行自由端口通信程序调试,USB/PPI 电缆和 CP 通信卡不支持自由端口调试。

只有当 CPU 处于 RUN 模式时,才能使用自由端口模式。CPU 处于 STOP 模式时,自由端口模式被禁止,自动进入 PPI 模式,可以与编程设备通信。通过将 SMB30 或 SMB130 的协议选择域(mm,见表 8-9)置 1,将通信端口设置为自由端口模式。处于该模式时,不能与编程设备通信。

表 8-9　特殊存储器字节 SMB30 和 SMB130

端口 0	端口 1	描述
SMB30	SMB130	MSB 7　　　　　　　　　　　　　　LSB 0 | p | p | d | b | b | b | m | m | 自由端口模式的控制字节
SM30.6 和 SM30.7	SM130.6 和 SM130.7	pp:奇偶校验选择。00 = 不校验;01 = 偶校验;10 = 不校验;11 = 奇校验
SM30.5	SM130.5	d:每个字符的数据位。0 = 8 位/字符,1 = 7 位/字符
SM30.2 ~ SM30.4	SM130.2 ~ SM130.4	bbb:自由端口的波特率 000 = 38400bit/s,001 = 19200bit/s,010 = 9600bit/s,011 = 4800bit/s 100 = 2400bit/s,101 = 1200bit/s,110 = 115.2kbit/s,111 = 57.6kbit/s
SM30.0 和 SM30.1	SM130.0 和 SM130.1	mm:协议选择。00 = PPI 从站模式,01 = 自由端口模式,10 = PPI 主站模式,11 = 保留（默认设置为 PPI 从站模式）

SMB30 用于设置端口 0 通信的波特率和奇偶校验等参数。CPU 模块如果有两个端口，SMB130 用于端口 1 的设置。当选择代码 mm = 10（PPI 主站模式）时，CPU 成为网络中的一个主站，可以执行 NETR 和 NETW 指令，在 PPI 模式下忽略 2 ~ 7 位。

如果调试时需要在自由端口模式与 PPI 模式之间切换，可以用 SM0.7 的状态决定通信口的模式；而 SM0.7 的状态反映的是 CPU 模式选择开关的位置，在 RUN 模式时 SM0.7 为 1，在 TERM 模式和 STOP 模式时 SM0.7 为 0。

2. 发送指令

发送指令 XMT（Transmit，见图 8-24a）用于启动自由端口模式下数据缓冲区（TBL）的数据发送。通过指定的通信端口（PORT）发送存储在数据缓冲区中的信息。

XMT 指令可以方便地发送 1 ~ 255 个字符，如果有中断程序连接到发送结束事件上，在发送完缓冲区中的最后一个字符时，端口 0 会产生中断事件 9，端口 1 会产生中断事件 26。可以监视发送完成状态位 SM4.5 和 SM4.6 的变化，而不是用中断进行发送，例如向打印机发送信息。TBL 指定的发送缓冲区的格式如图 8-25 所示，起始字符和结束字符是可选项，第一个字节"字符数"是要发送的字节数，它本身并不发送出去。

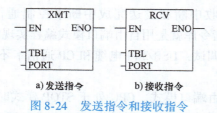

图 8-24　发送指令和接收指令

图 8-25　缓冲区的格式

如果将字符数设置为 0，然后执行 XMT 指令，以当前的波特率在线路上产生一个 16bit 的 break（间断）条件。发送 break 与发送任何其他信息一样，采用相同的处理方式。完成

break 发送时产生一个发送完成中断,SM4.5 或 SM4.6 反映 XMT 的当前状态,端口 0 发送器空闲时,SM4.5 = 1,端口 1 发送器空闲时,SM4.6 = 1。

3. 接收指令

接收指令 RCV(Receive,见图 8-24b)用于初始化或中止接收信息的服务。通过指定的通信端口(PORT),接收的信息存储在数据缓冲区(TBL)中。数据缓冲区(见图 8-25)中的第一个字节用来累计接收到的字节数,它本身不是接收到的,起始字符和结束字符是可选项。

RCV 指令可以方便地接收一个或多个字符,最多可以接收 255 个字符。如果有中断程序连接到接收结束事件上,在接收完最后一个字符时,端口 0 产生中断事件 23,端口 1 产生中断事件 24。

可以监视 SMB86 或 SMB186 的变化,而不是用中断进行报文接收。SMB86 或 SMB186 为非零时,RCV 指令未被激活或接收已经结束。正在接收报文时,它们为 0。

当超时或奇偶校验错误时,自动中止报文接收功能。必须为报文接收功能定义一个起动条件和一个结束条件。

也可以用字符中断而不是用接收指令来控制接收数据,每接收一个字符产生一个中断,在端口 0 或端口 1 接收一个字符时,分别产生中断事件 8 或中断事件 25。

在执行连接到接收字符中断事件的中断程序之前,接收到的字符存储在自由端口模式的接收字符缓冲区 SMB2 中,奇偶状态(如果允许奇偶校验的话)存储在自由端口模式的奇偶校验错误标志位 SM3.0 中。奇偶校验出错时应丢弃接收到的信息,或产生一个出错的返回信号。端口 0 和端口 1 共用 SMB2 和 SMB3。

RCV 指令允许选择报文开始和报文结束的条件(见表 8-10)。SMB86 ~ SMB94 用于端口 0,SMB186 ~ SMB194 用于端口 1。

表 8-10 中的 il = 1 表示检测空闲状态,sc = 1 表示检测报文的起始字符,bk = 1 表示检测 break 条件,SMW90 或 SMW190 中是以 ms 为单位的空闲线时间(见表 8-10)。在执行 RCV 指令时,有以下几种判别报文起始条件的方法:

1)空闲线检测:il = 1,sc = 0,bk = 0,SMW90 或 SMW190 > 0。在该方式下,从执行 RCV 指令开始,在传输线空闲的时间大于等于 SMW90 或 SMW190 中设定的时间之后接收的第一个字符作为新报文的起始字符。

表 8-10 SMB86 ~ SMB94 与 SMB186 ~ SMB194

端口 0	端口 1	描 述
SMB86	SMB186	MSB LSB 7 0 报文接收的状态字节 | n | r | e | 0 | 0 | t | c | p | n = 1:通过用户的禁止命令终止接收报文 r = 1:接收报文终止,输入参数错误、缺少起始条件或结束条件 e = 1:收到结束字符 t = 1:接收报文终止,超时 c = 1:接收报文终止,超出最大字符数 p = 1:接收报文终止,奇偶校验错误

(续)

端口0	端口1	描述
SMB87	SMB187	MSB　　　　　　　　　　　　　　　　LSB 7　　　　　　　　　　　　　　　　　0　　报文接收的控制字节 | en | sc | ec | il | c/m | tmr | bk | 0 | en:0 = 禁止报文接收,1 = 允许报文接收,每次执行 RCV 指令时检查允许/禁止接收报文位 sc:0 = 忽略 SMB88 或 SMB188,1 = 使用 SMB88 或 SMB188 的值检测报文的开始 ec:0 = 忽略 SMB89 或 SMB189,1 = 使用 SMB89 或 SMB189 的值检测报文的结束 il:0 = 忽略 SMW90 或 SMW190,1 = 使用 SMW90 或 SMW190 的值检测空闲状态 c/m:0 = 定时器是字符间超时定时器,1 = 定时器是报文定时器 tmr:0 = 忽略 SMW92 或 SMW192,1 = 超过 SMW92 或 SMW192 中设置的时间时终止接收 bk:0 = 忽略 break(间断)条件,1 = 用 break 条件来检测报文的开始,报文接收控制字节位用来定义识别报文的标准,报文的起始和结束标准均需定义
SMB88	SMB188	报文的起始字符
SMB89	SMB189	报文的结束字符
SMB90 SMB91	SMB190 SMB191	以 ms 为单位的空闲线时间间隔。空闲线时间结束后接收的第一个字符是新报文的起始字符。SMB90(或 SMB190)为高字节,SMB91(或 SMB191)为低字节
SMB92 SMB93	SMB192 SMB193	字符间/报文间定时器超时值(用 ms 表示),如果超时,停止接收报文。SMB92(或 SMB192)为高字节,SMB93(或 SMB193)为低字节
SMB94	SMB194	接收的最大字符数(1~255B)。即使不用字符计数来终止报文,这个值也应按希望的最大缓冲区来设置

2) 起始字符检测:il = 0,sc = 1,bk = 0,忽略 SMW90 或 SMW190。以 SMB88 中的起始字符作为接收到的报文开始的标志。

3) break 检测:il = 0,sc = 0,bk = 1,忽略 SMW90 或 SMW190。以接收到的 break 作为接收报文的开始。

4) 对通信请求的响应:il = 1,sc = 0,bk = 0,SMW90 或 SMW190 = 0(设置的空闲线时间为0)。执行 RCV 指令后就可以接收报文。若使用报文超时定时器(c/m = 1),它从 RCV 指令执行后开始定时,时间到时强制性地终止接收。若定时期间没有接收到报文或只接收到部分报文,则接收超时,一般用它来终止没有响应的接收过程。

5) break 和一个起始字符:il = 0,sc = 1,bk = 1,忽略 SMW90 或 SMW190。以接收到的 break 之后的第一个起始字符作为接收信息的开始。

6) 空闲线和一个起始字符:il = 1,sc = 1,bk = 0,SMW90 或 SMW190 > 0。以空闲线时间结束后接收的第一个起始字符作为接收信息的开始。

7) 空闲线和起始字符(非法):il = 1,sc = 1,bk = 0,SMW90 或 SMW190 = 0。除了以起始字节作为报文开始的判据外(sc = 1),其他的特点与4)相同。

SMB87.3/SMB187.3 = 0 时,SMW92/SMW192 为字符间超时定时器,SMB87.3/SMB187.3 为 1 时为报文超时定时器。字符间超时定时器用于设置接收的字符间的最大间隔时间。只要字符间隔时间小于该设定时间,就能接收到所有信息,而与整个报文接收时间无关。

报文超时定时器用于设置最大接收信息时间，除"4)"和"7)"中所述特殊情况外，其他情况下在接收到第一个字节后开始定时，若报文接收时间大于该设置时间，将强制终止接收，不能接收到全部信息。

上述两种定时器的定时时间到时均强制结束接收，SMB86 或 SMB186 的第 2 位为 1，表示接收超时。

接收结束条件可以用逻辑表达式表示为：结束条件 = ec + tmr + 最大字符数，即在接收到结束字节、超时或接收字符超过最大字符数时，都会终止接收。另外，在出现奇偶校验错误（如果允许）或其他错误的情况下，也会强制结束接收。

8.4.3 获取与设置通信口地址指令

获取通信口地址指令即 GPA（Get Port Address）指令，用来读取 PORT 指定的 CPU 通信口的站地址，并将数值存入 ADDR 指定的地址中（见图 8-26）。设置通信口地址指令即 SPA 指令，用来将通信地址 PORT 设置为 ADDR 指定的数值。新地址不能永久保存，断电后又上电，通信口地址仍将恢复为系统块下载的地址。

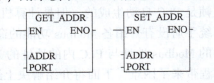

图 8-26　获取与设置通信口地址指令

8.5　利用 ModBus 协议进行网络通信

8.5.1　Modbus 从站协议

1. Modbus 串行链路协议

Modbus 通信协议是 Modicon 公司提出的一种报文传输协议，Modbus 协议在工业控制中得到了广泛的应用，它已经成为一种通用的工业标准。不同厂商生产的控制设备通过 Modbus 协议可以连成通信网络，进行集中监控。许多工控产品，例如 PLC、变频器、人机界面、DCS 和自动化仪表等，都在广泛地使用 Modbus 协议。

根据传输网络类型的不同分为串行链路上的 Modbus 和基于 TCP/IP 协议的 Modbus。

Modbus 串行链路协议是一个主/从协议，采用请求/响应方式，主站发出带有从站地址的请求报文，具有该地址的从站接收到后发出响应报文进行应答。

Modbus 协议位于 OSI 模型的第二层。串行总线中只有一个主站，可以有 1～247 个子站。Modbus 通信只能由主站发起，子站在没有收到来自主站的请求时，不会发送数据，子站之间也不会互相通信。

Modbus 串行链路系统在物理层可以使用不同的物理接口。最常用的是两线制 RS-485 接口，也可以使用四线制 RS-485 接口。只需要短距离点对点通信时，也可以使用 RS-232C 串行接口。

2. Modbus 的报文传输模式

Modbus 协议有 ASCII（美国标准信息交换代码）和 RTU（远程终端单元）这两种报文传输模式，在设置每个站的串口通信参数（波特率、校验方式等）时，Modbus 网络上所有的站都必须选择相同的传输模式和串口参数。

(1) ASCII 模式　当控制器设为在 Modbus 网络上以 ASCII 模式通信时,报文帧中的每个 8 位字节都转换为两个 ASCII 字符发送。下面是 ASCII 模式的报文格式：

:	地址	功能代码	数据字节数	数据 1	…	数据 n	LRC 高字节	LRC 低字节	回车	换行

报文中的每个 ASCII 字符都由十六进制字符组成,传输的每个字符包含 1 个起始位、7 个数据位、1 个奇偶校验位和 1 个停止位；如果没有校验位,则有 2 个停止位。

(2) RTU 模式　当控制器设为在 Modbus 网络上以 RTU 模式通信时,报文中的每个 8 位字节作为两个十六进制字符,以字节为单位进行传输。这种方式的主要优点是在同样的波特率下,传输效率比 ASCII 模式的高。

传输的每个字节包含 1 个起始位和 8 个数据位(先发送最低的有效位),奇偶校验位、停止位与 ASCII 模式的相同,报文最长为 256B。

S7-200 的编程软件为 Modbus RTU 通信设计了专用的指令。使用 Modbus 指令时,响应帧是 PLC 自动生成的,但是计算机发出的请求帧需要用户用 VB 或 VC 编程。S7-200 的系统手册没有介绍各 Modbus 功能的命令帧和响应帧的结构以及生成 CRC 校验码的方法,给出的 Modbus 地址与 PLC 内的地址的关系与实际的映射关系有一些差异,给上位机请求帧的编程带来了困难,下面将介绍解决上述问题的方法。

3. 安装 Modbus 从站协议的指令库

在使用 Modbus 协议或 USS 协议之前,需要先安装西门子的指令库。安装了 STEP 7-Micro/WIN 编程软件后,安装 STEP 7-Micro/WIN 32 指令库,在 STEP 7-Micro/WIN 软件指令树的"指令\库"中,将会出现两个文件夹"USS Protocol"和"Modbus Protocol",里面有用于两个通信协议的子程序和中断程序。S7-200 如果执行 Modbus 从站协议指令,作为 Modbus RTU 中的从站设备,可以与 Modbus 主设备通信。如果在用户程序中调用了 Modbus 指令,会在项目中自动增加一个或多个有关的子程序。

4. 使用 Modbus 从站协议的要求

1) 通信端口被 Modbus 从站协议或主站协议占用时,不能用于其他用途。为了将 CPU 的通信端口切换回 PPI 模式,以便与 STEP 7-Micro/WIN 通信,可以将 Modbus 的初始化指令的参数 Mode 设置为 0,或者将 CPU 上的模式开关扳到 STOP 位置。

2) Modbus 从站协议指令影响与端口 0 的自由端口通信有关的所有特殊存储器位。

3) Modbus 从站协议指令使用 3 个子程序和 2 个中断服务程序。

4) Modbus 从站协议的两条指令及其支持子程序占用 1857B 的程序空间。

5) Modbus 从站协议指令的变量要求占用 779B 的 V 寄存器块。该块的起始地址由用户用菜单命令"文件"→"库文件"指定,保留给 Modbus 变量使用。

5. Modbus 从站协议的初始化和执行时间

Modbus 通信使用 CRC(循环冗余检验)确保通信报文的完整性。Modbus 从站协议使用预先计算数值的表格减少处理报文的时间。初始化该 CRC 表约需 425ms。初始化在 MBUS_INIT 子程序中进行,通常在进入"运行"模式后用户程序首次扫描时执行。如果 MBUS_INIT 子程序和其他初始化程序要求的时间超过 500ms 扫描监视时间,则需要复位监控定时器,并保持输出使能(如果扩展模块要求的话)。可通过写模块输出的方法复位输出扩展模块的监控定时器。

当 MBUS_SLAVE 子程序执行请求服务时，扫描时间会延长。由于大多数时间用于计算 Modbus CRC，对于每个字节的请求和响应，扫描时间会延长约 650μs。最大的请求/响应（读取或写入 120 个字）使扫描时间延长约 165ms。

6. Modbus 地址与 S7-200 地址的映射

Modbus 的地址帧一般为 5~6 个字节，包括数据类型和偏移量。前一个或前两个字节说明数据类型，最后四个字节为对应数据类型的一个数值。Modbus 主设备将这一数值与相应的功能对应起来。Modbus 从站指令支持的地址形式及其与 S7-200 内部存储空间所对应的关系见表 8-11。Modbus 从站协议指令可以对 Modbus 主机可访问的输入、输出、模拟输入和保持寄存器（位于 V 寄存器）的数量进行限制。

表 8-11 Modbus 从站指令支持的地址形式及其与 S7-200 地址的关系

Modbus	S7-200 地址	Modbus	S7-200 地址
000001	Q0.0	010128	I15.7
000002	Q0.1	030001	AIW0
…	…	030002	AIW2
000127	Q15.6	…	…
000128	Q15.7	030032	AIW62
010001	I0.0	040001	HoldStart
010002	I0.1	040002	HoldStart + 2
…	…	…	…
010127	I15.6	04xxxx + 1	HoldStart + 2xxxx

8.5.2 Modbus 从站协议指令

(1) MBUS_INIT 指令　MBUS_INIT 指令（见图 8-27a）用于使能启用（初始化）或禁用 Modbus 通信。在使用 MBUS_SLAVE 指令之前，应成功地执行 MBUS_INIT 指令（该指令的输出位 "Done" 为 1）。

应当在每次改变通信状态时只执行一次 MBUS_INIT 指令。"Mode"（模式）输入值用来选择通信协议：Mode 为 1，将端口 0 指定给 Modbus 协议并启用协议；Mode 为 0，则将端口 0 指定给 PPI 并禁用 Modbus 协议。

1) Baud：波特率，可以设为 1200bit/s、2400bit/s、4800bit/s、9600bit/s、19200bit/s、38400bit/s、57600bit/s 或 115200bit/s。

2) Addr：站地址设定，可设为 1~247。

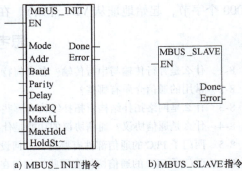

a) MBUS_INIT 指令　　b) MBUS_SLAVE 指令

图 8-27 Modbus 从站协议指令

3) Parity：奇偶校验，参数的设置应与 Modbus 主设备的奇偶校验方式相同。数值 0、1、2 分别对应无奇偶校验、奇校验和偶校验。

4) Delay：延迟，以 ms 为单位（0~32767ms），以增加标准 Modbus 报文结束的超时时间，在有线网络上该参数的典型值应为 0。如果使用带有纠错功能的调制解调器，可以将延迟时间设为 50~100ms。如果使用扩频电台，可以将延迟时间设为 10~100ms。

5) MaxIQ：指定 Modbus 主设备可以使用的 I/Q 的点数，建议设为 128，即允许访问 S7-200 所有的 I 和 Q 点。

6) MaxAI：指定 Modbus 主设备可以使用的模拟量输入字（AIW）的个数（0~32）。数值为 0，则表示禁止读模拟量输入。建议 CPU221 设为 0，CPU222 设为 16，其他 CPU 设为 32。

7) MaxHold：指定主设备可以访问的保持寄存器（位于 V 寄存器内）的最大个数。

8) HoldStart：月来设置 V 寄存器内保持寄存器的起始地址，一般为 VB0，此时该参数应为 &VB0（即 VB0 的地址）。也可以指定其他 V 寄存器地址为 HoldStart，以便在项目的其他地方使用 VB0。Modbus 主设备可以存取 V 寄存器内从 HoldStart 开始的 MaxHold 个数。

MBUS_INIT 指令如果被成功地执行，"Done" 输出为 ON。"Error"（错误）输出字节包含指令执行后的错误代码（见 S7-200 的系统手册），为 0 表示没有错误。

(2) MBUS_SLAVE 指令 MBUS_SLAVE 指令用于为 Modbus 主设备发出的请求服务，必须在每次扫描时执行，以便检查和响应 Modbus 请求。EN 输入为 ON 时每次扫描执行该指令，指令无输入参数。当 MBUS_SLAVE 指令响应 Modbus 请求时，"Done" 输出为 ON。如果没有服务请求，"Done" 输出为 OFF。"Error" 用来输出执行该指令的结果，该输出只有在 "Done" 为 ON 时才有效。Modbus 从站指令使用累加器 AC0~AC3。

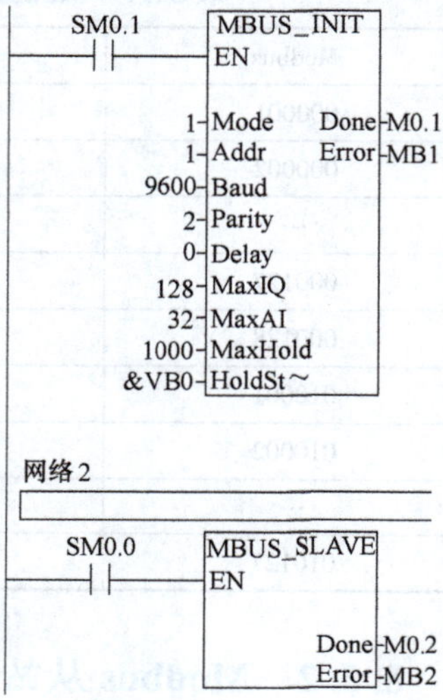

【例 8-2】 Modbus 从站协议指令应用实例，如图 8-28 所示。

图 8-28 例 8-2 图

分析：PLC 运行开始，在第一个扫描周期使用 MBUS_INIT 指令对 ModBus 的通信环境进行初始化。其初始化参数为：从站地址为 1，端口波特率为 9600bit/s，采用偶校验，对所有的 I、Q、AI 均可访问，允许访问 1000 个保持寄存器（2000 个字节，起始地址从 VB0 开始）。在每个扫描周期都执行 MBUS_SLAVE 指令。

思考题与习题

8-1 什么是并行传输与串行传输？各有何特点？

8-2 常用的通信介质有哪些？

8-3 什么是网络拓扑结构？拓扑结构有哪些？

8-4 什么是通信协议？通信协议的功能是什么？

8-5 西门子 PLC 的通信部件有哪些？如何设置 PPI 多主站电缆？

8-6 西门子 PLC 的通信协议有哪些？如何在 PPI 协议下进行通信？

8-7 2 号站为主站，3 号站为从站，编程用的计算机的站地址为 0。要求将 2 号站的 VB0~VB17 送给 3 号站的 VB0~VB17，将 3 号站的 VB20~VB27 送给 2 号站的 VB20~VB27。用指令向导实现上述网络读写功能。

第3篇

实验、实训

第9章

PLC实验

9.1 基本指令实验

9.1.1 实验目的

1) 熟悉西门子 S7-200 系列 PLC，了解各硬件的结构及作用。
2) 掌握常用基本指令的使用方法。
3) 熟悉西门子 STEP 7-Micro/WIN 编程软件的使用方法。

9.1.2 实验设备

1) PLC 实验装置一套。
2) 编程计算机一台。
3) PC/PPI 通信电缆一条。
4) 连接导线若干。

9.1.3 实验内容及步骤

1. 复习常用基本指令的功能及用法

1) 常用位逻辑指令。
2) 置位、复位指令。
3) 正、负跳变指令。

2. 分析并下载、运行练习程序

1) 练习程序1，如图 9-1 所示。

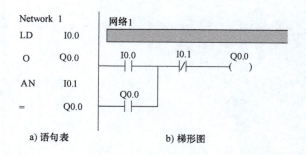

图 9-1 基本指令练习程序 1

2）练习程序 2，如图 9-2 所示。

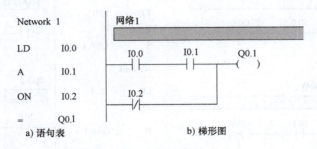

图 9-2　基本指令练习程序 2

3）练习程序 3，如图 9-3、图 9-4 所示。

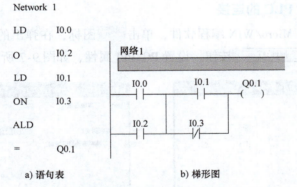

图 9-3　ALD 指令练习程序

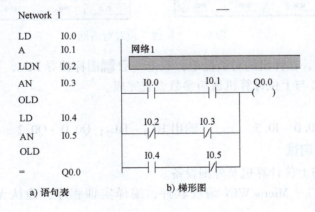

图 9-4　OLD 指令练习程序

4）置位、复位指令练习程序，如图 9-5 所示。
5）正负跳变指令练习程序，如图 9-6 所示。

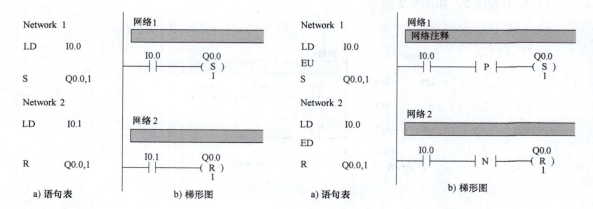

图9-5 置位、复位指令练习程序　　图9-6 正负跳变指令练习程序

3. 上位计算机与PLC的连接

1）运行STEP 7 – Micro/WIN编程软件，单击图标，在弹出的对话框中选择"PC/PPI通信方式"，单击 属性(R) 按钮，设置PC/PPI属性，如图9-7所示。

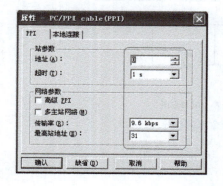

图9-7 "属性"设置对话框

2）单击图标，在弹出的对话框中，双击 双击刷新 图标搜寻PLC，寻找到PLC后，选择该PLC。至此，PLC与上位计算机通信参数设置完成。

4. I/O分配

输入 $S_0 \sim S_5$：I0.0～I0.5　　　　输出 $HL_0 \sim HL_2$：Q0.0～Q0.2

5. 程序下载及调试

1）连接PLC与上位计算机及外围设备。

2）使用STEP 7 – Micro/WIN编程软件，编译实训程序，确认无误后，将程序下载至PLC。

3）拨动开关 $S_0 \sim S_5$，观察开关处于不同逻辑状态下 HL_0、HL_1、HL_2 指示灯的状态并记录。

9.1.4 注意事项

1）进入编程软件时，PLC机型应选择正确，否则无法正常下载程序。

2）下载程序前，应确认PLC供电正常。

3）在实验过程中，认真观察 PLC 的输入/输出状态，以验证分析结果是否正确。

9.1.5 思考与讨论

1）在 I/O 接线不变的情况下，能更改控制逻辑吗？
2）程序下载后，PLC 能脱离上位机正常运行吗？
3）当程序不能运行时，如何判断是编程错误、PLC 故障，还是外部 I/O 点连接线错误？

9.2 定时器及计数器指令实验

9.2.1 实验目的

1）掌握常用定时器指令的使用方法。
2）掌握计数器指令的使用方法。
3）掌握编程软件的使用方法。

9.2.2 实验设备

1）PLC 实验装置一套。
2）编程计算机一台。
3）PC/PPI 通信电缆一条。
4）连接导线若干。

9.2.3 实验内容及步骤

1. 复习定时器、计数器指令的功能及用法

1）TON、TONR 指令。
2）CTU、CTD、CTUD 指令。

2. 分析并运行练习程序

1）延时程序，如图 9-8 所示。

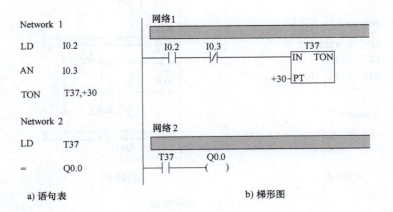

图 9-8 延时程序

2）秒脉冲发生器，如图9-9所示。

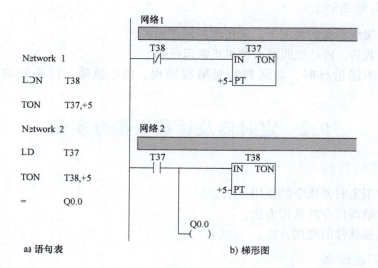

图 9-9　秒脉冲发生器

3）增计数器，如图9-10所示。

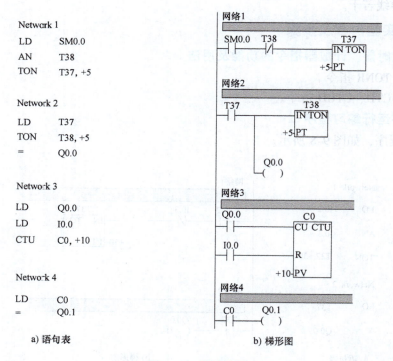

图 9-10　增计数器

4）自行设计减计数器（参照增计数器）。

3. I/O 分配

输入 $S_0 \sim S_3$：I0.0~I0.3　　　　输出 $HL_0 \sim HL_1$：Q0.0~Q0.1

4. 程序下载及调试

1）连接 PLC 与上位计算机及外围设备。

2）使用 STEP 7 – Micro/WIN 编程软件，编译实训程序，确认无误后，将程序下载至 PLC。

3）拨动开关 $S_0 \sim S_3$，观察开关处于不同逻辑状态下 HL_0、HL_1 指示灯的状态并记录。

9.2.4　注意事项

1）S7-200 PLC 有三类定时器：延时接通定时器（TON）、有记忆的延时接通定时器（TONR）、延时断开定时器（TOF），注意各类型定时器的特点。

2）定时器的分辨率有三种：1ms、10ms、100ms。在选用定时器时其编号决定了定时器的分辨率，定时器总的定时时间 = 预设值（PT）×时基。

3）S7-200 系列 PLC 提供了 256 个内部计数器（C0~C255），共分为三种类型：增计数器（CTU）、减计数器（CTD）和增减计数器（CTUD），可根据控制任务自行选用。

9.2.5　思考与讨论

如何用定时器和计数器指令实现长延时控制任务？

9.3　移位寄存器指令实验

9.3.1　实验目的

1）掌握移位指令的使用方法。
2）熟悉编程软件的使用方法。

9.3.2　实验设备

1）PLC 实验装置一套。
2）编程计算机一台。
3）PC/PPI 通信电缆一条。
4）连接导线若干。

9.3.3　实验内容及步骤

1. 复习移位指令的功能及用法

1）左、右移位指令。
2）循环左、右移位指令。

2. 分析并下载、运行练习程序

1）左移位练习程序，如图 9-11 所示。

219

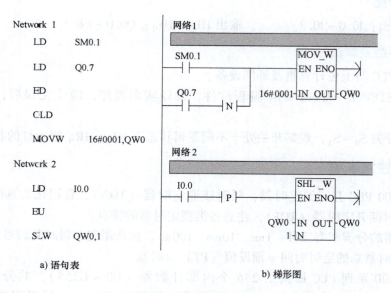

图9-11 左移位练习程序

实验结果：将I0.0接到按钮，每按一下按钮，就会循环点亮下一个指示灯。

2）将练习中SHL_W指令的N改为2，观察实验结果。

3）将练习中的左移字指令分别改为右移字指令，循环左、右移字指令，观察实验结果。

4）将练习中的字指令改为字节指令、双字指令，观察实验结果。

3. I/O分配

输入按钮SB：I0.0　　　　输出$HL_0 \sim HL_{15}$：Q0.0~Q1.7

4. 程序下载及调试

1）连接PLC与上位计算机及外围设备。

2）使用STEP 7 – Micro/WIN编程软件，编译实训程序，确认无误后，将程序下载至PLC。

3）按下按钮SB，观察$HL_0 \sim HL_{15}$指示灯的状态并记录。

9.3.4 注意事项

1）特殊继电器SM1.1与溢出端相连，最后一次被移出的位进入SM1.1，另一端自动补0。允许移位的位数由移位类型决定，即字节型为8位，字型为16位，双字型为32位。如果移位的位数超过允许的位数，则实际移位为最大允许值。

2）如果移位后结果为0，特殊继电器SM1.0（零标志位）自动置位。

9.3.5 思考与讨论

利用移位指令，还可以编出哪些彩灯控制程序？

9.4 常用功能指令实验

9.4.1 实验目的

1）掌握数据比较指令、数据传送指令、加法指令、减法指令的使用方法。
2）熟悉编程软件的使用。

9.4.2 实验设备

1）PLC 实验装置一套。
2）编程计算机一台。
3）PC/PPI 通信电缆一条。
4）连接导线若干。

9.4.3 实验内容及步骤

1. 复习常用功能指令的功能及用法

1）传送指令。
2）算术指令。
3）比较指令。

2. 分析并下载、运行练习程序

1）MOV 指令练习程序，如图 9-12 所示。

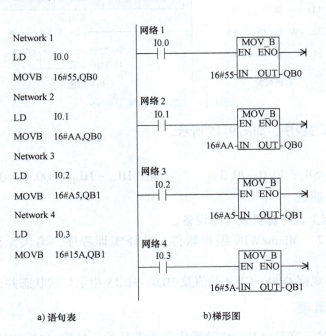

a) 语句表   b) 梯形图

图 9-12 MOV 指令练习程序

2）加法指令练习程序，如图 9-13 所示。
3）减法指令练习程序，如图 9-14 所示。

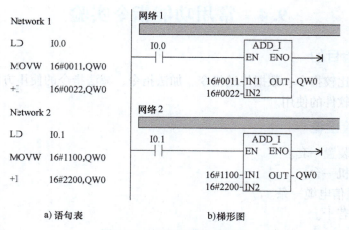

图 9-13 加法指令练习程序

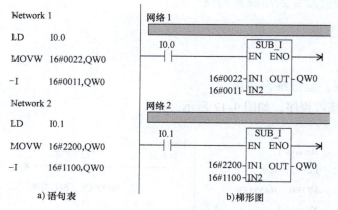

图 9-14 减法指令练习程序

4) 比较指令练习程序, 如图 9-15 所示。

3. I/O 分配

输入按钮 $SB_1 \sim SB_4$: I0.0 ~ I0.3   输出 $HL_0 \sim HL_{15}$: Q0.0 ~ Q1.7

4. 程序下载及调试

1) 连接 PLC 与上位计算机及外围设备。

2) 使用 STEP 7 - Micro/WIN 编程软件, 编译实训程序, 确认无误后, 将程序下载至 PLC。

3) 按下按钮, 观察 QB0、QW0 的值及 HL0 ~ HL15 指示灯的状态并记录。

9.4.4 注意事项

比较指令使用时, 字节 (B) 比较操作是无符号的, 整数 (I) 比较操作是有符号的, 双字 (D) 比较操作是有符号的。当比较结果为真时, 比较指令使能点闭合或者输出接通。

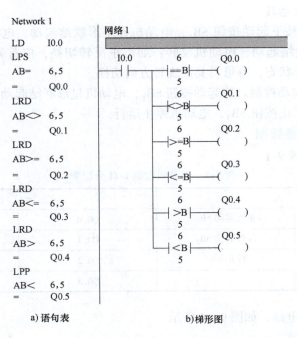

图 9-15 比较指令练习程序

9.4.5 思考与讨论

修改练习 1~4 程序中的指令，把字节指令换成字指令或双字指令，或者自己编写另外的程序，观察运行结果。

9.5 典型电动机控制

9.5.1 实验目的

1) 掌握用 PLC 实现电动机典型控制的方法。
2) 熟练掌握西门子 S7-200 PLC 控制系统接线及调试步骤。
3) 熟悉编程的简单方法和步骤。

9.5.2 实验设备

1) PLC 实验装置一套。
2) 编程计算机一台。
3) PC/PPI 通信电缆一条。
4) 连接导线若干。

9.5.3 实验内容及步骤

1. 编制典型电动机控制程序并调试

1) 点动控制。按下起动按钮 SB_1，电动机星形联结运转，松开 SB_1 电动机停止。
2) 长动控制。按下起动按钮 SB_1，电动机星形联结起动并持续运转，只有按下停止按

223

钮 SB_3 时电动机才停止运转。

3) 正反转控制。按下起动按钮 SB_1，电动机作星形联结起动，电动机正转；按起动按钮 SB_2，电动机星形联结起动，电动机反转；如需正反转切换，应首先按下停止按钮 SB_3，使电动机处于停止工作状态，方可对其做旋转方向切换。

4) 星/三角换接起动控制。按起动按钮 SB_1，电动机星形联结起动；6s 后电动机转为三角形方式运行；按下停止按钮 SB_3，电动机停止运行。

2. I/O 分配表及接线图

1) I/O 分配，见表 9-1。

表 9-1 电动机控制 I/O 分配表

输	入	输	出
I0.0	正转起动 SB_1	Q0.0	正转接触器 KM_1
I0.1	反转起动 SB_2	Q0.1	反转接触器 KM_2
I0.2	停止 SB_3	Q0.2	三角形联结接触器 KM_3
		Q0.3	星形联结接触器 KM_4

2) 电动机控制主电路，如图 9-16 所示。

3. 程序下载及调试

1) 连接 PLC 与上位计算机及外围设备。

2) 根据控制任务自行编制控制程序，确认无误后，将程序下载至 PLC 中。

3) 操作按钮 $SB_1 \sim SB_3$，观察记录程序运行情况和输出状态。

9.5.4 注意事项

1) $SB_1 \sim SB_3$ 应选用自复式按键。

2) 各程序中的各输入、输出应与外部实际 I/O 正确连接。

9.5.5 思考与讨论

试比较 PLC 控制与常规电气控制电路的区别与联系。

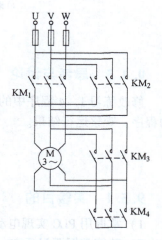

图 9-16 电动机控制主电路

9.6 抢答器控制

9.6.1 实验目的

1) 掌握用 PLC 实现抢答器控制的方法。

2) 通过抢答器程序设计，掌握八段码显示器的工作原理。

3) 掌握抢答器控制系统的接线、调试、操作方法。

9.6.2 实验设备

1) PLC 实验装置一套。

2) 编程计算机一台。

3）PC/PPI 通信电缆一条。
4）连接导线若干。
5）八段码显示装置（见图 9-17）。

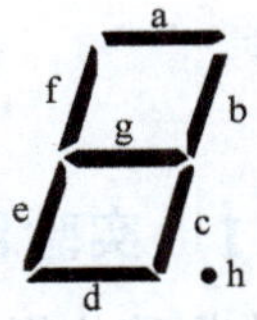

图 9-17　八段码显示装置

9.6.3　实验内容及步骤

1. 控制要求

1）系统初始上电后，主控人员在总控制台上单击"开始"按键后，允许各队人员开始抢答，即各队抢答按键有效。

2）抢答过程中，1～4 队中的任何一队抢先按下各自的抢答按钮（SB_1、SB_2、SB_3、SB_4）后，LED 数码显示系统显示当前的队号并使蜂鸣器发出响声，其他队的人员继续抢答无效。

3）主控人员对抢答状态确认后，按下"复位"按钮，系统又继续允许各队人员开始抢答，直至又有一队抢先按下各自的抢答按钮。

2. I/O 分配表（见表 9-2）

表 9-2　抢答器控制 I/O 分配表

输	入	输	出
I0.0	开始	Q0.0	蜂鸣器
I0.1	复位	Q0.1	a
I0.2	1 队抢答按钮 SB_1	Q0.2	b
I0.3	2 队抢答按钮 SB_2	Q0.3	c
I0.4	3 队抢答按钮 SB_3	Q0.4	d
I0.5	4 队抢答按钮 SB_4	Q0.5	e
		Q0.6	f
		Q0.7	g

3. 程序下载及调试

1）连接 PLC 与上位计算机及外围设备。
2）根据控制任务自行编制控制程序，确认无误后，将程序下载至 PLC。
3）分别点动 SB_1～SB_4 按钮，模拟 4 个队进行抢答，观察并记录系统响应情况。

9.6.4　注意事项

1）各抢答按钮 SB_1～SB_4 应选用自复式按钮。
2）程序中的各输入、输出应与外部实际 I/O 正确连接，特别是输出口的连接，否则会显示乱码。

9.6.5　思考与讨论

根据 4 组抢答器，怎样设计 5 组抢答器程序？

9.7 天塔之光控制

9.7.1 实验目的

1) 掌握移位指令的使用及编程方法。
2) 用 PLC 构成各种灯光控制系统。

9.7.2 实验设备

1) PLC 实验装置一套。
2) 编程计算机一台。
3) PC/PPI 通信电缆一条。
4) 连接导线若干。
5) 天塔之光显示实验装置（见图 9-18）。

图 9-18 天塔之光实验装置

9.7.3 实验内容及步骤

1. 控制要求

1) 依据实际生活中对天塔之光的运行控制要求，实现模拟控制。
2) 合上起动开关，指示灯按以下规律循环显示：$L_1 \to L_2 \to L_3 \to L_4 \to L_5 \to L_6 \to L_7 \to L_8 \to L_1 \to L_2$、$L_3$、$L_4 \to L_5$、$L_6$、$L_7$、$L_8 \to L_1 \to L_2$、$L_3$、$L_4 \to L_5$、$L_6$、$L_7$、$L_8 \to L_1 \to L_2$、$L_3$、$L_4 \to L_5$、$L_6$、$L_7$、$L_8 \to L_1 \to L_1 \to L_2 \to L_1 \to L_3 \to L_1 \to L_4 \to L_1 \to L_5 \to L_1 \to L_6 \to L_1 \to L_7 \to L_1 \to L_8 \to L_1 \to L_1 \to L_5 \to L_1 \to L_2$、$L_3$、$L_4 \to L_1$、$L_5$、$L_6$、$L_7$、$L_8 \to \to L_1$、$L_2$、$L_3$、$L_4$、$L_5$、$L_6$、$L_7$、$L_8 \to L_1$。
3) 断开起动开关，天塔之光控制系统停止运行。

2. I/O 分配表（见表 9-3）

表 9-3 天塔之光控制 I/O 分配表

输 入		输 出	
I0.0	起动开关	Q0.0 ~ Q0.7	指示灯 $L_1 \sim L_8$

3. 程序下载及调试

1) 连接 PLC 与上位计算机及外围设备；
2) 根据控制任务自行编制控制程序，确认无误后，将程序下载至 PLC；
3) 合上起动开关，观察并记录系统响应情况。

9.7.4 注意事项

1) 起动开关选用自保持式开关。
2) 各程序中的各输入、输出应与外部实际 I/O 正确连接。

9.7.5 思考与讨论

1) 试编制发射型闪烁控制程序，并上机调试运行。控制要求为：L_1 亮 2s 后灭，接着 $L_2 \sim L_4$ 亮 2s 后灭，接着 $L_5 \sim L_8$ 亮 2s 后灭，接着 L_1 亮 2s 后灭，……如此循环。
2) 使用顺序控制指令能否实现天塔之光控制？

9.8 多种液体混合装置控制

9.8.1 实验目的

1) 掌握正/负跳变指令的使用及编程。
2) 用 PLC 构成多种液体混合控制系统。

9.8.2 实验设备

1) PLC 实验装置一套。
2) 编程计算机一台。
3) PC/PPI 通信电缆一条。
4) 连接导线若干。
5) 液体混合实验装置（见图 9-19）。

9.8.3 实验内容及步骤

1. 控制要求

1) 总体控制要求：图 9-19 所示的三种液体混合模拟装置，由液面传感器 SL_1、SL_2、SL_3，液体混合电磁阀 YV_1、YV_2、YV_3、YV_4，搅拌电动机 M，加热器 H，温度传感器 T 组成，实现三种液体的混合、搅匀、加热等功能。

2) 合上起动开关，装置投入运行。首先液体 A、B、C 阀门关闭，混合液阀门打开 10s 将容器放空后关闭；然后液体 A 阀门打开，液体 A 流入容器；当液面到达 SL_3 时，关闭液体 A 阀门，打开液体 B 阀门；当液面到达 SL_2 时，关闭液体 B 阀门，打开液体 C 阀门；当液面到达 SL_1 时，关闭液体 C 阀门。

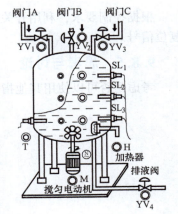

图 9-19 三种液体混合模拟装置

3) 搅匀电动机开始搅匀、加热器开始加热。当混合液体达到设定温度，加热器停止加热，搅拌电动机工作 6s 后停止搅动。

4) 搅匀结束以后，混合液体阀门打开，开始放出混合液体。当液面下降到 SL_3 时，SL_3 由接通变为断开，再过 2s 后，容器放空，混合液阀门关闭，开始下一周期。

5) 断开起动开关，在当前的混合液处理完毕后，停止操作。

2. I/O 分配表（见表 9-4）

表 9-4 多种液体混合装置控制 I/O 分配表

输	入	输	出
I0.0	起动	Q0.0	进液电磁阀 YV_1
I0.1	液位传感器 SL_1	Q0.1	进液电磁阀 YV_2
I0.2	液位传感器 SL_2	Q0.2	进液电磁阀 YV_3
I0.3	液位传感器 SL_3	Q0.3	排液电磁阀 YV_4
I0.4	温度传感器 T	Q0.4	搅拌电动机 M
		Q0.5	加热器 H

3. 程序下载及调试

1）连接 PLC 与上位计算机及外围设备。
2）使用 STEP 7 – Micro/WIN 编程软件，编制实训程序，确认无误后，将程序下载至 PLC。
3）合上起动开关，观察并记录系统响应情况。

合上起动开关，SL_1、SL_2、SL_3 拨至 OFF，观察液体混合阀门 YV_1、YV_2、YV_3、YV_4 的工作状态；等待 20s 后，观察液体混合阀门 YV_1、YV_2、YV_3、YV_4 的工作状态有何变化，依次将 SL_3、SL_2、SL_1 液面传感器扳至 ON，观察系统各阀门、搅拌电动机 M 及加热器 H 的工作状态；将测温传感器的开关打到 ON，观察系统各阀门、搅拌电动机 M 及加热器 H 的工作状态；依次将 SL_1、SL_2、SL_3 液面传感器扳至 OFF，观察系统各阀门、搅拌电动机 M 及加热器 H 的工作状态；断开起动开关，系统停止工作。

9.8.4 注意事项

根据控制要求，利用开关的上升、下降沿产生一个扫描周期的脉冲，作为输出的置位、复位信号。

9.8.5 思考与讨论

考虑是否可以使用其他指令编写多种液体混合控制程序。

第10章

实　　训

10.1　三相异步电动机减压起动控制电路装调

三相异步电动机减压起动控制电路装调实训包括低压电气元器件的选择；电气控制系统图的绘制；电气控制电路装调；电气控制电路故障排查。

10.1.1　三相异步电动机减压起动控制电路低压电器及其选择

在实训室，面对实际的低压电气元器件，站在实践的角度对其进行再认识，是非常必要的。要熟悉元器件结构和原理、使用场合和技术参数，重点学会阅读元器件铭牌和说明书，包括规格、型号、性能、参数等，为电气元器件的选择、整定、使用、维护奠定基础。

1. 常用低压电器

低压电器是指工作在交流1200V以下或直流1500V以下电路中的电器。低压电器种类繁多，用途广泛，随着电子技术的迅猛发展，新品种不断涌现，这里结合实训要求，列出三相异步电动机减压起动控制电路所用到的低压电器名称及技术数据供参考。

（1）熔断器　熔断器是一种最简单有效的保护电器，主要由熔体和安装熔体的熔管两部分组成。常用熔断器的技术数据见表1-2。

（2）开关电器　开关电器是一种用来隔离、转换以及接通和分断电路的控制电器。常用开关电器的技术数据见表10-1~表10-3。

表10-1　HK2系列开启式负荷开关技术数据

型号	额定电流/A	极数	额定电压/V	可控制电动机最大容量/kW	熔体规格 熔体直径/mm
HK2	10	2	250	1.1	0.25
	15	2	250	1.5	0.41
	30	2	250	2.0	0.56
	15	3	500	3.2	0.45
	30	3	500	4.0	0.71
	60	3	500	5.0	1.12

表10-2　HZ10系列组合开关技术数据

型号	额定电压/V	额定电流/A	级数	可控制电动机最大容量/kW
HZ10-10	直流220 交流380	6	1	3
		10		
HZ10-25		25	2,3	5.5
HZ10-60		60		
HZ10-100		100		

表 10-3　DZ20 系列低压断路器技术数据

型号	额定电流/A	机械寿命/电寿命/次	过电流脱扣器范围/A	短路通断能力 交流 电压/V	短路通断能力 交流 电流/kA	短路通断能力 交流 cosφ	短路通断能力 直流 电压/V	短路通断能力 直流 电流/kA	短路通断能力 直流 时间常数/s
DZ20Y-100	100	8000/4000	16 20 32 50 63 80 100	380	18	0.30	220	10	0.01
DZ20J-100					35	0.25		15	
DZ20G-100					75	0.20		20	
DZ20Y-200	200	8000/2000	125 160 180 200		25	0.25		20	
DZ20J-200					35	0.25		20	
DZ20G-200					70	0.20		25	
DZ20Y-400	400	5000/1000	250 315 350 400		30	0.25		20	
DZ20J-400					42	0.25		25	
DZ20G-400					80	0.20		30	
DZ20Y-630	630	5000/1000	400 500 630		30	0.25	380	25	
DZ20J-630					50	0.20		25	
DZ20Y-1250	1250	3000/500	630 800 1000 1250		50	0.20		30	
DZ20J-1250					65	0.20		30	

（3）主令电器　主令电器是在自动控制系统中用来发送控制指令或信号的操纵电器。常用的主令电器，即按钮的技术数据见表 10-4。

表 10-4　常用按钮技术数据

型号	型式	触头数量 常开	触头数量 常闭	信号灯 电压/V	信号灯 功率/W	额定电压、电流和控制容量	按钮 钮数	按钮 颜色
LA18-22	一般式	2	2				1	红绿黄白黑
LA18-44	一般式	4	4				1	红绿黄白黑
LA18-66	一般式	6	6				1	红绿黄白黑
LA18-22J	紧急式	2	2				1	红
LA18-44J	紧急式	4	4				1	红
LA18-66J	紧急式	6	6				1	红
LA18-22X$_2$	旋钮式	2	2				1	黑
LA18-22X$_3$	旋钮式	2	2				1	黑
LA18-44X	旋钮式	4	4				1	黑
LA18-66X	旋钮式	6	6				1	黑
LA18-22Y	钥匙式	2	2			电压： 交流 380V 直流 220V 电流：5A 容量： 交流 300V·A 直流 60W	1	锁芯本色
LA18-44Y	钥匙式	4	4				1	锁芯本色
LA18-66Y	钥匙式	6	6				1	锁芯本色
LA19-11A	一般式	1	1				1	红绿蓝黄白黑
LA19-11J	紧急式	1	1				1	红
LA19-11D	带指示灯式	1	1	6	<1		1	红绿蓝白黑
LA19-11DJ	紧急带指示灯式	1	1	6	<1		1	红
LA20-11	一般式	1	1				1	红绿黄蓝白
LL20-11J	紧急式	1	1				1	红
LA20-11D	带指示灯式	1	1	6	<1		1	红绿黄蓝白
LA20-11DJ	紧急带指示灯式	1	1	6	<1		1	红
LA20-22	一般式	2	2				1	红黄绿蓝白
LA20-22J	紧急式	2	2				1	红
LA20-22D	带指示灯式	2	2	6	<1		1	红黄绿蓝白
LA20-22K	开启式	2	2				2	白红或绿红
LA20-3K	开启式	3	3				3	白绿红
LA20-2H	保护式	2	2				2	白红或绿红
LA20-3H	保护式	3	3				3	白绿红

230

（4）交流接触器　交流接触器是利用电磁吸力及弹簧反力作用的配合，从而使触头闭合与断开的一种电磁式自动切换电器。常用交流接触器技术数据见表10-5和表1-3。

表10-5　CJ0和CJ10系列交流接触器技术数据

型号	主触头			辅助触头			线圈		可控制三相异步电动机的最大功率/kW		额定操作频率/(次/h)
	对数	额定电流/A	额定电压/V	对数	额定电流/A	额定电压/V	电压/V	功率/VA	220V	380V	
CJ0-10	3	10	380	均为两常开两常闭	5	380	可为36 110 (127) 220 380	14	2.5	4	≤600
CJ0-20	3	20	380		5	380		33	5.5	10	≤600
CJ0-40	3	40	380		5	380		33	11	20	≤600
CJ0-75	3	75	380		5	380		55	22	40	≤600
CJ10-10	3	10	380		5	380		11	2.2	4	≤600
CJ10-20	3	20	380		5	380		22	5.5	10	≤600
CJ10-40	3	40	380		5	380		32	11	20	≤600
CJ10-60	3	60	380		5	380		70	17	30	≤600

（5）继电器　继电器是一种根据电或非电信号的变化来接通或断开小电流电路的自动控制电器。常用继电器技术数据见表10-6和表10-7。

表10-6　常用中间继电器主要技术数据

型号	触头参数						操作频率/(次/h)	线圈消耗功率/(V·A)	线圈电压/V
	常开触头数/对	常闭触头数/对	电压/V	电流/A	分断电流/A	闭合电流/A			
JZ7-44	4	4	380	5	3	13	1200	12	交流：12、24、36、48、110、127、220、380、420、440、500
JZ7-62	6	2	220	5	4	13	1200	12	
JZ7-80	8	0	127	5	4	20	1200	12	

表10-7　JGD型多功能固态继电器主要技术数据

参数	参数值	外形尺寸/mm	参数	参数值	外形尺寸/mm
输出开关额定电压/V	220、380(AC)	58×45×22.5	通断速率/ms	1~10	58×45×22.5
输出额定电流/A	1、5、10、20	58×45×22.5	绝缘电阻/MΩ	≥50	58×45×22.5
通态压降/V	≤3.5		绝缘强度/V	1000	

2. 常用低压电器的选择

参见第1章1.7节。

10.1.2　电气控制系统图的绘制与控制电路的制作步骤

电气控制系统是由若干电气元器件按照一定要求连接而成，完成生产过程控制的特定功能。为了表达生产机械电气控制系统的组成及工作原理，便于安装、调试和维修，而将系统中各电气元器件及连接关系用一定的图样反映出来，在图样上用规定的图形符号表示各电气元器件，并用文字符号说明各电气元器件，这样的图样称为电气控制系统图。电气控制系统图是企业制造、检验电气产品的依据，是用户维护、改进电气设备的必备技术资料。电气控制系统图一般分为电气系统图和框图、电气原理图、电气元器件布置图、电气安装接线图、功能图等。这里主要介绍电气原理图和电气安装接线图的绘制。

（1）电气控制系统图的绘制特点　电气控制系统图是一种简图，不是严格按照几何尺寸和绝对位置测绘的，而是用规定的图形符号、文字符号和图线来表示系统的组成及连接关系而绘制的。

电气控制系统图的主要描述对象是电气元器件和连接线。连接线可用单线法或多线法表示，两种表示法在同一张图上可以混用。电气元器件在图中可以采用集中表示法、半集中表示法、分开表示法来表示。集中表示法是把一个电气元器件的各组成部分的图形符号绘在一起的方法。分开表示法是将同一个电气元器件的各组成部分的图形符号分开布置，有些部分绘在主电路，有些部分则绘在控制电路。半集中表示法介于上两种方法之间，在图中将一个电气元器件的某些部分的图形符号分开绘制，并用虚线表示其相互关系。

绘制电气控制系统图时一般采用机械制图规定的基本线条中的四种（见表10-8），线条的粗细应一致，有时为了区别某些电路功能，可以采用不同粗细的线条，如主电路用粗实线表示，而辅助电路用细实线表示。

表10-8　图线及其应用

序　号	图线名称	一般应用
1	实线	基本线、简图主要内容用线、可见轮廓线、可见导线
2	虚线	辅助线、屏蔽线、机械连接线、不可见轮廓线、不可见导线、计划扩展内容用线
3	点画线	分界线、结构围框线、分组围框线
4	双点画线	辅助围框线

电气控制系统图在保证图面布置紧凑、清晰和使用方便的前提下，图样幅面应按照国家标准推荐的两种尺寸系列，即基本幅面尺寸和加长幅面尺寸系列来选取，见表10-9。

表10-9　电气控制系统图幅面尺寸系列

基本幅面尺寸系列		加长幅面尺寸系列	
代　号	尺寸/mm	代　号	尺寸/mm
A0	841×1189	A3×3	420×891
A1	594×841	A3×4	420×1189
A2	420×594	A4×3	297×630
A3	297×420	A4×4	297×841
A4	210×297	A4×5	297×1051

电气控制系统图中的图形符号和文字符号必须符合最新的国家标准。在同一张图中，同一符号的尺寸应保持一致，各符号间及符号本身比例应保持不变。其符号方位可根据图面布置的需要旋转或成镜像位置。文字符号在图中不得倒置，基本文字符号不得超过两位字母，辅助文字符号不得超过三位字母，文字符号采用拉丁字母大写正体字。常用图形符号和文字

符号参看表 2-1。

电气控制系统图中各电器接线端子用字母、数字符号标记。三相交流电源引入线用 L_1、L_2、L_3、N、PE 标记。三相动力电器引出线分别按 U、V、W 顺序标记。控制电路采用阿拉伯数字编号标记，标记按"等电位"原则进行，在垂直绘制的电路中，标记顺序一般由上而下编号，凡是被线圈、绕组、触头或电阻、电容等元件所隔开的线段，都标以不同的电路标号。

（2）电气原理图的绘制　电动机控制电路是由一些电气元器件按一定的控制关系连接而成的，这种控制关系反映在电气原理图（简称原理图）上。为了能顺利地安装接线、检查调试和排除电路故障，必须认真设计原理图。要弄清电路中各电气元器件之间的控制关系及连接顺序；分析电路控制动作，以便确定检查电路的步骤、方法；明确电气元器件的数目、种类和规格；对于比较复杂的电路，应弄懂由哪些基本环节组成的，分析这些环节之间的逻辑关系。

为了方便电路投入运行后的日常维修和排除故障，必须按规定给原理图标注线号。应将主电路与辅助电路分开标注，各自从电源端起，各相线分开，依次标注到负荷端。标注时应做到：各段导线均有线号，并且一线一号，不得重复。

电气原理图的绘制原则参看第 2 章 2.1 节。

（3）绘制安装接线图　原理图是为方便阅读和分析控制原理而用"展开法"绘制的，并不反映电气元器件的结构、体积和实际安装位置。为了便于安装接线、检查电路和排除故障，必须根据原理图，绘制安装接线图（简称接线图）。在接线图中，各电气元器件都要按照在安装底板（或电气控制箱、控制柜）中的实际安装位置绘出；元器件所占据的面积按它的实际尺寸依照统一的比例绘制；一个元器件的所有部件应画在一起，并用点画线框起来。各电气元器件之间的位置关系视安装底板的面积大小、长宽比例及连接线的顺序来决定，并要注意不得违反安装规程。

绘制好的接线图应对照原理图仔细核对，防止错画、漏画，避免给制作电路和试车过程造成麻烦。

（4）绘制元器件明细表　对原理图中的电气元器件按照技术要求进行选择，然后用表格的形式直观地表明控制电路所用的元器件名称与电气符号、元器件型号与规格、元器件数量、在电路中的作用等，作为备料、维护之用。

（5）检查电气元器件　安装接线前应对所使用的电气元器件逐个进行检查，避免电气元器件故障与电路错接、漏接造成的故障混在一起。对电气元器件的检查主要包括以下几个方面：

1）电气元器件外观是否清洁完整；外壳有无碎裂；零部件是否齐全有效；各接线端子及紧固件有无缺失、生锈等现象。

2）电气元器件的触头有无熔焊粘连、变形、严重氧化锈蚀等现象；触头的闭合、分断动作是否灵活；触头的开距、超距是否符合标准；接触压力弹簧是否有效。

3）元器件的电磁机构和传动部件的动作是否灵活；有无衔铁卡阻、吸合位置不正等现象；新品使用前应拆开，清除铁心端面的防锈油；检查衔铁复位弹簧是否正常。

4）用万用表或电桥检查所有元器件的电磁线圈（包括继电器、接触器及电动机）的通断情况，测量它们的直流电阻值并做好记录，以备检查电路和排除故障时作为参考。

5)检查有延时作用的电气元器件的功能,如时间继电器的延时动作、延时范围及整定机构的作用;检查热继电器的热元件和触头的动作情况。

6)核对各电气元器件的规格与图样要求是否一致,例如电器的电压等级、电流容量,触头的数目、开闭状况,时间继电器的延时类型等。

电气元器件先检查后使用,避免安装、接线后发现问题再拆换,提高制作电路的工作效率。

(6)安装电气元器件

1)电气元器件在控制板(或柜)上的布置原则:

①体积大和较重的电器应安装在控制板的下面。

②热元件应安装在控制板的上面,并注意使感温元件与热元件隔开。

③弱电部分应加屏蔽和隔离,防止强电部分以及外界干扰。

④需要经常维护检修、操作调整用的电器(如可调电阻、熔断器等),安装位置不宜过高或过低。

⑤应尽量把外形及结构尺寸相同的电气元器件安装在一排,以利于安装和补充加工,而且易于布置整齐美观。

⑥考虑电气维修,电气元器件的布置和安装不宜过密,应留有一定的空间位置,以利于操作。

⑦电器布置应适当考虑对称,可从整个板布置考虑对称,也可从某一部分布置考虑对称。

2)电气元器件的相互位置。各电气元器件在控制板上的大体安装位置确定之后,就可着手具体确定各电器之间的距离,它们之间的距离应从如下几方面考虑:

①电器之间的距离应便于操作和检修。

②应保证各电器的电气距离,包括漏电距离和电气间隙,这些数据可从各标准中查阅。

③应考虑有些电器的飞弧距离,例如低压断路器、接触器等在断开负载时形成电弧将使空气电离,所以在这些地方其电气距离应增加。

3)固定电气元器件。

①定位。将电气元器件摆放在确定好的位置后,在安装孔中心做好记号。元器件应排列整齐,以保证连接导线做得横平竖直、整齐美观,同时尽量减少弯折。

②打孔。用手钻在做好的记号处打孔,孔径应略大于固定螺钉的直径。

③固定。板上所有的安装孔均打好后,用螺钉将电气元器件固定在安装底板上。固定元器件时,应注意在螺钉上加装平垫圈和弹簧垫圈。紧固螺钉时将弹簧垫圈压平即可,不要过分用力,防止用力过大将元器件的塑料底板压裂造成损失。若用不锈钢万能网孔板,则无需打孔,用螺钉将电气元器件固定在安装底板上即可。

(7)照图接线 接线时,必须按照接线图规定的走线方位进行。一般从电源端起按线号顺序接,先接主电路,然后接辅助电路。接线前应做好准备工作:按主电路、辅助电路的电流容量选好规定截面的导线;准备适当的线号管;使用多股线时应准备烫锡工具或压接钳。

接线应按以下的步骤进行:

1)选适当截面的导线,按接线图规定的方位,在固定好的电气元器件之间测量所需要的长度,截取适当长短的导线,剥去两端绝缘外皮。为保证导线与端子接触良好,要用电工刀将芯线表面的氧化物刮掉;使用多股芯线时要将线头绞紧,必要时应烫锡处理。

2)走线时应尽量避免导线交叉。先将导线校直,把同一走向的导线汇成一束,依次弯向所需的方向。走线应做到横平竖直,拐直角弯。弯角时要将拐角做成90°的"慢弯",导线的弯曲半径为导线直径的3~4倍,不要将导线弯成"死弯",以免损坏绝缘层和损伤线芯。做好的导线束用铝线卡(钢精轧头)垫上绝缘物卡好。

3)将成形好的导线套上写好的线号管,根据接线端子的情况,将芯线弯成圆环或直接压进接线端子。

4)接线端子应紧固好,必要时加装弹簧垫圈紧固,防止电器动作时因振动而松脱。

接线过程中注意对照图样核对,防止错接,必要时用试灯、蜂鸣器或万用表校线。同一接线端子内压接两根以上导线时,可以只套一只线号管;导线截面不同时,应将截面大的放在下层,截面小的放在上层。所使用的线号要用不易退色的墨水(可用环乙酮与甲紫调合),用印刷体工整地书写,防止检查电路时误读。

(8)检查电路和试车 制作好的控制电路必须经过认真的检查后才能通电试车,以防止错接、漏接及电器故障引起电路动作不正常,甚至造成短路事故。检查电路应按以下步骤进行。

1)核对接线:对照原理图、接线图,从电源端开始逐段核对端子接线的线号,排除漏接、错接现象。重点检查辅助电路中易错接处的线号,还应核对同一根导线的两端是否错号。

2)检查端子接线是否牢固:检查所有端子上接线的接触情况,用手一一摇动、拉拔端子上的接线,不允许有松脱现象,避免通电试车时因虚接造成麻烦,将故障排除在通电之前。

3)万用表导通法检查:这是在控制电路不通电时,用手动来模拟电器的操作动作,用万用表测量电路通断情况的检查方法。应根据电路控制动作来确定检查步骤和内容,根据原理图和接线图选择测量点。先断开辅助电路,以便检查主电路的情况,然后再断开主电路,以便检查辅助电路的情况。主要检查下述内容:

①主电路不带负荷(电动机)时相间绝缘情况;接触器主触头接触的可靠性;控制电路及热继电器热元件是否良好、动作是否正常等。

②辅助电路的各个控制环节及自锁、联锁装置的动作情况及可靠性;与设备的运动部件联动的元器件动作的正确性和可靠性;保护电器动作的准确性等情况。

10.1.3　三相异步电动机Y-△减压起动控制电路装调

三相笼型异步电动机的电气控制电路形式较多,有单向运行控制电路、可逆运行控制电路、减压起动控制电路、电气制动控制电路、多地控制电路等,下面以电动机Y-△减压起动基本控制电路为例进行实训,旨在系统地培养电气控制电路设计、制作、调试能力,包括常用低压电器的选择;电气控制设备的制作(绘图、布局、安装、调试)。重点是掌握布线工艺。

1. 任务目的

1)掌握Y-△减压起动控制电路的工作原理。

2)掌握Y-△减压起动控制电路的安装和调试(软线配线)。

2. 任务内容

有一台三相交沉异步电动机（JO2－32－4，3kW），额定电压为380V，额定电流为6.47A，△联结，额定转速为1430r/min，现需要对它进行丫-△减压起动控制，并安装与调试，控制电路如图10-1所示。

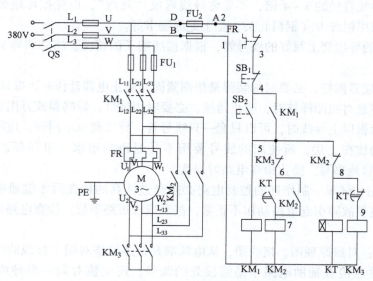

图 10-1　丫-△减压起动控制电路

3. 工具、仪表、材料和电气元器件

1）工具：测电笔、螺钉旋具、尖嘴钳、斜口钳、剥线钳、电工刀等。
2）仪表：MF47型万用表、5050型绝缘电阻表、T301－A型钳形电流表。
3）器材：控制板1块（500mm×600mm×20mm）。线槽：18mm×25mm 导线规格。主电路采用 BV2.5mm² （黑线）塑铜线，控制电路采用 BVR1mm² 塑铜线（红色），按钮控制电路采用 BVR0.5mm² 塑铜线（红色），接地线采用 BVR1mm² 塑铜线 R（黄绿双色）。编码套管、螺钉、冷压端子、平垫圈型号和数量按需要而定。
4）元器件明细表见表10-10。

表 10-10　丫-△减压起动控制电路元器件明细表

序号	名称	型号与规格	单位	数量	备注
1	三相电动机	JO2－32－4,3kW,额定电压380V,额定电流6.47A,△联结,1430r/min 或自定	台	1	
2	开启式负荷开关	HZ1－30	个	1	
3	交流接触器	CJ10－20,线圈电压380V	个	3	
4	热继电器	JR16－20/3,额定电流10～16A	个	1	
5	时间继电器	JS7－2A,线圈电压380V	个	1	
6	熔断器及熔体配套	RL1－60/25	套	3	
7	熔断器及熔体配套	RL1－15/2	套	2	
8	三联按钮	LA10－3H 或 LA4－3H	个	2	
9	接线端子排	JX2－1015,500V,10A,15 节或配套自定	条	1	

4. 线槽布线工艺

1）按电路图的要求，按照确定的走线方向进行布线。可先布主电路线，也可先布控制电路线。

2）截取长度合适的导线，选择适当剥线钳钳口进行剥线。

3）接线不能松动、露出铜线不能过长、不能压绝缘层，从一个接线桩到另一个接线桩的导线必须是连续的，中间不能有接头，不得损伤导线绝缘及线芯。

4）各电气元器件与线槽之间的导线，应尽可能做到横平竖直，变换走向要垂直。

5）进入线槽内的导线要完全置于线槽内，并应尽可能地避免交叉。

6）装线时不要超过线槽容量的70%，以便于能方便地盖上线槽盖，也便于以后的装配和维修。

7）一个电气元器件接线端子上的连接导线不得多于两根，每节接线端子板上的连接导线一般只允许连接一根。

5. 操作工艺

1）配齐所用的电气元器件，并进行质量检验。其中电气元器件应完好无损，各项技术指标应符合规定的要求，否则应予以更换。

2）在控制板上安装所有的电气元器件，并贴上醒目的文字符号。安装时，组合开关、熔断器的受电端子应安装在控制板的外侧；元器件排列要整齐、匀称、间距合理，且便于元器件的更换；紧固电气元器件时用力要均匀，紧固程度要适当，做到既要使元器件安装牢固，又不使其损坏。

3）按接线图进行明线布线和套编码套管。做到布线横平竖直、整齐、分布均匀、紧贴安装面、走线合理；套编码套管要正确；严禁损伤线芯和导线绝缘；接点牢靠，不得松动，不得压绝缘层，不反圈及不露铜过长等。

4）根据电路图检查控制板布线的正确性。

5）安装电动机。

6）可靠地连接电动机和按钮金属外壳的保护接地线。

7）连接电源、电动机等控制板外部的导线。

8）自检，校验合格后，通电试车。通电时，必须经指导教师同意后，由指导教师接通电源，并在现场进行监护。出故障后，学生应独立进行检修。若需带电检查时，也必须有教师在现场监护。

9）通电试车完毕后，停转，切断电源。先拆除三相电源线，再拆除电动机负载线。

6. 注意事项

1）螺旋式熔断器的接线要正确，以确保用电的安全。

2）接触器联锁触头接线必须正确，否则将会造成主电路中两相电源的短路事故。

3）通电试车时，应先合上 QS，再按下 SB_2 看控制是否正常，再按下 SB_1 后观察有无制动。

4）操作应在规定的定额时间内完成，同时要做到安全操作和文明生产。

7. 实训报告要求

1）观察实训结果，写出动作过程。

2）指出控制电路中时间继电器起何作用。该电路采用的是通电延时继电器还是断电延时继电器？

3）调节时间继电器的动作时间，观察时间继电器动作时间对电动机起动过程的影响。

4）若在实训中发生故障，画出故障现象的电气原理，并分析故障原因及排除方法。

10.1.4　电气控制电路故障排查

1. 电气控制电路特点

电气控制电路一般由按钮、开关、继电器、接触器、指示灯及连接导线组成。它们在电路中的表现形式可以归结为两种：线圈和触头。对于线圈来说有通、断、短三种状态。通，指线圈阻值为正常值，将其接上额定电压就能够吸合或动作；断，指线圈阻值为∞，表明其已经损坏，不能再使用；短，指线圈阻值小于正常值，但不为零，说明线圈内部匝间短路，若将其接上额定电压，则不能产生足够的电磁力，接触器将不能正常吸合，从而使触头接触不上或接触器不良，也应该更换。对于触头来说，有通、断、接触不良三种状态，第一种为正常状态，后两种为非正常状态。

2. 电气控制电路检查的基本步骤及方法

电气设备故障的类型大致可分为两大类：一是有明显外表特征并容易被发现的，如电动机、电器的显著发热、冒烟甚至发出焦臭味或火花等；二是没有外表特征的，此类故障常发生在控制电路中，由于元器件调整不当、机械动作失灵、触头及接线端子接触不良或脱落、小零件损坏、导线断裂等原因所引起。一般检查的步骤如下：

（1）初步检查　当电路出现故障后，切忌盲目随便动手检修。在检修前，通过问、看、听、摸、闻来了解故障前后的操作情况和故障发生后出现的异常现象，寻找显而易见的故障，或根据故障现象判断出故障发生的原因及部位，进而准确地排除故障。

（2）缩小故障范围　经过初步检查后，根据电路图，采用逻辑分析法，先主电路后控制电路，逐步缩小故障范围，提高维修的针对性，就可以收到准而快的效果。

（3）测量法确定故障点　测量法是维修电工工作中用来准确确定故障点的一种行之有效的检查方法。常用的测试工具和仪表有万用表、钳形电流表、绝缘电阻表、试电笔、示波器等，测试的方法有电压法（电位法）、电流法、电阻法、跨接线法（短接法）、元件替代法等。主要通过对电路进行带电或断电时的有关参数如电压、电阻、电流等的测量，来判断元件的好坏、设备的绝缘情况以及电路的通断情况，查找出故障。这里主要介绍电阻法和电压法。

1）电阻法。电阻法就是在电路切断电源后，用仪表（主要是万用表欧姆档）测量两点之间的电阻值，通过对电阻值的对比，进行电路故障检测的一种方法。在继电-接触器控制系统中，主要是对电路中的线圈、触头进行测量，以判断其好坏。利用电阻法对电路中的断线、触头虚接触、导线虚焊等故障进行检查，可以找到故障点。

采用电阻法查找故障的优点是安全，缺点是测量电阻值不准确时易产生误判断，快速性和准确性低于电压法。因此，电阻法检修电路时应注意：检查故障时必须断开电源；如被测电路与其他电路并联，应将该电路与其他并联电路断开，否则会产生误判断；测量高电阻值的元器件时，万用表的选择开关应旋至合适的欧姆档。

电阻法分为两种：电阻分阶测量法和电阻分段测量法。

①电阻分阶测量法。图10-2所示为电阻分阶测量法示意图，图10-3为电阻分阶测量流

程图。

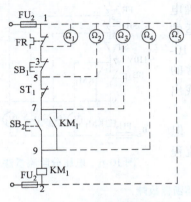 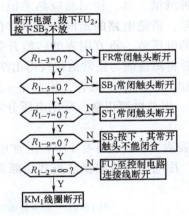

图 10-2　电阻分阶测量法　　　　　图 10-3　电阻分阶测量流程图

②电阻分段测量法。电阻分段测量法如图 10-4 所示，测量检查时先切断电源，再用合适的欧姆档逐段测量相邻点之间的电阻，查找故障流程如图 10-5 所示。

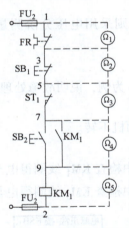 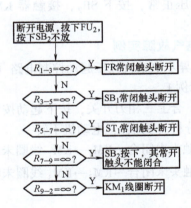

图 10-4　电阻分段测量法　　　　　图 10-5　电阻分段测量流程图

2）电压法。电压法就是在通电状态下，用万用表电压档测量电路中各节点之间的电压值，与电路正常工作时应具有的电压值进行比较，以此来判断故障点及故障元器件的所在处。该方法不需拆卸元器件及导线，同时电路处在实际使用条件下，提高了故障识别的准确性，是故障检测采用最多的方法。

①试电笔。低压试电笔是检验导线和电气设备是否带电的一种常用检测工具，但只适用于检测对地电位高于氖管起辉电压（60～80V）的场所，只能做定性检测，不能做定量检测。当电路接有控制和照明变压器时，用试电笔无法判断电源是否缺相。氖管的起辉发光消耗的功率极低，由绝缘电阻和分布电容引起的电流也能起辉，容易造成误判断，因此初学者最好只将其作为验电工具。

②示波器。示波器用于测量峰值电压和微弱信号电压，在电气设备故障检查中，主要用于电子电路部分检测。

③万用表电压测量法。使用万用表测量电压,测量范围很大,交直流电压均能测量,是使用最多的一种测量工具。检测前应熟悉预计有故障的电路及各点的编号,清楚电路的走向和元器件位置,明确电路正常时应有的电压值。将万用表的转换开关拨至合适的电压倍率档,并将测量值与正常值比较得出结论。如图 10-6 所示,按下 SB_2 后 KM_1 不吸合,检测 1-2 间无正常的 110V 电源电压,但总电源正常,采用电压分阶测量法找出熔断器故障。

当用万用表测 101-0 间有 110V 正常电源电压,但 1-2 间无电压,用电压分阶测量法查找熔断器故障的流程见表 10-11。

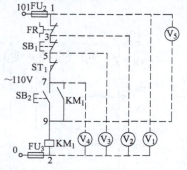

图 10-6 电压分阶测量法

表 10-11 电压分阶测量法查找熔断器故障

故障现象	测量点	电压值/V	故障点
101-0 电压正常	0-1	0	FU_2 熔丝断
1-2 间无电压	101-2	0	FU_3 熔丝断

若电源电压正常,按下 SB_2,接触器 KM_1 不吸合,则采用电压分阶测量,流程图如图 10-7 所示。

3. 处理电气故障实例

现以三相异步电动机减压起动控制电路(见图 10-1)为例,说明故障处理的方法。

(1) 故障例 1

1) 现象:合上三相刀开关,按下起动按钮 SB_2,电动机不转。

2) 原理分析(倒推):电动机不转→

$\begin{cases} KM_1 \text{主触头未闭合} \to KM_1 \to KM_1 \text{线圈未吸合} \to \text{应集中检查} KM_1 \text{线圈得电与否} \\ KM_3 \text{主触头未闭合} \to KM_3 \to KM_3 \text{线圈未吸合} \to \text{应集中检查} KM_3 \text{线圈得电与否} \end{cases}$

3) 测量。

电阻法:在电源断开的情况下,用万用表欧姆档进行测量。

局部测量法:即对触头和线圈逐个逐段进行测量,从而判断故障部位。

整体测量法:以 D 点为参考,一支表笔固定在 D 点,另一支表笔测 A 点,以通否判断 FU_2 的好坏;再依次测各接线点(注意按下 SB_2),对各段各点接通情况进行判断。

电压法:在通电情况下,用万用表电压档测量,将一支表笔固定在某个点,另一支表笔测其他各点对该点的电位。

一般情况电压法与电阻法要灵活应用,但要注意电压法是在通电情况下进行的测量,绝不可用电阻档去测量,否则万用表将被烧坏。

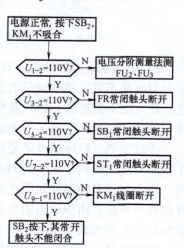

图 10-7 电压分阶测量流程图

(2) 故障例2

1) 故障现象：合上电源，电动机一直低速运转。

2) 原理分析：时间继电器没有动作→延时断开常闭触头没有断开→常开触头没有闭合→检查时间继电器线圈是否有电。

总的来说，查找电气故障，首先要原理清楚，操作熟练；其次要思路清晰，措施得当。要在较强的理论指导下进行工作，只有这样，才能触类旁通，培养起真正的排查故障的能力。

10.2 中级维修电工技能鉴定实操项目

本节以CA6140型车床维修电工实训考核项目为例，通过电气故障检修实训，了解车床的主要运动形式，熟悉电路工作原理，掌握电阻法和电压法排查故障方法，培养电气设备维修技能，达到维修电工基本操作技能标准。

维修电工实训考核柜设有CA6140型车床电气控制系统，并可以通过开关切换，人为设置故障点，能设置20个以上故障。故障类型包括断路故障和短路故障，还包括电路故障和电动机故障。

10.2.1 任务目的

完成CA6140型车床电气控制电路的以下故障排查：

1) 掌握CA6140型车床电气控制电路的原理，电气原理图如图10-8所示。

2) 掌握CA6140型车床电气控制电路的故障分析及检修方法。

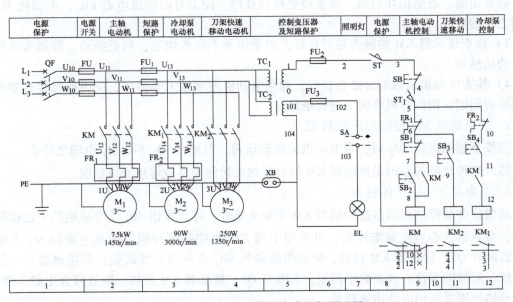

图10-8　CA6140型普通车床电气原理图

10.2.2 任务内容

1) 主电动机M_1不能起动。

2) 主电动机M_1起动后不能自锁。

3）主电动机 M_1 不能停车。
4）主电动机在运行过程中突然停车。

10.2.3 设备、仪表、材料和电气元器件

1）CA6140 型车床 1 台。
2）工具：测电笔、螺钉旋具、尖嘴钳、斜口钳、剥线钳、电工刀等。
3）仪表：MF47 型万用表、5050 型绝缘电阻表、T301-A 型钳形电流表。
4）导线若干。

10.2.4 故障检修分析

1. 主轴电动机 M_1 不能起动

检查接触器 KM_1 是否吸合，如果接触器 KM_1 吸合，则故障必然发生在电源电路和主电路上。可按下列步骤检修：

1）合上断路器 QF，用万用表测接触器受电端 U_{11}、V_{11}、W_{11} 点之间的电压，如果电压是 380V，则电源电路正常。当测量 U_{11} 与 V_{11} 之间无电压时，再测量 U_{11} 与 W_{11} 之间有无电压，如果无电压，则 FU（L_3）熔断或连接断路；否则，故障是断路器 FU（L_3）接触不良或连接断路。

修复措施：查明损坏原因，更换相同规格和型号的熔体、断路器或连接导线。

2）断开断路器 QF，用万用表欧姆档测量接触器输出端之间的电阻值，如果阻值较小且相等，说明所测电路正常；否则，依次检查 FR_1、电动机 M_1 以及它们之间的连线。

修复措施：查明损坏原因，修复或更换同规格、同型号的热继电器 FR_1、电动机 M_1 或它们之间的导线。

3）检查接触器 KM 的触头是否良好，如果接触不良或烧毛，则更换动、静触头或相同规格的接触器。

4）检查电动机机械部分是否良好，如果电动机内部轴承等损坏，应更换轴承；如果外部机械有问题，则配合机修钳工进行维修。

2. 主电动机 M_1 起动后不能自锁

当按下起动按钮 SB_2 时，主电动机能起动运转，但松开 SB_2 后，M_1 也随之停止。

造成这种故障的原因是接触器 KM 的自锁触头接触不良或连接导线松脱。

3. 主电动机 M_1 不能停车

造成这种故障的原因多是接触器 KM 主触头熔焊；停止按钮 SB_1 击穿或电路中连接导线短路；接触器铁心表面黏牢污垢。可采用下列方法判明是哪种原因造成电动机 M_1 不能停车：若断开 QF，接触器 KM 释放，则说明故障为 SB_1 击穿或导线短接；若接触器过一段时间释放，则故障为铁心表面黏牢污垢；若断开 QF，接触器 KM 释放，则故障为主触头熔焊。根据具体故障采取相应的措施修复。

4. 主电动机在运行过程中突然停车

这种故障的主要原因是由于热继电器 FR_1 的动作。发生这种故障后，一定要找出热继电器 FR_1 的原因，排除后才能使其复位。引起热继电器 FR_1 动作的原因可能是：三相电源电压不平衡；电源电压较长时间过低；负载过重以及 M_1 的连接导线接触不良等。

10.2.5 注意事项

1) 熟悉 CA6140 型车床电气控制电路的基本环节及控制要求。
2) 检修所用工具、仪表，应符合使用要求。
3) 排除故障时，必须修复故障点，但不得采用元件代换法。
4) 检修时，避免扩大故障范围或产生新的故障。
5) 带电检修时，确保人身安全。

10.3 三层电梯的 PLC 控制系统

10.3.1 实训目的

1) 掌握 RS 触发器、定时器等指令的使用及编程。
2) 掌握三层电梯 PLC 控制系统的接线、调试、操作。

10.3.2 实训设备

1) PLC 实验装置一套。
2) 编程计算机一台。
3) PC/PPI 通信电缆一条。
4) 连接导线若干。
5) 三层电梯实训装置一套。

10.3.3 面板图

图 10-9 是三层电梯实训装置的面板图。

10.3.4 控制要求

1) 总体控制要求：电梯由安装在各楼层电梯口的上升下降呼叫按钮（U_1、U_2、D_2、D_3）、电梯轿厢内楼层选择按钮（S_1、S_2、S_3）、上升下降指示灯（UP、DOWN）、各楼层到位行程开关（ST_1、ST_2、ST_3）及楼层指示（HL_1、HL_2、HL_3）组成。电梯自动执行呼叫。

2) 电梯在上升的过程中只响应向上的呼叫，在下降的过程中只响应向下的呼叫，电梯向上或向下的呼叫执行完成后再执行反向呼叫。

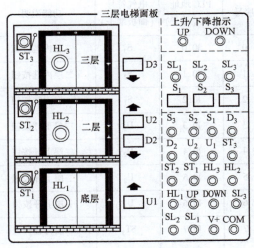

图 10-9 三层电梯面板图

3) 电梯等待呼叫时，同时有不同呼叫时，谁先呼叫执行谁。
4) 具有呼叫记忆、内选呼叫指示功能。
5) 具有楼层显示、方向指示、到站声音提示功能。

10.3.5 功能指令的使用及程序流程图

(1) RS 触发器指令　复位优先触发器是一个复位优先的锁存器。图 10-10 是 RS 触发器的一个使用例子,当 I0.0 为 ON,I0.1 为 OFF 时,Q0.0 被置位;当 I0.1 为 ON,I0.0 为 OFF 或 I0.0 为 ON 时,Q0.0 被复位。

(2)程序流程图 程序流程图如图 10-11 所示。

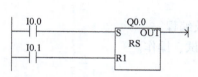

图 10-10 RS 触发器用法图

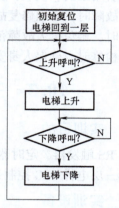

图 10-11 程序流程图

10.3.6 I/O 分配及接线

(1)I/O 分配及功能表 I/O 分配及功能表见表 10-12。

表 10-12 I/O 分配及功能表

序号	PLC 地址（PLC 端子）	电气符号（面板端子）	功能说明	序号	PLC 地址（PLC 端子）	电气符号（面板端子）	功能说明
0	I0.0	S_3	三层内选按钮	14	Q0.4	UP	轿厢上升指示
1	I0.1	S_2	二层内选按钮	15	Q0.5	SL_3	三层内选指示
2	I0.2	S_1	一层内选按钮	16	Q0.6	SL_2	二层内选指示
3	I0.3	D_3	三层下呼按钮	17	Q0.7	SL_1	一层内选指示
4	I0.4	D_2	二层下呼按钮	18	Q1.0	八音盒	到站声
5	I0.5	U_2	二层上呼按钮	19	Q2.0	A	数码控制端子 A
6	I0.6	U_1	一层上呼按钮	20	Q2.1	B	数码控制端子 B
7	I0.7	ST_3	三层行程开关	21	Q2.2	C	数码控制端子 C
8	I1.0	ST_2	二层行程开关	22	Q2.3	D	数码控制端子 D
9	I1.1	ST_1	一层行程开关	23	主机 1M、面板 V+ 接电源 24V		电源正端
10	Q0.0	HL_3	三层指示				
11	Q0.1	HL_2	二层指示	24	主机 1L、2L、3L、面板 COM 接电源 GND		电源地端
12	Q0.2	HL_1	一层指示				
13	Q0.3	DOWN	轿厢下降指示				

(2) PLC 外部接线图　PLC 外部接线图如图 10-12 所示。

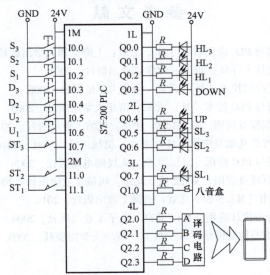

图 10-12　PLC 外部接线图

10.3.7　操作步骤

1) 检查实训设备中器材及调试程序。

2) 按照 I/O 端口分配表或接线图完成 PLC 与实训模块之间的接线，确保正确无误。

3) 打开示例程序或用户自己编写的控制程序，进行编译，有错误时根据提示信息修改，直至无误，用 PC/PPI 通信编程电缆连接计算机串口与 PLC 通信端口，打开 PLC 主机电源开关，下载程序至 PLC 中，下载完毕后将 PLC 的"RUN/STOP"开关拨至"RUN"状态。

4) 将行程开关"ST_1"拨到 ON，"ST_2""ST_3"拨到 OFF，表示电梯停在底层。

5) 选择电梯楼层选择按钮或上下按钮。例如按下"D_3"，电梯方向指示灯"UP"亮，底层指示灯"HL_1"亮，表明电梯离开底层。将行程开关"ST_1"拨到"OFF"，二层指示灯"HL_2"亮，将行程开关"ST_2"拨到"ON"表明电梯到达二层。将行程开关"ST_2"拨到"OFF"，表明电梯离开二层。三层指示灯"HL_3"亮，将行程开关"ST_3"拨到"ON"表明电梯到达三层。

6) 重复步骤 5)，按下不同的选择按钮，观察电梯的运行过程。

10.3.8　实训总结

1) 总结 RS 触发器指令的使用方法。

2) 总结记录 PLC 与外部设备的接线过程及注意事项。

参 考 文 献

[1] 丁向荣,等. 电气控制与PLC应用技术 [M]. 上海：上海交通大学出版社, 2005.
[2] 周庆贵,等. 电气控制技术 [M]. 北京：化学工业出版社, 2001.
[3] 熊幸明,等. 工厂电气控制技术 [M]. 北京：清华大学出版社. 2005.
[4] 王兆明,等. 电气控制与PLC技术 [M]. 北京：清华大学出版社, 2005.
[5] 廖常初. S7-200 PLC编程及应用 [M]. 3版. 北京：机械工业出版社, 2019.
[6] 赵全利,等. S7-200 PLC基础及应用 [M]. 北京：机械工业出版社, 2010.
[7] 华满香,等. 电气控制与PLC应用 [M]. 北京：人民邮电出版社, 2009.
[8] 田淑珍. S7-200 PLC原理及应用 [M]. 2版. 北京：机械工业出版社, 2014.
[9] 廖常初. PLC编程及应用 [M]. 5版. 北京：机械工业出版社, 2019.
[10] 周万珍,等. PLC分析与设计应用 [M]. 北京：电子工业出版社, 2004.
[11] 杨宪惠. 工业数据通信与控制网络 [M]. 北京：清华大学出版社, 2003.